우리 절에서 역사적으로 쉬고 오다

우리절에서
역사적으로
쉬고 오다

초판 1쇄 펴낸 날 2010. 3. 5

지은이 이호일
발행인 홍정우
편집인 이민영
디자인 문인순
발행처 도서출판 가람기획
등록 제17-241(2007. 3. 17)
주소 (121-841)서울시 마포구 서교동 465-11 동진빌딩 3층
전화 (02)3275-2915~7
팩스 (02)3275-2918
이메일 garam815@chol.com

ISBN 978-89-8435-297-1(03980)
ⓒ 이호일, 2010

우리 절에서 역사적으로 쉬고 오다

이호일 지음

가람기획

사찰은 구도자들의 본향 같은 곳

우리나라에 불교가 맨 처음 들어온 것은 고구려 소수림왕 2년인 372년의 일이다. 중국 5호16국(五胡十六國)의 하나인 전진(前秦)의 승려 순도화상(順道和尚)이 사신으로 고구려에 입국하면서 불경과 불상을 가지고 들어와 고구려에 불교를 전파한 것이다. 그리고 백제는 12년 뒤인 384년(백제 침류왕 1)에 인도의 고승 마라난타(摩羅難陀)에 의해 불교가 도입되었고, 신라는 527년(법흥왕 14)에 이차돈(異次頓)이 순교함으로써 비로소 불교를 공인하였다. 이후 고구려·백제·신라는 불교를 국교로 삼아 찬란한 문화를 꽃피우게 된다. 또한 고려에서도 불교를 국교로 삼아 불교문화를 발전시켰으며, 숭유억불정책(崇儒抑佛政策)을 내세워 불교를 탄압하던 조선시대에도 불교는 왕실의 비호와 일반 백성들의 신봉으로 법등을 꺼뜨리지 않고 밝힐 수 있었다. 그 결과 우리 국토의 명산 승지마다 천년고찰인 전통사찰이 터 잡고 들어앉아 있게 되었고, 그 전통사찰들은 찬란한 불교문화재를 소장한 보고(寶庫)가 되기에 이르렀다.

내가 우리 국토 곳곳에 산재해 있는 명찰들을 답사하기 시작한 것은 80년대 초부터이다. 당시 나는 한국일보 출판국에 몸담고 있었다. 나는 전국 각 고장을 답사 취재하여 여행 안내서인 《한국의 여로》(전15권)를 출판하는 일을 하고 있었는데, 전국 방방곡곡을 누비며 자료를 수집하여 한 권의 책을 출판할 때마다 우리의 소중한 문화유산을 찾아 소개한다는 일에 보람과 자부심을 느낄 수 있었다.

한국일보에서 한국문원으로 자리를 옮겨 편집 책임자로 근무할 당시인 1996년에 전국 유명사찰 순례기 《명찰》을 출판한 것도 이런 인연 때문에 출판을 기획하고 대표집필하게 된 것이다. 이 책은 독자들의 뜨거운 호응 속에 10쇄를 넘게 발행을 거듭하였다. 세월은 참 빠르기도 하다. 엊그제 일 같은데 벌써 10년도 훨씬 넘은 옛이야기가 돼버렸으니.

가람기획으로부터 《우리 절에서 역사적으로 쉬고 오다》의 출판 제의를 받은 것은 《조선의 서원》(2006년 가람기획 刊) 집필이 끝난 뒤였다. 당시 이광식 실장이 한국문원에서 펴낸 《명찰》을 재미있게 읽었다면서 이 책의 출판을 제의한 것이다. 나는 1년 동안에 집필을 끝낼 예정이었으나, 명찰을 찾아 산을 오르고 방방곡곡을 누비는 일이 쉽지 않아 약속한 기일을 지키지 못하고 말았다. 뒤늦게나마 약속을 지키게 되어 다행이다.

사찰은 수행자들이 머물다 가는 거처이기도 하지만 영원불변의 진리를 찾아 나선 구도자들의 본향 같은 곳이기도 하다. 그런가 하면 불자들이 찾아가 기도

하는 기도처이기도 하다. 나는 이 책을 명찰 순례 형식을 빌려 집필하였다.

이 책에서 순례한 사찰은 27곳에 이른다. 전국의 명찰 가운데에서 삼보사찰과 5대 적멸보궁, 3대 관음성지를 비롯한 27개 사찰을 가려 뽑아 집필하였다. 사찰의 역사성과 규모, 소장 문화재 등을 참고하여 선정했으나 순전히 임의로 한 것임을 밝혀 둔다. 나는 이 책이 불자에게는 명찰 순례 안내서가 되고, 불교에 관심을 가진 독자에게는 불교를 이해하는 길잡이가 되기를 기대해 마지않는다.

이 책을 내는 데 도움을 준 여러 분들에게 이 지면을 빌려 감사의 뜻을 전한다. 먼저 자료 제공과 답사 취재에 협조해 주신 각 사암(寺庵)의 스님들께 깊은 감사를 드리며, 답사를 함께 다니면서 조수 역할을 마다않은 내 아내 운정(芸庭)에게도 고마운 뜻을 전한다. 그리고 가람기획 홍정우 대표와 이민영 편집과장에게도 감사의 인사를 드린다.

2010년 2월

홍천 장전재(長田齋)에서 이호일

우리절에서
역사적으로
쉬고 오다

작가의 말 · 4

불교 역사 문화의 보고(寶庫)를 찾아서

영축산 통도사　세존사리 모신 불보종찰 · 12

가야산 해인사　천년의 지혜 일깨우는 법보종찰 · 22

조계산 송광사　16국사 배출한 승보종찰 · 31

덕숭산 수덕사　동방제일선원 표방하는 덕숭총림 · 42

백암산 백양사　구한말에 선풍 드날린 고불총림 · 53

니르바나의 세계로

오대산 월정사　문수보살이 상주하는 성지 · 66

설악산 봉정암　백번 마음 고쳐야 열리는 산문 · 79

사자산 법흥사　온 산이 부처이고 온 세상이 부처 · 88

태백산 정암사　세속의 티끌 끊어져 정결하네 · 98

오봉산 낙산사　의상 스님이 관음을 친견한 성지 · 108

낙가산 보문사　성지에서 만나는 장엄한 낙조 · 119

금　산 보리암　다도해 풍광 빼어난 관음도량 · 129

천년 세월의 불국토를 따라

함월산 기림사   달빛 품에 안은 신라의 천년고찰 · 140

모악산 금산사   이상세계 꿈꾸는 미륵신앙 성지 · 152

속리산 법주사   소들도 불법을 소중히 여기는도다 · 162

팔공산 동화사   한겨울 꽃핀 오동나무에 봉황 깃들고 · 173

금정산 범어사   하늘에서 내려온 금빛 물고기 · 184

삼신산 쌍계사   구름과 물 흐르고 꽃비 내리네 · 195

지리산 실상사   구산선문의 최초 선문인 실상산문 · 206

두륜산 대흥사   서산대사가 의발을 전한 도량 · 217

절에 가면 누구나 시인이 된다

봉황산 부석사   자연이 그린 한 폭 그림 같은 도량 · 230

도솔산 선운사   '선운사 골째기로 동백꽃을 보러 갔더니' · 241

조계산 선암사   '지혜의 물은 맑고 용하기도 하네' · 252

천등산 봉정사   천년을 이어온 시간의 숨결 · 262

월출산 무위사   파랑새가 그린 극락보전 벽화 · 273

능가산 내소사   대웅보전 분합문에 피어난 꽃밭 · 283

계룡산 갑 사   오리숲에 이는 바람은 반야를 노래하고 · 294

불교 역사 문화의 보고(寶庫)를 찾아서

영축산 통도사
가야산 해인사
조계산 송광사
덕숭산 수덕사
백암산 백양사

靈鷲山 通度寺 영축산 통도사

세존사리 모신
불보종찰

불지종가(佛之宗家)이자 국지대찰(國之大刹)을 표방하는 통도사, 석가모니의 진신사리와 부처님이 친히 몸에 걸쳤던 가사를 봉안하고 있어 불보사찰(佛寶寺刹)이라 일컬어지는 통도사는 법보사찰(法寶寺刹) 해인사, 승보사찰(僧寶寺刹) 송광사와 함께 한국의 삼보사찰 중 하나이자 3대 사찰 중 하나로 꼽힌다.

통도사 순례길에는 아내 운정(芸庭)이 동행하였다. 졸저(拙著) 가운데 한 권인 《조선의 서원》(가람기획 刊) 답사 기행 때 동행하며 조수 역할을 충실히 했던 아내가 이 책에도 자진하여 따라나선 것이다. 또한 통도사 순례에 부산에 사는 처제 내외가 참석하고 싶다는 연락을 해왔으므로 우리는 차를 가지고 가지 않고 열차편을 이용하기로 하였다. 우리는 서울역에서 아침 9시 출발하는 KTX에 올랐다. 고속으로 질주하는 KTX는 오전 11시 50분에 우리를 부산역에 내려놓았다. 역 대합실로 나오자 마중 나온 처제 내외가 반갑게 맞아준다. 우리는 점심때가 되었으므로 통도사 순례는 점심 식사 후에 하기로 하고, 처제 내외가 미리 예약해 놓은 식당으로 향하였다.

《삼국유사》에 의하면, 통도사는 646년(신라 선덕여왕 15)에 자장율사(慈藏律

師)가 창건하였다. 불법을 구하기 위해 당나라로 건너간 자장율사는 오대산의 문수보살상 앞에서 기도를 드리다가 꿈속에서 문수보살을 친견하고 계시를 받았으며, 그 화현승(化現僧)으로부터 석가모니 부처님이 친히 입으셨던 붉은 비단에 금점이 찍힌 가사 1벌과 부처님의 두골, 치아와 사리 100과를 받아 가지고 귀국하였다. 또한 자장율사는 왕명에 따라 절을 세우기 위해 부처님이 상주하는 영축산의 모습과 닮은 산을 오늘날의 양산에서 찾아내어 영축산이라 명명한 뒤 그곳에 통도사를 창건하였다. 그리고 반야(般若)의 지혜를 갖추기 위해서는 그 근본인 계를 금강석처럼 굳건히 지켜야 한다는 의미로 금강계단(金剛戒壇)을 쌓고 부처님의 사리와 가사를 봉안하였다. 이후 통도사는 계율의 근본 도량이 되어 신라의 승단을 체계화하는 중심지가 되었고, 고려 초에는 사세가 더욱 확장되었다.

통도사가 위치한 영축산은 한자로 '靈鷲山'이라 표기하지만 이를 한글로 표기할 때는 '영축산' 또는 '영취산'으로 하고 있어 많은 사람들이 혼동을 일으킨다. 그 원인은 '鷲' 자에 대한 훈음(訓音)의 문제에서 비롯되고 있다. 자전(字典)에서는 '鷲' 자에 대한 훈을 '수리 취'라고 적고 있는데, 불교에서는 이를 '축'으로 발음하고 있다. 예를 들어 탱화(幀畵)의 '탱(幀)' 자를 자전에서 찾아보면 '그림 족자 정'으로 새기지만 '탱'으로 읽고, 깨달음을 뜻하는 '菩提'를 '보제'가 아닌 '보리'라고 읽는 것과 같다.

'통도사(通度寺)'라는 절 이름에는 세 가지 의미가 있다고 한다. 첫째는 통도사가 위치한 영축산의 모습이 부처님이 설법하시던 인도 영축산의 모습과 통한다는 의미이고, 둘째는 승려가 되고자 하는 이는 모두 금강계단을 통하여 도를 얻는다는 의미, 셋째는 진리를 깨달아 중생을 극락으로 이끈다는 의미에서 '통도(通度)'라고 하였다 한다.

통도사의 가람 배치는 계곡을 따라 동서로 길게 늘어서 있어 대웅전을 중심

으로 한 상로전(上爐殿)과 대광명전을 중심으로 한 중로전(中爐殿), 그리고 영산
전을 중심으로 한 하로전(下爐殿)으로 구분되어 있다. 현재의 건물들은 임진왜
란 당시 대부분의 전각이 소실되어 중건된 것들이다. 경내에는 12개의 법당이
있으며, 영축산 내에는 극락암을 비롯하여 백운암·비로암 등 20여 개의 암자
가 들어서 있고, 전각의 수는 80여 동에 이른다.

靈鷲山門(영축산문)이란 현판을 달고 있는 웅장한 산문을 들어서면 길은 두
갈래로 나누어진다. 왼쪽은 차량이 다니는 길이고, 오른쪽은 통도팔경 중 무풍
송림(無風松林)의 정취를 느낄 수 있는 낙랑장송이 숲을 이루는 솔밭길이다. 순
례자는 솔밭길을 따라 걸어 들어간다. 노송림의 솔바람 소리를 들으며 한참을
올라가면 주차장이 나온다. 여기서 조금 더 들어가면 오른쪽의 부도밭이 눈길
을 끈다. 통도사 주변과 산내 암자에 흩어져 있던 부도를 1993년 가람을 정비
하면서 이곳에 모아 조성한 부도밭이다.

부도밭을 지나자마자 '靈鷲叢林(영축총림)'이란 편액이 걸린 총림문(叢林門)
이 나타난다. 총림이란 참선을 가르치는 선원(禪院), 불경을 가르치는 강원(講
院), 계율을 가르치는 율원(律院)을 모두 갖춘 사찰을 지칭하는 말로서, 조계종
에는 모두 다섯 군데의 총림이 있다. '영축총림 통도사', '해인총림(海印叢林)
해인사', '조계총림(曹溪叢林) 송광사', '덕숭총림(德崇叢林) 수덕사', '고불총림
(古佛叢林) 백양사'를 일컬어 5대 총림이라 한다. 총림의 수장은 방장(方丈)이라
고 하며, 모든 승려들은 사미계를 받으면 강원이나 선원, 율원에 입방하여 4년
동안의 교육을 수료해야 비구계를 받을 수가 있다.

문을 들어서면 오른쪽으로 성보박물관이 나오고, 비로소 일주문이 순례자
를 맞는다. 일주문의 '靈鷲山通道寺(영축산통도사)'라고 쓴 힘찬 기상의 현판 글
씨는 흥선대원군의 것이다. 또한 일주문 기둥에 '佛之宗家(불지종가)', '國之大
刹(국지대찰)'이라고 쓴 해강(海岡) 김규진(金圭鎭)의 주련 글씨가 석가모니의 진

불지종가(佛之宗家)이자 국지대찰(國之大刹)을 표방하는 통도사 일주문. '靈鷲山通道寺(영축산통도사)' 라고 쓴 힘찬 기상의 현판 글씨는 흥선대원군의 것이다.

신사리를 봉안한 불보종찰(佛寶宗刹) 통도사의 사격을 알린다.

일주문을 들어서 오른쪽에 있는 노천유물관을 지나면 천왕문인데, 천왕문을 지나면 하로전 구역이다. 하로전 구역에는 중앙의 삼층석탑(보물 제1471호)을 중심으로 시계 반대 방향으로 극락전·영산전·약사전·만세루·범종각이 ㅁ자 형태로 배치되어 있다. 이 삼층석탑은 통일신라시대에 만들어졌으며, 이 중 기단 위에 3층의 탑신을 세운 일반형 석탑이지만 아담하고 단아한 모양이 눈길을 끈다.

하로전의 중심이 되는 건물은 영산전이다. 영산 또는 영축산이라고 불리는 곳은 석가모니 부처님이 설법하시던 곳으로 불교의 성지이다. 이러한 정신을 집약하여 부처님이 계신 불국토를 형상화한 것이 바로 영산전이다. 좌우로 약사전과 극락전을 거느리고 있는 영산전은 정면 3칸, 측면 3칸의 다포식 맞배 지붕 건물인데, 내부에는 석가모니의 일생을 8단계로 나누어 극적인 장면을 그린 팔상도(보물 제1041호)가 있다.

하로전(下爐殿)의 중심 법당인 영산전. 하로전 구역에는 중앙의 삼층석탑(보물 제1471호)을 중심으로 극락전·영산전·약사전·만세루가 ㅁ자 형태로 배치되어 있다.

약사전 뒤쪽에는 중로전으로 들어가는 문이 있다. 불이문이다. 불이(不二)는 진리란 둘이 아니라 하나라는 뜻이다. 불이문을 통과하여 불이의 진리로써 번뇌를 벗어버리면 부처가 되고 해탈을 이룬다 하여 해탈문이라고도 부른다. 이 불이문을 넘으면 중로전 영역이다. 중로전 영역에는 중심 건물인 대광명전을 비롯하여 관음전·용화전·황화각·전향각·개산조당·해장보각·세존비각·화엄전·감로당 등이 있다.

정면 5칸, 측면 3칸 규모의 팔작지붕 건물인 대광명전은 중로전에 있는 건물 가운데 가장 크고 가장 뒤에 배치되어 있으며, 그 웅장함이나 위엄에 있어서 대웅전 다음가는 건물이다. 대광명전은 내부에 부처님의 법신인 비로자나 불상을 모시고 있다. 대광명전 앞의 용화전에는 석가세존이 열반한 후 56억 7천만 년 후에 나타날 미륵불을 봉안하였다. 미륵불은 석가모니 이후에 출현할 미래불이다. 미륵불은 용화세계의 용화수 아래로 출현할 것이기 때문에 미륵

용화전 앞의 봉발탑(보물 제471호). 가섭존자가 석가여래의 발우와 가사를 가지고 미래에 성불할 미륵불을 기다린다고 하는데, 이때 미륵불에게 바칠 발우의 모양을 조각한 것이 봉발탑이다.

불을 모신 전각을 용화전이라 부른다. 이 용화전 앞에 봉발탑(奉鉢塔, 보물 제471호)이 세워져 있다. 부처님의 제자인 가섭존자가 석가여래의 발우와 가사를 가지고 미래에 성불할 미륵불을 기다린다고 하는데, 가섭존자가 미륵불에게 바칠 발우의 모양을 화강석으로 조각하여 세운 것이 용화전 앞의 봉발탑이다. 석가세존의 옷과 밥그릇을 미륵불이 이어받을 것을 상징한 통도사의 봉발탑은 우리나라에 하나밖에 없는 조형물이다.

해장보각(海藏寶閣)은 통도사를 창건한 자장율사의 영정을 봉안한 곳이다. 정면 3칸, 측면 2칸의 맞배지붕 건물인 해장보각 내부에는 자장율사의 영정과 함께 《고려대장경》 1, 2, 3, 4권이 보관되어 있다. 개산조당(開山祖堂)은 해장보각으로 통하는 문으로, 건물 형식은 사당의 솟을삼문 형식을 띠고 있다.

부처님 진신사리를 모신 금강계단과 대웅전이 있는 상로전은 통도사에서 가장 중요한 곳이다. 그중에서도 대웅전(국보 제290호)과 금강계단이 바로 통도사의 핵심이다. 여느 사찰의 대웅전은 불상을 모시는 법당을 가리키지만, 이곳 통

금강계단과 함께 국보 제290호인 대웅전. 통도사의 대웅전에는 불상을 봉안하지 않은 것이 특이하다. 불상 대신 부처님의 진신사리를 금강계단에 봉안했기 때문이다.

도사의 대웅전에는 불상이 없다. 불상이 없고 크고 화려한 수미단만 놓여 있다. 텅 빈 불단 뒤로 창이 넓게 나 있고, 유리창 너머로 금강계단이 보인다. 불상을 모신 여느 대웅전과 달리 통도사의 대웅전은 적멸보궁으로 뒤쪽에 금강계단을 설치하여 부처님의 진신사리를 모시고 있다. 적멸보궁은 부처님의 진신사리를 모신 법당을 가리키는 말이다. 우리나라의 5대 적멸보궁으로는 양산의 통도사, 오대산 상원사, 설악산 봉정암, 사자산 법흥사, 태백산 정암사를 꼽는다. 모두 자장율사가 당나라에서 귀국할 때 가져온 진신사리를 봉안한 곳이다.

현재의 대웅전 건물은 임진왜란 때 불탄 것을 1645년(인조 23)에 다시 지은 것이며, 정면 3칸, 측면 5칸의 겹처마 팔작지붕 건물로서 다른 전각과 달리 정면이 측면보다 좁은 장방형을 이루고 있다. 대웅전의 가장 큰 건축적 특징은 지붕 모양이 丁자형이라는 특이한 구조와 함께 정면과 측면의 구분 없이 동·서·남 모든 방향에 정면성을 주기 위해 양 측면과 전면 3곳에 합각(合閣)을 마련한 것이다. 그리고 지붕 중심에 여느 절에서는 볼 수 없는 청동 찰간(刹竿)이 있다. 또한 건물 바깥쪽 기단 부분과 돌계단 층계석과 소맷돌에 연꽃을 조각해 놓아 신성한 공간임을 나타내었다.

대웅전에는 원래 동쪽에 '大雄殿(대웅전)', 서쪽에 '大方光殿(대방광전)', 남쪽에 '金剛戒壇(금강계단)', 북쪽에 '寂滅寶宮(적멸보궁)' 현판이 걸려 있었으나, 1992년 대웅전 남쪽에 대규모 법회장을 짓고서 이곳에 '大方光澱' 현판을 옮겨 걸면서 대웅전 현판은 3개로 줄어들고, 위치도 변경되었다. 현재는 동쪽에 '寂滅寶宮', 서쪽에 '大雄殿', 남쪽에 '金岡戒壇' 현판이 걸려 있다. 이 가운데 정면에 걸려 있는 '金剛戒壇'이란 글씨는 일주문의 현판과 함께 흥선대원군이 쓴 것이다.

대웅전 북쪽에 위치한 금강계단은 통도사 창건의 근본정신을 간직하고 있는 성지이다. 《삼국유사》에 의하면 자장율사에 의하여 금강계단이 축조된 것은 7세기 중반이다. 그뒤 일곱 차례의 중수를 거쳐 오늘에 이르고 있는 금강계단은 2층의 석조 기단 위에 종 모양의 사리탑을 모신 지극히 간단한 구조로 이

대웅전과 함께 국보 제290호인 금강계단. 자장율사가 당나라에서 귀국할 때 가져온 진신사리를 봉안한 금강계단은 통도사 창건의 근본정신을 간직한 성지이다.

루어져 있다. 석조 기단 네 귀퉁이에는 사천왕상이 서서 불사리를 지키고 있고, 기단의 상하 면석에는 비천상과 보살상을 조각해 놓았다. 계단 위 중심부에 있는 종 모양의 사리탑은 복련(覆蓮)과 앙련(仰蓮)의 상하 연화대 위에 세웠는데, 석종형의 탑신부에 상륜부가 완벽하게 갖추어져 있으며, 탑신의 동서 좌우에는 천의를 휘날리며 그릇을 받쳐 들고 있는 공양비천상(供養飛天像)을 부조로 나타냈고, 정면인 남쪽에는 구름 속에 보합(寶盒)의 향로를 조각하였다. 또한 계단은 이중의 석조 난간을 둘러 불사리를 수호하고자 하였으며, 안쪽 난간 남쪽에는 아치형 문틀에 두 짝의 석비(石扉)를 달아 놓았다. 아치형 문틀에는 용을 새겼고, 문짝에는 신장상(神將像)을 조각해 놓았다. 금강계단은 모습은 바뀌었으나 문헌 기록상 가장 오래된 계단이며, 규모가 크고 조형미도 뛰어나 우리나라 계단 중에서 첫손에 꼽힌다.

대웅전과 삼성각 사이에는 작은 연못인 구룡지(九龍池)가 있다. 통도사 창건과 관련된 설화가 깃들어 있는 연못이다. 통도사 터는 본래 큰 못이 있던 곳이라고 한다. 당나라에서 돌아온 자장율사가 이곳을 메워 대가람을 창건하려고 했으나, 이 못 안에는 아홉 마리의 용이 살고 있었다. 자장율사는 불력을 일으

대웅전과 삼성각 사이에 있는 구룡지. 작은 연못인 구룡지는 통도사 창건과 관련된 설화가 깃들어 있는 연못이다.

커 못의 물을 펄펄 끓게 하여 용들을 쫓아냈다. 그러나 용 한 마리가 도망가지 않고 남아서 사찰을 지킬 터이니 이곳에 계속 머물게 해달라고 애원하여, 연못 한 귀퉁이를 메우지 않고 용이 살도록 하였다 한다. 그 연못이 바로 지금의 구룡지이다. 이 구룡지는 작은 연못이지만 아무리 가뭄이 심해도 물이 줄어들지 않는다고 한다.

통도사(대한불교조계종 제15교구 본사)는 불가의 종가답게 많은 보물급 문화재를 소유하고 있다. 국보 1점, 보물 19점을 비롯하여 경상남도에서 지정한 유형 문화재는 무려 108점에 이른다. 특히 성보박물관 안에는 통도사의 역사와 문화를 집약한 고문서를 비롯하여 불화, 목조 공예품, 서화류 등 다양하고 귀중한 유물을 보존·전시하고 있다. 3만여 점에 이르는 성보 문화재 가운데 가장 큰 특징은 풍부한 불교회화를 꼽을 수 있다. 우리나라의 불화를 이해하고 연구하는 데 빠뜨려서는 안 될 중요한 자료들을 소장하고 있다. 2층 불교회화실에는 대형 불화들을 보존·전시하고 있으며, 박물관 2층까지 연결되어 있는 1층의 중앙 홀에는 특별한 야외행사 때나 볼 수 있는 초대형 괘불을 상설 전시하고 있다.

통도사의 이와 같은 풍부한 성보문화재들이 이곳을 자장율사가 석가모니의 진신사리를 봉안한 이래 1400년 가까이 불교 정신의 집약지로, 우리나라 불교 최고의 성지로 자리매김한 것이리라. 이번 순례길에서 통도사가 불가의 종찰임을 다시 한 번 확인할 수 있었다.

*찾아가는 길 승용차를 이용한다면 경부고속도로 통도사IC에서 35번 국도로 접어들어 첫 삼거리에서 좌회전하여 들어간다. 또한 대중교통을 이용하려면 부산·울산·동대구·양산·언양에서 통도사행 버스를 타면 된다.

伽倻山 海印寺 가야산 해인사

천년의 지혜
일깨우는 법보종찰

고운 최치원(孤雲 崔致遠)은 '스님이여, 청산이 좋다고 말하지 마오(僧乎莫道靑山好) / 산이 좋다면서 왜 산에서 나온단 말이오(山好何事更出山) / 두고 보시오, 훗날의 내 종적을(試看後日吾踪跡) / 한 번 청산에 들면 다시는 나오지 않으리니(一入靑山更不還)' 라는 〈입산시(入山詩)〉를 읊었다. 내가 이 시를 떠올린 것은 해인사 입구 십리에 걸쳐 펼쳐지는 홍류동(紅流洞) 계곡을 지나면서였다.

봄에는 진달래와 철쭉의 붉은 꽃 그림자가 계류에 비치고, 가을이면 단풍이 계류를 붉게 물들인다 하여 '붉은빛이 흐르는 골짜기' 라는 뜻의 '홍류동' 이란 이름으로 불리는 이 계곡은 '고독한 구름(孤雲)' 이었던 최치원과 깊은 인연의 자락을 드리우고 있다. 고운은 위와 같은 〈입산시〉를 남긴 채 세상을 등지고 이곳 가야산에 들어와 은거하다가 홍류동의 한 바위 위에 신발과 지팡이를 남겨두고 홀연히 자취를 감추었다고 전한다. 전설에는 고운이 가야산의 신선이 되었다고 한다.

가야산(1430m) 자락에 위치한 해인사는 불보사찰(佛寶寺刹) 통도사(通度寺), 승보사찰(僧寶寺刹) 송광사(松廣寺)와 더불어 우리나라 삼보사찰(三寶寺刹)로 꼽히는 법보사찰(法寶寺刹)이다. 해인사는 802년(신라 애장왕 3) 신라 화엄종의 시조로 불리는 의상대사(義湘大師)의 법손인 순응(順應) 스님과 이정(利貞) 스님에 의하여 화엄사상을 전하는 화엄십찰(華嚴十刹) 중 하나로 창건되었다.

해인사란 절 이름은 화엄종의 근본 경전인 《대방광불화엄경(大方廣佛華嚴經)》에 나오는 '해인삼매(海印三昧)'라는 구절에서 비롯된 것이다. 해인사 홈페이지의 설명에 따르면 '해인삼매는 있는 그대로의 세계를 한없이 깊고 넓은 큰 바다에 비유하여 거친 파도, 곧 중생의 번뇌 망상이 비로소 멈출 때 우주의 갖가지 참된 모습이 그대로 물 속(海)에 비치는(印) 경지를 말한다.'고 한다.

고려 태조 26년(943)에 씌어진 〈가야산 해인사 고적〉에는 해인사 창건에 관련된 다음과 같은 연기설화가 실려 있다.

중국 양나라 때의 일이다. 지공화상(誌公和尙)이 임종하기 전 제자들에게 《답산기》라는 책을 주면서 다음과 같은 유언을 남겼다.

"내가 죽은 뒤에 신라에서 두 스님이 찾아와 법을 구할 것이니, 그때 이 책을 전해 주어라."

그뒤 과연 신라에서 순응·이정이란 두 스님이 찾아와 법을 구하였으므로 지공화상의 제자가 《답산기》를 내어주면서 스승의 말을 전하였다. 두 스님은 그 말을 듣고 지공화상의 탑묘(塔墓)에 찾아가 '사람에게는 고금(古今)이 있을지언정 법에야 어찌 앞뒤가 있겠습니까?' 하면서 일주일을 밤낮으로 기도하며 법문을 청하였다. 그러자 묘문이 저절로 열리면서 지공화상이 나타나 법문을 이야기하고, 의발(衣鉢)을 전해 주면서 일렀다.

"너희 나라 우두산(지금의 가야산) 서쪽에 불법이 크게 일어날 곳이 있으니, 너희들은 돌아가서 그곳에 대가람을 짓도록 하여라."

지공화상은 이 말을 남긴 채 탑 속으로 들어가 버렸다.

두 스님은 탑묘를 향해 다시 한 번 예를 갖춘 뒤 신라로 돌아와 곧바로 우두산을 찾아 나섰다. 두 스님은 우두산 동북쪽으로 고개를 넘고 다시 서쪽으로 내려가다가 만난 사냥꾼에게 물었다.

"그대들은 이 산을 잘 알고 있을 텐데, 어디 절을 지을 만한 곳이 없던가요?"

"이곳에서 조금만 내려가면 좋은 자리가 있습니다."

사냥꾼의 말을 따라 산을 조금 내려가자 과연 절을 지을 명당자리가 나타났다. 두 스님은 맑은 물이 흐르고 산세가 빼어난 그곳을 보자 마음이 흡족하여 풀밭에 자리를 깔고 앉아 선정에 들었는데, 이마에서 광명이 발하여 하늘로 뻗쳐올랐다. 그때 마침 나라에서는 애장왕의 왕후가 등창이 나서 백방으로 약을 구하여 써보아도 효험이 없자 신하들을 여러 곳에 보내어 고승석덕(高僧碩德)을 찾고 있었다.

한 신하가 우두산 근처를 지나다가 하늘에 뻗쳐오르는 신령한 빛을 발견하였다. 신하는 그 신령한 빛을 찾아 숲을 헤치고 산 속으로 들어가, 선정삼매에 들어 방광(放光)하는 두 스님을 만날 수가 있었다. 신하는 두 스님에게 여기까지 찾아오게 된 내력을 이야기하고 왕궁으로 함께 가기를 청하였으나, 두 스님은 허락하지 않고 오색실을 내어주면서 "이 실 한 끝은 궁전 앞에 있는 배나무에 매고, 다른 한 끝은 환부에 대면 나을 것이오." 하고 일러주었다.

신하가 돌아가서 왕에게 이 사실을 고하고, 두 스님이 시키는 대로 시행하였다. 그러자 과연 배나무는 말라 죽고, 왕후의 병은 나았다. 이에 왕은 감격하여 나라 사람들을 시켜 이 절을 짓게 하였으니, 때는 애장왕 3년(802) 임오년이다.

이와 같이 애장왕과 왕후의 도움으로 창건된 해인사는 고려 초에 희랑대사(希郎大師)가 절을 중건하고 화엄사상을 크게 펼쳤다. 희랑대사가 왕건(王建)을 도와 견훤(甄萱)의 후백제를 멸망시키고 고려를 건국하는 데 도움을 주자, 태조

우리나라 삼보사찰 가운데 법보사찰인 해인사 일주문. 해인사라는 절 이름은 《화엄경》에 나오는 '해인삼매 (海印三昧)'라는 구절에서 비롯됐다고 한다.

왕건은 이에 대한 보답으로 전지(田地) 500결을 해인사에 헌납했는데, 희랑대사는 이를 가지고 절을 중건한 것이다. 해인사는 창건 이후 희랑대사에 의해 확장되고 새로워짐으로써 고려시대에 균여대사(均如大師)와 대각국사(大覺國師) 등 많은 고승대덕을 배출하였다.

조선시대에 들어와 해인사는 여러 차례의 중수를 거쳤다. 특히 1398년(태조 7)에는 강화도 선원사(禪源寺)에 있던 팔만대장경을 지천사(支天寺)로 옮겼다가 이듬해 이곳 해인사로 옮겨옴으로써 호국사찰의 중심지가 되었고, 1488년(성종 19)에는 덕종비 인수왕비와 예종비 인혜왕비가 선왕의 뜻을 받들어 도목수 박중석(朴仲石) 등을 보내 학조대사(學祖大師)로 하여금 판전 30칸을 짓게 하고 보안당(普眼堂)이라 명명하였다. 그리고 1490년(성종 21)까지 대적광전을 비롯하여 법당과 요사 등 160여 칸을 새로 건립하였다.

해인사는 임진왜란 때 전화를 피했으나 그후 여러 차례 화재를 입었다. 1695년(숙종 21)의 화재로 만월당(滿月堂) · 원음루(圓音樓)를 비롯하여 동쪽의 많은 요사채가 소실되었고, 그 이듬해에도 불이 나서 무설전(無說殿)과 서쪽의 여러 요사채가 불탔으며, 1743년(영조 19)에는 대적광전 아래 수백 칸의 전각

해인사의 중심법당인 대적광전. 비로자나불을 본존으로 모셨으며, 왼쪽에는 지혜를 상징하는 문수보살을 모셨고, 오른쪽에는 실천을 통한 자비를 상징하는 보현보살을 모셨다.

이 화재로 잿더미가 되는 등 1871년(고종 8)까지 일곱 차례의 큰 화재가 있었다. 그러나 장경판전(藏經板殿, 국보 제52호)만은 피해가 없었다. 현재 남아 있는 건물은 대적광전·응진전·퇴설당·구광루·해탈문을 비롯하여 명부전·삼성각·조사전·음향각·관음전·궁현당·경학원·수월당·보경당·종각·청화당·사운당·봉황문 등으로 대부분 근래에 건립되었다.

유구한 역사를 자랑하는 해인사에는 2007년 6월 14일 유네스코가 세계기록유산으로 지정한 대장경판(大藏經板, 국보 제32호)과 1995년 12월 유네스코 세계문화유산으로 등록된 장경판전(藏經板殿, 국보 제52호)이 있으며, 고려각판(高麗刻板, 국보 제206호)을 비롯하여 반야사(般若寺) 원경왕사비(元景王師碑, 보물 제128호)·석조여래입상(보물 제264호)·원당암(願堂庵) 다층석탑 및 석등(보물 제518호)·고려각판(보물 제734호)·목조희랑대사상(木造希郎大師像, 보물 제999호)·길상탑(吉祥塔, 보물 제1242호) 등의 문화재들이 즐비하다.

홍류동 계곡을 지나 해인사 일주문 가까이 오면 오른쪽 길가에 해인총림(海印叢林) 초대 방장과 조계종 종정을 지낸 성철(性徹) 스님의 사리탑이 있다. 사리탑 위에 올려놓은 원형의 구(球)는 완전한 깨달음과 참된 진리를 뜻한다고 한다. 여기서 조금 더 올라가면 세월의 이끼가 잔뜩 끼어 있는 오래된 비석들과 신라 진성여왕 당시 전국적인 내란으로 들끓는 도둑들로부터 해인사의 보물을 지키려다 희생된 스님들의 영혼을 달래기 위해 895년(신라 진성여왕 9)에 만들어 세운 길상탑이 반겨준다. 일종의 진혼탑(鎭魂塔)인 이 탑은 이중기단 위에 3층의 탑신을 올렸는데, 기단부의 우주와 탱주, 옥개석 등이 모두 신라 탑의 전형적인 양식을 보여주고 있다. 길상탑에서 몇 걸음 옮기면 고려 중기의 명승 원경왕사(1050~1119)의 탑비인 원경왕사비가 있다. 이 탑비는 원래 가야면 야천리 반야사 터에 있던 것을 1961년에 이곳으로 옮겨 온 것이다. 이 탑비를 지나면 해인사 영지가 있고, 바로 위에 당간지주와 일주문이 보인다.

일주문을 시작으로 봉황문·해탈문을 차례로 넘어서면 구광루가 모습을 드러낸다. 구광루 옆으로 난 문을 통해 널찍한 절 마당에 들어서면 석탑과 석등을 중심으로 구광루·궁현당·대적광전·관음전이 ㅁ자를 이루고 있는 대가람의 모습이 펼쳐진다.

해인사의 중심법당인 대적광전에는 비로자나불이 모셔져 있다. 비로자나불은 산스크리트로 '큰 광명', '태양'이란 뜻인데, 불지(佛智)의 광대무변함을 상징하는 화엄종의 본존불이다. 본존불 왼쪽에는 지혜를 상징하는 문수보살을, 오른쪽에는 실천을 통한 자비를 상징하는 보현보살을 모셨다.

대적광전 뒤 깎아지른 듯한 언덕 위에는 해인사 가람 배치상 가장 중요한 건물인 장경판전이 있다. 장경판고라고도 불리는 이 건물은 고려시대에 만들어진 팔만대장경을 보관한 건물로, 해인사에 남아 있는 건물 중 가장 오래되었다. 장경판전은 정면이 15칸이나 되는 똑같은 규모와 양식의 두 건물이 남북

유네스코가 세계문화유산으로 등록한 장경판전(국보 제52호) 안마당. 왼쪽 건물이 법보전, 가운데가 사간판전이며, 오른쪽 건물은 수다라장이다.

팔만대장경이 보관되어 있는 장경판전 내부. 이곳에 대장경판(국보 제32호)과 고려각판(국보 제206호)이 보관되어 있다.

으로 나란히 세워져 있는데, 남쪽 건물을 수다라장(脩多羅藏), 북쪽 건물을 법보전(法寶殿)이라 부르며, 그 사이 동서쪽 양끝으로 사간판전(寺刊板殿)이 있어 긴 장방형의 ㅁ자형 평면을 이루고 있다. 네 건물 안에는 경가(經架)를 짜서 국보 제32호인 고려대장경판 81,258판, 국보 제206호인 고려각판 2,725판을 보존하고 있다. 이 건물의 정확한 창건 연대는 알려져 있지 않으나 세조 3년(1457)에 어명으로 판전 40여 칸을 중창하였고, 성종 19년(1488)에는 학조대사가 왕실의 후원으로 30칸의 판전을 지어 보안당이라고 명명하였다. 그리고 광해군 14년(1622)에 수다라장을, 인조 2년(1624)에 법보전을 중수하였다.

대적광전을 돌아 가파른 계단을 올라서면 '八萬大藏經(팔만대장경)', '藏經閣(장경각)', '普眼堂(보안당)'이라고 쓴 현판들이 차례로 눈에 들어온다. 조선의 명필 한석봉(韓石峰)이 "육필(肉筆)이 아니라 신필(神筆)이다."라고 감탄했다는 팔만대장경은 고려 말 몽고의 침입으로 국토가 유린된 상황에서 초조대장경(初雕大藏經)과 속장경(續藏經)이 소실되자, 고종은 1236년(고종 23) 당시의 수도였던 강화에서 대역사를 시작하였다. 몽고군의 침입을 불교의 힘으로 막아보고자 하는 뜻으로 국가적인 차원에서 대장도감이라는 임시기구를 설치하여 불경을 새긴 것이다. 새긴 곳은 경상남도 남해에 설치한 분사대장도감인데, 자작나무를 3년 동안 바닷물에 담갔다가 꺼내 판을 만들고 다시 소금물에 삶은 뒤 그늘에서 말리고 대패질했다는 경판에는 뒤틀림이 없다. 또 16년이라는 오랜 기간 동안에 걸쳐 판각공들은 한 자를 새기고 절 한 번 하고, 또 한 자를 새기고 절하기를 수없이 반복하였다고 전해온다. 그와 같은 정성 때문인지 수천만 자에 이르는 글자의 새김이 하나같이 고르다.

이 팔만대장경 경판이 유네스코 세계기록유산으로 지정되었다. 세계기록유산 제도는 역사적 문화적 가치가 높은 기록물을 인류가 공동으로 보존하기 위해 유네스코가 추진하고 있는 사업인데, 팔만대장경 경판이 세계기록유산으로 지정됨으로써 법보사찰 해인사는 그 이름이 더욱 빛나게 되었다. 우리나라가 보유한 세계기록유산은 '팔만대장경 경판' 과 《조선왕조의 의궤》를 비롯하여 《훈민정음》·《조선왕조실록》·《직지심체요절》·《승정원일기》·《동의보감》 등 모두 7건에 이른다.

세계문화유산인 장경판전은 조선 초기의 전통적인 목조 건축물로서 경판 보관을 위한 가장 과학적인 건물이다. 대장경판을 보관하는 데 절대적인 요건인 습도 조절을 위하여 판전 내부의 흙바닥 속에 숯과 횟가루, 소금을 모래와 함께 차례로 넣음으로써 습도를 조절하였다. 또한 통풍을 위하여 창의 크기를 남쪽과 북쪽을 다르게 하고, 각 칸마다 크기가 서로 다른 창을 내었다. 장경판전은 이와 같이 자연의 조건을 이용하여 과학적으로 설계하였기 때문에 팔만대장경판을 지금까지 잘 보관하여 마침내 세계기록유산의 반열에 오르게 한 것이다.

'법보종찰 해인총림' 인 해인사(대한불교조계종 제12교구 본사)는 참선을 가르치는 선원, 불경을 가르치는 강원, 계율을 가르치는 율원을 모두 갖추고 있으며, 75개의 말사를 거느리고 있다. 그리고 다층석탑과 석등이 있는 원당암(願堂

庵)을 비롯하여 성철 스님이 상주했던 백련암(白蓮庵), 임진왜란 때의 승병장인 사명대사(四溟大師)가 입적한 곳으로 사명대사의 부도와 탑비가 있는 홍제암(弘濟庵) 등 모두 14개의 부속 암자를 거느리고 있다.

*찾아가는 길 승용차를 이용한다면 88올림픽고속도로를 타고 해인사IC로 빠져나와 997번 지방도로를 타고 10km쯤 가면 해인사에 닿는다. 대중교통은 서울 남부터미널에서 합천행 버스가 1일 5회 있으며, 합천과 해인사를 오가는 군내 버스가 시간마다 운행된다. 또 대구 · 부산 · 마산 · 진주 등지에서는 해인사행 직행버스가 운행된다.

16국사 배출한
승보종찰

조계산은 동쪽 장군봉 밑에 선암사와 서쪽 연산봉 아래에 송광사를 품고 있다. 조계산을 사이에 두고 각각 동서쪽에 조계총림(曹溪叢林) 송광사와 태고총림(太古叢林) 선암사가 들어앉은 것이다. 송광사는 조계종의 근본 사찰이고, 선암사는 태고종의 총본산이다.

전날 선암사 순례를 마치고 순천으로 나와 1박한 다음 이튿날에는 조계산 서쪽에 위치한 송광사로 향하였다. 잔뜩 찌푸려 있던 어제와는 달리 오늘은 전형적인 가을 날씨답게 쾌청한 하늘이다.

송광사 주차장에 차를 주차하고 소나무·단풍나무·편백나무·졸참나무 등이 어우러진 숲길을 걸어 들어간다. 맑고 청아한 소리를 내며 흐르는 개울을 따라 송광사로 들어가는 길은 운치가 넘친다. 조계산의 봉우리들이 병풍처럼 둘러선 산자락에 아늑하게 자리잡고 있는 송광사로 향하는 이 길을 걷는 것만으로도 속세의 고통과 번뇌를 잠시나마 잊을 수가 있다.

주차장에서 한참을 걸어 들어가면 청량각(清涼閣)이 나타난다. 조계산의 계곡물이 흐르는 곳에 다리를 놓고 그 위에 정자같이 세운 아름다운 건물이다.

대웅보전을 중심으로 전각들이 지붕을 맞대고 줄지어 서 있다. 승보종찰 송광사 가람 배치의 가장 큰 특징은 대웅보전 위쪽에 스님들의 수행공간이 자리잡고 있다는 것이다.

이곳에서 땀을 씻으며, 청량각 아래로 흐르는 맑은 물에 속세의 인연을 말끔히 씻어낸 뒤 가벼운 발걸음으로 산사를 향해 다시 걸음을 재촉한다.

송광사(조계종 제21교구 본사)는 불보사찰(佛寶寺刹) 통도사, 법보사찰(法寶寺刹) 해인사와 더불어 우리나라 삼보사찰(三寶寺刹)로 꼽히는 승보사찰(僧寶寺刹)이다. 우리나라 5대 적멸보궁의 하나인 통도사는 석가모니의 진신사리를 모시고 있어 불보사찰이라고 하며, 해인사는 불교 경전의 총서인 팔만대장경을 봉안한 곳이라 하여 법보사찰이라고 한다. 또한 송광사는 고려 이래로 16명의 국사를 배출하여 승보사찰이라고 불린다.

불교에서 귀하게 여기는 세 가지 보물이라는 뜻의 '삼보'란 '불보·법보·승보'를 일컫는 말이다. 불보는 중생들을 가르치고 인도하는 부처를 말하며, 법보는 부처가 스스로 깨달은 진리를 중생을 위해 설명한 교법을 말한다. 그리고 승보는 부처의 가르침을 믿고 불도를 실천하는 사람들의 집단, 즉 사부대중을 가리키는 말이며, 이 세 가지는 불교에서 가장 근본이 되는 믿음의 대상이다.

통도사, 해인사와 더불어 우리나라 3대 사찰 중 하나로 꼽히는 송광사는 신라 말엽에 혜린선사(慧璘禪師)가 창건한 절이다. 창건 당시의 이름은 길상사(吉祥寺)였으며, 규모는 그리 크지 않았다고 한다. 그뒤 고려 인종 때 석조대사(釋照大師)가 절을 크게 확장하려고 원을 세우고 준비하던 중 뜻을 이루지 못하고 세상을 떠나자 길상사는 폐허가 돼 버렸으나 보조국사(普照國師)의 정혜결사(定慧結社)가 이곳으로 옮겨지면서 길상사가 중창되었다.

보조국사 지눌(知訥) 스님은 항상 자신을 목우자(牧牛子)라고 불렀다 한다. 보조국사의 호인 목우자는 소를 치는 사람, 곧 지혜의 소, 진심을 가꾸고 기르는 사람이라는 뜻이다. 1158년(고려 의종 12) 황해도 서흥에서 태어난 지눌은 어려서부터 매우 병약했다고 한다. 부모가 백방으로 수소문하여 구해온 약을 먹여도 지눌의 병이 낫지 않자 그의 아버지는 "아들의 병만 낫게 해주신다면 이 아들을 부처님께 바치겠습니다."하고 부처님께 간절히 기도했는데, 신기하게도 그후 지눌의 병은 씻은 듯이 나았다. 그리하여 지눌은 여덟 살 때인 1165년에 약속대로 출가하여, 스물다섯 살 때인 1182년(고려 명종 12)에는 승과(僧科)에 합격하는 영광을 안았다. 이 무렵은 고려의 불교가 교종(敎宗)과 선종(禪宗)으로 갈라져 대립하고, 나라가 안팎으로 매우 혼란했던 시기였다. 무신의 난으로 민중의 고통은 더해 갔지만 불교는 권력의 비호 아래 세속의 명리에 사로잡힌 채 타락해버렸다. 이에 지눌 스님은 퇴폐하고 변질된 불교에서 벗어나 바른 법을 세우자는 취지에서 불교정화운동인 정혜결사를 선언하기에 이르렀다.

지눌 스님이 1188년(고려 명종 18) 팔공산 거조사(居祖寺)에 머물면서 정혜사(定慧社)를 조직하고, 〈권수정혜결사문(勸修定慧結社文)〉을 발표하자 뜻을 같이하는 많은 사람들이 모여들었다. 거조사로 도반이 몰려들자 지눌 스님은 더 넓은 도량으로 옮겨 본격적인 수행 공동체를 만들기 위해 1197년 제자를 보내어 송광산(松廣山)의 길상사를 확장 중건하고, 1200년 이곳으로 옮겨와 산 이름은 조계산, 절 이름은 정혜사로 바꾸었다. 이후 1205년(고려 희종 1) 이웃에 같은 이름의 절인 정혜사가 있었으므로 절 이름은 다시 수선사로 바뀌었다. 이때 왕은 어필로 쓴 현판을 사액하였다. 절 이름이 다시 송광사로 바뀐 것은 그후의 일이다. 수선사가 조계종의 중흥도량이 되면서 산 이름도 조계산으로 바뀌고, 절 이름도 송광사로 다시 바뀐 것이다.

길상사는 보조국사 지눌 스님이 이곳으로 옮겨와 도와 선을 닦기 시작하면서 대찰로 중건되었다. 지눌 스님은 중창 불사로 사찰의 면모를 일신하고 뜻을 같이하는 수많은 대중을 지도하였다. 지눌 스님의 결사운동은 정혜쌍수(定慧雙修)와 돈오점수(頓悟漸修)의 선법(禪法)에 기초하면서 선종 중심의 교종 통합을 추구하는 것이었다. '정혜쌍수'는 선정(禪定)의 상태인 '정(定)'과 사물의 본질을 파악하는 지혜인 '혜(慧)'를 함께 닦아 수행해야 함을 말하는 것이고, '돈오점수'는 문득 깨달음에 이르는 경지에 이르기까지에는 반드시 점진적 수행단계가 따른다는 말이다.

그뒤 송광사는 보조국사 지눌 스님의 법맥을 진각국사(眞覺國師)가 이어받아 중창한 때부터 약 180년 동안에 청진(清眞) · 진명(眞明) · 원오(圓悟) · 원감(圓鑑) · 자정(慈靜) · 자각(慈覺) · 담당(湛堂) · 혜감(慧鑑) · 자원(慈圓) · 혜각(慧覺) · 각진(覺眞) · 정혜(淨慧) · 홍진(弘眞) 국사와 고봉(高峯) 화상에 이르기까지 16국사를 배출하는 대사찰로 성장하면서 승보사찰의 지위를 굳혔다.

본래 국사는 조정에서 한 나라의 스승이 될 만한 고승에게 내리던 칭호인데, 송광사는 고려시대에 국사의 칭호를 받은 15인과 국사 제도가 없어진 조선시대에 그 공덕과 법력이 국사와 같다고 하여 종문에서 인정한 고봉화상을 합하여 16국사라 칭하며 그 공덕을 기린다. 송광사에서 이렇게 고승 대덕이 끊이지 않고 배출된 데에는 승보종찰로서의 명예로운 전통을 잃지 않으려고 송광사 대중들이 승풍(僧風) 진작에 몸소 앞장서 왔기 때문일 것이다. 이런 전

'조계산대승선종송광사'와 '승보종찰조계총림'이란 2개의 현판을 걸어 놓았다.

통 때문일까, 송광사는 일명 '스님 사관학교'로 불리기도 한다.

청량각을 지나 숲이 우거져 해가 보이지 않는 숲길을 계속 걸어 올라가면 길 오른쪽으로 비림(碑林)이 눈길을 끈다. 송광사 역대 고승 및 공덕주들의 비석이 줄지어 선 곳이다. 이곳을 지나면 곧 '曹溪山大乘禪宗松廣寺(조계산대승선종송광사)', '僧寶宗刹曹溪叢林(승보종찰조계총림)'이란 현판이 걸린 일주문이 반긴다. 일주문을 들어서면 작은 전각 두 채가 낮은 담장 안에 나란히 세워져 있는 모습이 눈길을 끈다. 세월각(洗月閣)과 척주각(滌珠閣)이란 현판을 각각 달고 있는 전각이다. 이곳은 죽은 이의 영가(靈駕)가 천도재를 지내러 절에 들어오기 전 하룻밤을 지내면서 속세의 욕망과 허물의 때를 씻고 목욕을 하는 곳이다. '구슬을 씻기는 곳'이란 뜻의 현판을 건 척주각은 남자의 영가를 목욕시키는 곳이고, '달을 씻기는 곳'이란 뜻의 세월각은 여자의 영가를 목욕시키는 곳이라고 한다.

세월각과 척주각 곁에는 순례자의 시선을 끄는 게 또 하나 있다. 고향수(枯

우화각에 걸린 송광사 현판. 우화각 안쪽으로
사천왕문이 회랑처럼 잇달아 있다.

香樹)라는 이름이 붙은, 깃대처럼 서서 말라 죽은 나무이다. 이 나무에 관해 전
해져 내려오는 이야기에 따르면 불교 혁신을 위한 수행 공동체를 만들기 위해
보조국사 지눌 스님이 이곳을 찾을 때 짚고 온 향나무 지팡이를 꽂으며 "너하
고 나하고 생사를 같이하자. 내가 떠나면 너도 그러하리라. 다음날 네 잎이 푸
르게 되면 나도 또한 그런 줄 알리라." 하고 말했다고 한다. 그뒤 그 지팡이에
잎과 가지가 무성하게 자랐다가 지눌 스님이 입적하자 말라 죽었다고 한다. 지
눌 스님은 입적할 때 "이 나무는 내가 떠난 뒤에 반드시 마를 것이며, 만약 가
지와 잎이 살게 되면 내가 다시 환생한 줄 알라."고 말했다는데, 그 후 이 나무
는 천년이 되어도 살아나지 않았고 썩지 않은 채 그대로 남아 있다.

우화각은 홍예교인 삼청교 위에 지은 수상 누각이다. 우화각과 삼청교의 홍
예, 임경당의 누마루가 개울물에 비친 풍경은 송광사에서 가장 경치가 빼어난
곳으로 많은 사람들이 이를 배경으로 기념사진을 찍는 곳이기도 하다. 또한 우
화각은 절로 들어가는 통로이기도 하다. 우화각을 지나면 곧바로 천왕문인데,

대웅보전 전경. 백팔번뇌를 소멸시키려는 원력을 담아 건평을 108평으로 하고, 불법이 두루 퍼져나가기를 기원하며 평면을 ＋자형으로 지은 특이한 법당이다.

천왕문을 지나면 정면으로 범종루인 종고루(鐘鼓樓)가 보인다. 그리고 종고루 왼쪽으로 송광사의 박물관인 성보각이 자리잡고 있다.

종고루 밑을 지나 절 마당에 올라서면 정면으로 대웅보전이 우뚝 솟아 있고, 좌우에 승보전과 지장전이 서 있다. 대웅보전과 대웅전의 차이는 그 전각에 모셔진 불상이 복수인가, 단수인가의 차이이다. 불상을 여럿 모셔놓았으면 '대웅보전' 이라 부르고, 하나의 불상과 좌우에 협시보살을 모셔놓았으면 '대웅전' 이라고 부르는 것이다.

송광사의 가람들은 정유재란과 6 · 25동란 등으로 여러 차례 소실됐으나 중창을 거듭하여 현재와 같이 전각 80여 동의 장엄한 모습을 이루게 되었다. 대웅보전 건물은 특이하게도 십자형을 이루고 있으며, 크기는 108번뇌의 의미에서 108평으로 지어졌다. 대웅보전 안에는 삼세불을 모셔놓았다. 과거불인 연등불, 현재불인 석가모니불, 미래불인 미륵불과 협시불로 문수보살 · 보현보

승보전 내부에는 석가모니불과 10대 제자, 16나한, 1250인의 비구제자의 상을 모셔놓았다.

살·지장보살·관음보살이 모셔져 있다.

승보전은 승보종찰 송광사의 상징적인 건물로서, 현재의 대웅보전을 새로 지으면서 옛 대웅전 건물을 그대로 옮겨놓은 건물이다. 정면 3칸, 측면 3칸의 팔작지붕 건물인 승보전 안에는 석가여래를 비롯하여 10대 제자와 16나한, 1250비구 제자상을 봉안하여 석가모니의 영산회상(靈山會上)을 재현하고 있다. 또한 좌우면의 외벽에는 심우도(尋牛圖)를 그려놓았다. 특히 5번째 그림인 '목우(牧牛)'는 마음을 닦는다는 뜻으로 송광사의 '목우가풍(牧牛家風)'과 밀접한 관계를 지닌다.

송광사 가람 배치의 가장 큰 특징은 대웅보전 뒤쪽 높은 곳에 스님들의 수행공간이 자리잡고 있다는 것이다. 대웅보전 뒤 석축의 중앙으로 난 계단을 올라가면 진여문이 있다. 진여문을 들어서면 선방인 설법전과 수선사가 있다. 이곳은 수선(修禪) 구역으로 삼일암(三日庵)의 상사당(上舍堂)에는 방장 스님의 거처

승보종찰 송광사의 상징적인 건물인 승보전. 현재의 대웅전을 새로 지으면서 옛 대웅전을 그대로 옮겨놓은 건물이다.

가 있고, 16국사의 영정을 모신 국사전(국보 제56호)과 진영당이 있으며, 스님들이 생활하던 승방인 하사당(下舍堂, 보물 제263호)이 자리잡고 있어 송광사가 승보사찰임을 증명한다. 불보사찰 통도사는 대웅전 뒤에 부처님 사리를 모신 금강계단이 있고, 법보사찰 해인사 대적광전 뒤에는 팔만대장경을 보관한 장경각이 있는 것과 같은 이치이다.

조계총림 송광사에는 지금 선원과 율원, 강원에서 150여 명의 스님들이 보조국사의 정혜결사 정신을 이어가기 위해 정진하면서 내실 있는 수행불사를 진행 중이다. 조계종의 5대 총림 중에서도 송광사는 승보사찰답게 학인 스님이라면 꼭 한 번 이상은 이곳에서 공부하기를 바라는 사찰로 알려져 있다.

수많은 스님들이 수도하고 있는 송광사는 국제선원을 두어 외국의 승려가 한국의 불교문화를 연구하는 도량 역할도 담당하고 있다. 보조국사가 천자의 병을 고쳐준 인연으로 국사를 수행한 금나라 세자가 조계산 내에 암자를 짓고 수도하여 훗날 담당국사가 되었는데, 이때부터 이국의 스님들이 송광사에 머물렀다는 얘기가 전하는 것을 보면 송광사의 국제선원 역사는 상당히 오래되었음을 짐작케 한다. 세자가 머물렀다는 암자는 금나라 천자를 의미하여 천자암(天子庵)이라고 부른다.

송광사의 산내 암자인 천자암 뒤뜰에는 보조국사와 세자가 짚고 온 지팡이를 나란히 꽂은 것이 뿌리를 내려 나무로 자랐다는 두 그루의 향나무가 있다. 천연기념물인 이 나무의 이름은 '송광사의 곱향나무 쌍향수(雙香樹)'이다. 수령이 800년 정도로 추정되는 쌍향수는 줄기가 몹시 꼬인 신기한 모습을 하고 있다.

"참선만이 깨달음에 이르는 방법이다." "배움이 우선이다."라면서 선종과 교종의 갈등에 "선(禪)은 곧 부처님 마음이요, 교(敎)는 부처님 말씀이다."라며 선·교의 합일점을 추구했던 보조국사는 마지막 모습 또한 매우 인상적이었다 한다. 보조국사 지눌 스님의 생애를 전하는 비문에 의하면 스님은 1210년(고려 희종 6) 3월 27일 법고를 울려 대중을 모아놓고 설법을 하다가 "이 눈은 조상으로부터 받은 것이 아니고, 이 코도, 이 혀도 그렇다. 이제 산승(山僧)의 목숨을 대중에게 맡기노니, 찢든지 자르든지 마음대로 하라."는 말을 하고는 주장자를 잡고 법상에 앉은 채 고요히 열반에 들었다 한다. 임금은 스님이 입적했다는 소식을 듣고 못내 슬퍼하며, 시호를 불일보조국사(佛日普照國師)라 하고, 탑호를 감로(甘露)라 하였다.

관음전 뒤 보조국사 부도를 모신 부도전에 오르면 송광사 경내가 한눈에 내려다보인다. 송광사 일원은 명승 제65호로 지정되어 있을 만큼 경치가 빼어난 곳이며, 국사와 전각 그리고 보물급 문화재가 많다고 하여 삼다(三多) 사찰이라는 별칭을 얻었을 정도로 전국의 사찰 가운데 가장 많은 문화재를 보유하고 있다.

국보만 해도 목조삼존불감(木造三尊佛龕, 국보 제42호)·고려고종어제서(高麗高

宗御製書, 국보 제43호)·국사전(국보 제56호) 등 3점에 달하며, 보물은 《대반열반경소(大般涅槃經疏, 보물 제90호)》1책·경질(經秩, 보물 제134호) 2매·경패(經牌, 보물 제175호) 43개·금동요령(보물 제176호) 1개·《묘법연화경 관세음보살 보문품삼현원찬과문(妙法蓮華經觀世音菩薩普門品三玄圓贊科文, 보물 제204호)》1책·《대승아비달마잡집론소(大乘阿毘達磨雜集論疏, 보물 제205호)》1책·《묘법연화경찬술(妙法蓮華經纘述, 보물 제206호)》1책·《금강반야경소개현초(金剛般若經疏開玄凩, 보물 제207호)》1책·하사당(보물 제263호)·약사전(藥師殿, 보물 제302호)·영산전(靈山殿, 보물 제303호)· 고려문서(高麗文書, 보물 제572호) 2축·16조사진영(十六祖師眞影, 보물 제1043호)·화엄전 화엄탱(華嚴殿華嚴幀, 보물 제1366호)·응진당 석가모니후불탱, 십륙나한탱(應眞堂釋迦牟尼後佛幀, 十六羅漢幀, 보물 제1367호)·영산전 후불탱, 팔상탱(靈山殿後佛幀, 八相幀, 보물 제1368호)·티베트 문법지(文法凒, 보물 제1376호) 등이며, 곱향나무 쌍향수는 천연기념물 제88호이다.

*찾아가는 길 승용차를 이용한다면 호남고속도로를 타고 주암IC로 빠져나와 27번 국도를 타고 송광 방면으로 내려서면 오른쪽으로 푸른 주암호가 펼쳐진다. 이 길을 따라 내려오다 송광사 삼거리에서 송광사 방면으로 좌회전한다. 대중교통을 이용할 때는 고속버스나 전라선 열차를 타고 순천까지 가서 송광사행 버스를 이용하면 된다. 광주에서도 송광사행 버스가 있다.

德崇山 修德寺 덕숭산 수덕사

동방제일선원 표방하는
덕숭총림

　내포지방에서 가장 큰 절인 수덕사는 항상 많은 사람들의 발길이 끊이지 않는 곳이다. 지난여름 왔을 때 넓디넓은 주차장을 가득 메운 차를 보고 놀란 적이 있는데, 수덕사에 눈이 내렸다는 소식을 듣고 한걸음에 달려 내려와 보니 눈이 내리는 궂은 날씨인데도 주차장에는 몇 대의 관광버스와 수십 대의 승용차가 세워져 있다.

　여행지 기분이 물씬 나는 상가지역 사하촌을 지나면 새로 세운 일주문이 단청 전의 맨얼굴로 순례자를 맞아준다. 여기서 산길을 조금 오르면 구(舊) 일주문에 도달한다. 아직 완공 전이기는 하지만 새 일주문이 세워져 있으므로 구 일주문이라 부른 것인데, 이 일주문을 들어서면 왼쪽으로 '수덕사 선(禪)미술관'이란 문패를 내건 수덕여관이 있다. 초가지붕을 이고 있는 이 건물은 동양미술의 우수성을 세계 속에 드높인 고암 이응로(顧菴 李應魯, 1904~1989) 화백의 고택이다. 한국 최초의 여류 서양화가 나혜석(羅蕙錫, 1896~1949)이 3년간 머문 적도 있는 이 수덕여관은 이응로 화백이 1944년에 구입하여 후배 여류화가 박인경과 함께 1958년 프랑스로 떠날 때까지 작품 활동을 하던 곳이

고암 이응로 화백의 고택인 수덕여관. 한때 내로라하는 화가와 시인묵객이 드나들던 수덕여관은 이제 주인도 객도 떠나고 없다. 이제는 '수덕사선미술관(修德寺禪美術館)'으로 바뀌어 각종 문화 전시 공간으로 활용되고 있다.

기도 하다.

고암 이응로 화백이 스물한 살 연하의 제자와 파리로 떠난 후 홀로 남겨진 고암의 부인 박귀희 여사는 그리움을 안고 남편의 체취가 배어 있는 수덕여관을 지켰다. 이후 고암이 1967년의 '동백림사건'에 연루되어 2년 간 옥고를 치르고 나오자, 그동안 옥바라지까지 했던 부인은 자신을 버린 남편을 이곳 수덕여관에서 요양시킨다. 그러나 고암은 약 두 달 동안 수덕여관에 머물면서 여관 뒤뜰의 너럭바위 두 곳에 한국미술사에 남을 암각화 2점을 새겨놓은 뒤 훌쩍 파리로 떠나 다시는 돌아오지 않았다. 이 암각화는 고암이 화강암 바위에 온갖 사물과 현상의 성(盛)함과 쇠퇴함을 추상화로 표현한 작품이다.

수덕여관은 이제 더 이상 수학여행 온 학생들이 묵어가고, 나그네를 위해 산채정식을 차려내는 곳이 아니다. 한때 이 나라의 내로라하는 화가와 시인묵객들이 드나들던 수덕여관은 이제 주인도 객도 떠나고 없다. 고암의 본부인이

2001년 세상을 떠난 뒤 한동안 방치됐던 수덕여관을 수덕사에서 사들여 복원한 뒤 각종 문화 전시 공간으로 활용하고 있다.

선지종찰(禪之宗刹)이자 동방제일선원(東方第一禪院)을 표방하는 덕숭총림(德崇叢林) 수덕사(조계종 제7교구 본사)는 호서의 금강산이라고 불리는 덕숭산 기슭에 자리잡고 있는 백제의 고찰이다. 수덕사의 창건에 대한 정확한 문헌은 없으나, 《삼국유사》의 〈혜현구정(惠現求靜)〉조에 따르면 수덕사가 백제 사찰임을 확인할 수가 있다. 수덕사가 문헌에 최초로 등장하는 것은 《삼국유사》에 '백제의 고승 혜현이 수덕사에 주석하며 《법화경》을 지송하고 삼론(三論)을 강(講)하였다.'는 기록이다. 이 기록으로 보아 수덕사가 백제 때 창건된 사찰임을 알 수 있고, 또한 사격을 짐작할 수가 있다. 이로써 학계에서는 대체적으로 백제 위덕왕 재위(554~597) 때에 창건된 것으로 추정하고 있다.

문헌에 나타난 백제 사찰로는 흥륜사(興輪寺)·왕흥사(王興寺)·칠악사(漆岳寺)·수덕사(修德寺)·사자사(師子寺)·미륵사(彌勒寺)·제석정사(帝釋精寺) 등 12개 사찰이 전하지만, 수덕사만이 유일하게 남아 있다. 1500년 가까이 불법의 등을 꺼뜨리지 않고 전해온 이 절에 한말에는 경허(鏡虛) 스님이 머물면서 선풍을 일으켰고, 또한 경허 스님의 제자로 만해 한용운(卍海 韓龍雲)과 쌍벽을 이루었던 만공(滿空) 스님이 머물면서 중창한 뒤 많은 후학들을 배출함으로써 대찰로서의 사격을 갖추어 오늘날의 덕숭총림 수덕사로 자리잡게 되었다.

부처님의 세계로 들어가는 문인 일주문 정면에는 '德崇山修德寺(덕숭산수덕사)'라는 현판이 걸려 있고, 일주문을 들어서면 안쪽에 또 다른 편액이 걸려 있다. '東方第一禪院(동방제일선원)'이란 일주문 내부 편액이다. 두 편액 모두 소전 손재형(素筌 孫在馨)의 글씨이다. 산사로 들어가는 첫 번째 문인 일주문은 기둥을 일직선상에 세운 데서 유래한 말로, 부처님을 향한 모든 진리는 하나라는 상징적 의미를 담고 있다. 일주문을 지나면 금강문이 나오고, 금강문을 지나면

사천왕문이다. 악귀를 내쫓아 청정도량을 만들기 위해 사천왕을 안치한 사천
왕문은 정면 3칸, 측면 2칸의 맞배지붕 건물이다.

사천왕문을 지나면 황하정루(黃河精樓)가 나온다. '禪之宗刹修德寺(선지종찰
수덕사)', '德崇叢林(덕숭총림)' 이란 현판을 달고 있는 황하정루는 2층의 누각 건
물로서 지하에는 박물관인 근역성보관(槿域聖寶館)이 있고, 지상 1층은 스님들
이 거처하는 요사로 쓰이며, 2층은 강당으로 사용되고 있다. 박물관의 이름을
'근역성보관' 이라고 명명한 것은 백제불교의 원류지인 덕숭총림 수덕사가 우
리나라 꽃인 무궁화(槿域) 정신을 바탕으로 하는 전통불교운동을 주창한 경
허·만공 양대 선사의 뜻을 잇고자 하는 뜻에서이다. 황하정루를 지나면 가파
른 계단이 나온다. 이 계단을 올라야만 비로소 부처님이 계신 대웅전 앞마당에
들어설 수 있다. 계단을 올라서면 왼쪽으로 범종각과 금강보탑이 보이고, 오른
쪽으로는 법고각과 조인정사, 그리고 코끼리 석등이 있다. 진신사리를 봉안한
금강보탑에는 불상 1,000불과 동으로 만든 탑 모형 999탑이 소장되어 있어
'천불천탑' 이라고 부르기도 한다.

수덕사의 백미인 대웅전이 있는 공간은 축대를 쌓아 한 단 높은 곳에 위치
한다. 이곳에는 대웅전을 중심으로 하여 명부전과 관음전·청련당·백련당 건
물이 들어서 있으며, 대웅전 앞에는 삼층석탑이 세워져 있다. 높이 4미터의 삼
층석탑은 통일신라시대 양식을 한 고려 초기의 작품으로 충청남도유형문화재
제103호로 지정되어 있다. 1층과 2층 옥개석 일부가 파손되었을 뿐 전체적으
로 잘 보존된 석탑은 깔끔한 비례로 안정감을 느끼게 한다. 이 탑이 세워져 있
는 마당을 가운데 두고 마주 바라보고 있는 청련당과 백련당은 스님들의 거처
인 요사이다.

국보 제49호인 대웅전은 경내에서 가장 높은 자리에 남향으로 자리 잡고
있다. 수덕사 대웅전은 안동 봉정사 극락전, 영주 부석사 무량수전과 함께 대

1308년(고려 충렬왕 34)에 건립된 수덕사 대웅전(국보 제49호). 봉정사 극락전, 부석사 무량수전에 이어 우리나라에서 세 번째로 오래된 건물이다. 건축사적으로나 미학적으로 뛰어난 건물이다.

표적인 고려시대 목조건물로 꼽히는 오래된 건물이다. 이 건물의 나이를 알게 된 것은 1937년 해체 수리할 때 발견된 묵서(墨書)에 의해서였다. 대웅전을 해체 수리하는 과정에서 중수 연대가 적힌 묵서가 발견됨으로써 이 건물이 1308년(고려 충렬왕 34)에 건립되었고 봉정사 극락전, 부석사 무량수전에 이어서 세 번째로 오래된 건물임을 알게 된 것이다.

올해로 건립 701주년이 되는 수덕사 대웅전은 정면 3칸, 측면 4칸의 주심포계 단층 겹처마 맞배지붕 건물로서, 다른 건물이 정면의 칸수가 측면에 비해 많은 것과 달리 이 건물은 측면의 칸수가 1칸 더 많다. 그러나 정면의 칸살이 넓은 반면에 측면의 칸살은 매우 좁다. 초석 위에 배흘림기둥을 세우고, 그 위에 공포를 짜 올린 주심포 건물인 대웅전은 형식적인 면에서 보면 아주 단순하기 이를 데 없는 건물이지만 쓸데없는 장식을 전혀 하지 않은 소박함, 정확한 균형에서 오는 안정감, 빛바랜 단청이 보여주는 담백함과 특히 배흘림기둥과 맞배지붕의 선이 아름다움의 조화를 이룬다.

대웅전을 해체 수리할 때 내부의 벽에는 고려·조선 양 시대에 걸쳐 그려진 수준 높은 벽화가 있었는데, 공사를 하면서 떼어놓은 후 6·25동란 때 모두 부서져버려 지금은 흔적조차 찾을 수 없게 되고 말았다. 그러나 다행스럽게도 해체 수리 공사를 할 당시 그린 벽화 모사도(模寫圖)가 국립중앙박물관에 보관되어 있고, 사진 자료 일부도 전해지고 있다. 현재 대웅전의 대들보에 남아 있는 금룡도(金龍圖)는 우아한 색채와 생동감 있는 필치의 걸작으로 고려 불교의 아름다움을 보여준다.

또한 대웅전의 불단에는 목조 삼세불이 모셔져 있다. 1938년 만공 스님이 전북 남원의 귀정사(歸淨寺)에서 옮겨온 삼세불이다. 대웅전에 삼세불을 모시는 것은 석가모니 이전에도 부처님이 있었고, 석가모니가 열반한 뒤에도 부처님은 계속 존재하며, 중생을 제도하기 위해 여러 세상에서 여러 모습으로 나타난다는 것을 보여주기 위해서라고 한다. 대웅전에 봉안된 목조삼세불좌상 및 복

대웅전 목조 삼세불좌상. 삼세불좌상은 수덕사의 중흥조인 만공선사가 전북 남원의 귀정사(歸淨寺)에서 옮겨온 것으로서 중앙의 석가모니불을 중심으로 오른쪽에 약사불, 왼쪽에 아미타불을 모셔놓았다. 삼세불좌상 및 복장 유물과 연화대좌, 수미단 등이 보물 제1381호이다.

장 유물과 연화대좌, 수미단 등은 보물 제1381호이다.

수덕사에는 이외에도 보물 제1263호인 노사나괘불탱(蘆舍那掛佛幀)이 있다. 괘불이란 절에서 큰 법회나 의식을 행할 때 법당 앞뜰에 거는 대형 불화이다. 화엄종의 주불인 비로자나불을 대신하여 노사나불이 영축산에서 설법하는 장면인 영산회상을 그린 높이 13미터, 폭 7.5미터의 이 괘불은 1673년(현종 4) 4월 수덕사에서 조성한 것이다. 이 괘불은 신원사(新元寺)의 노사나괘불탱(국보 제299호)과 같은 도상으로 '원만보신노사나불(圓滿報身盧舍那佛)'이란 존명이 기록되어 있다.

대웅전 서쪽 백련당 뒤에는 수덕각시와 덕숭낭자의 설화를 간직한 집채만 한 바위가 있다. 관음보살의 화신이 수덕각시와 덕숭낭자의 모습으로 나타나 절을 중건하고 이 바위 속으로 들어가 버렸다 하여 관음바위라 부른다.

한말에 이르러 꺼져 가던 선풍(禪風)을 진작시킨 이가 경허 스님이고, 일제 강점기에 우리 불교계를 지킨 이가 경허 스님의 제자 만공 스님이다. 덕숭총림 수덕사는 이와 같은 경허·만공 선사의 가풍(家風)이 고스란히 이어져 내려오는 사찰이다. 만공 스님이 미나미 조선총독에게 일갈했다는 다음의 일화는 지금도 많은 사람 사이에 널리 회자되고 있다.

일제 강점기 때인 1937년 3월 11일 내선일체(內鮮一體)를 주장한 조선총독부 미나미 총독이 조선 31본산 주지회의를 열어 조선불교를 일본불교화하려 하였다.

회의가 시작되자 미나미 총독이 입을 열었다.

"전임 데라우치 총독의 뜻대로 조선불교는 일본불교와 합해야 합니다."

총독의 말에 참석한 다른 주지들은 데라우치 전 총독을 칭찬하며 모두 찬성의 뜻을 표했으나 만공 스님은 벌떡 일어나 사자후를 토하였다.

"조선불교는 조선의 승려에게 맡기시오. 합병 이전에는 절 안에서 음행하거나 음주하는 파계자가 있으면 산문 출송하여 불법의 명맥을 이어왔소. 그러나 합병되어 사찰령이 시행된 뒤로는 승통이 문란해지고, 파계하는 일본 승려의 영향을 받아 취처(娶妻), 음주, 육식을 공인하게 되었으니 조선의 승려들이 모두 파계승이 되고 말았소. 경(經)에 이르기를, 청정 비구 한 사람만 파계시켜도 무간지옥에 떨어진다고 하였소. 그런데 조선의 7천 승려를 파계시킨 죄를 지은 데라우치 총독이 지금 어디에 가 있겠소? 지금 무간지옥에서 한량없는 고통을 받고 있을 것이오. 그러므로 조금 전에 데라우치 전 총독을 칭찬한 조선의 승려들은 오늘부터 데라우치와 그 자손들의 천도 기도를 해야 할 것이오."

만공 스님의 이와 같은 일갈에 미나미 총독이 부들부들 떨며 당장 망언을 취소하라고 요구했으나, 만공 스님은 주장자를 세 번 내리친 뒤 일언지하에 거절해 버렸다.

"내가 한 말을 절대로 취소할 수 없소."

수덕사의 산내 암자로는 경허 선사와 만공 선사가 선풍을 휘날리던 정혜사(定慧寺)를 비롯하여 전월사(轉月寺)·금선대(金仙臺)·향운각(香雲閣)·소림초당(少林草堂)과 견성암(見性庵)·환희대(歡喜臺)가 있다. 대웅전 서쪽의 심우당(尋牛堂)은 덕숭총림 승가대학(강원) 건물이다. 이 건물 옆에 정혜사로 오르는 돌계단이 있다. 정혜사까지 연결된 이 돌계단을 밟아 올라가다보면 가장 먼저 만나게 되는 암자가 소림초당이다. 만공 선사가 덕숭산 중턱의 절벽 위에 지은 이 암자는 볏짚으로 지붕을 인 초가집이어서 고향집에 온 듯한 정겨움을 안겨준다.

소림초당을 지나 계속되는 돌계단을 따라 가쁜 숨을 몰아쉬며 향운각에 오르면 만공 선사가 조성한 관음보살입상을 만난다. 높이가 7.58미터(25척)에 이르는 이 거대한 석불은 자연 암벽을 깎아 조성한 것이다. 관음보살입상을 배견하고 다시 산을 오르면 만공탑을 만나게 된다. 108번뇌를 의미하여 첫 계단부터 1080계단을 올라야 이 만공탑에 이를 수 있다. 만공 선사의 사리를 모신 이 탑은 만공 선사의 제자인 박중은(朴重隱)에 의해 조성된 현대식 부도이다. 동경 미술대학 출신인 박중은 스님은 이 탑을 설계하며 탑명을 한글로 새겼는데, 상부에 얹혀진 원형의 구(球)는 만공 선사의 사리를, 세 개의 팔각기둥은 불교의 삼보(三寶)를 나타낸 것이며, 팔각기단은 팔정도(八正道) 표현한 것이라 한다. 만공탑의 각 면에는 '世界一花(세계일화)'를 비롯하여 만공 스님의 친필과 행장 등이 새겨져 있다. '世界一花'는 만공 스님이 해방 이튿날 땅에 떨어진 무궁화를 먹에 찍어 쓴 글이라 한다.

정혜사는 만공탑에서 지척이다. 정혜사로 가기 전에 금선대에 들른다. 만공 스님이 1905년에 지은 이 건물은 조실(祖室)채로 사용되던 곳이지만 지금은 경허·만공·혜월 스님의 영정을 모신 진영각으로 쓰이고 있다. 정혜사 능인선원(能仁禪院)은 납자들이 참선 수행을 하는 선원이므로 일반인들의 출입을 엄격히 금하고 있는 곳이다. 1932년 만공 스님이 창건한 정혜사 능인선원은 덕숭총림의 비구 선원으로 만공 스님이 주석하며 선풍을 진작시킨 납자들의 정진처였으며, 지금도 많은 스님들이 기거하며 참선 수행에 전념하는 곳이다. 또한

덕숭총림 수덕사의 산내 암자인 견성암. 여승방인 견성암은 1900년대 초 창건될 때부터 선원으로 출발한 국내 최초의 비구니 제일선원이다.

환희대에 있는 원통보전. 환희대는 일엽 스님이 만년에 주석하다 입적한 곳으로 유명한데, 산내에는 환희대를 비롯하여 극락암·선수암의 비구니 암자가 있다.

이곳은 만공 스님이 75세의 나이로 입적한 곳이기도 하다.

견성암과 환희대는 우리나라 최초의 비구니 선원이다. 덕숭총림 수덕사의 산내 암자인 견성암은 1900년대 초 창건될 때부터 선원으로 출발한 국내 최초의 비구니 전문 선원이다. 토굴에서 시작하여 초가집, 함석집, 기와집으로 증축과 개축을 거듭하다가 1965년에 이르러 오늘날의 지하 1층, 지상 2층의 석조 건물로 자리잡아 지금은 전국의 비구니들이 참선 수행하는 선원의 종가가 되었다. 일엽(一葉) 스님(본명: 김원주)이 만년에 주석한 환희대 역시 비구니들이 기거하며 수도하는 암자이다. 만공선사가 창건한 환희대는 최초의 여성 유학생으로 여성잡지 《신여자(新女子)》를 창간하고 여성 해방을 주장하며 나혜석과 함께 신여성을 대표하였던 일엽 스님이 기거하다 입적한 곳이기도 하다. 일엽 스님은 문예지 《폐허(廢墟)》 동인으로 활동하기도 한 여류문인으로 1933년 수덕사에 입산하여 만공 스님의 제자가 되었으며, 25년 동안 산문을 나가지 않은 채 수행을 거듭한 것으로 유명하다. 1962년에 출간된 수필집 《청춘을 불사르고》는 일엽 스님의 대표 저서이자 베스트셀러였다.

수덕사 순례를 마친 발걸음을 인근의 덕산온천으로 옮겨보자. 온양온천·아산온천·도고온천 등과 함께 충남의 '온천벨트'를 형성하는 덕산온천은 수온 47.7℃의 약알칼리성 중탄산나트륨천으로 만성 류머티즘을 비롯하여 피부 미용에 이르기까지 다양한 효능이 있어 여행객들에게 인기를 끌고 있으므로 온천욕도 즐긴다면 여행의 즐거움은 배가될 것이다.

＊찾아가는 길 　서울이나 부산에서 승용차를 이용할 경우에는 경부고속도로 천안IC로 나와 만나는 국도에서 좌회전한 뒤 곧이어 만나는 사거리에서 다시 좌회전한다. 공주 방향으로 달리다가 21번 국도가 갈라지는 청삼교차로에서 우회전하여 21번 국도를 타고 아산 방향으로 달린다. 아산과 예산을 지나 서산 방향으로 계속 달리다가 덕산과 덕산온천을 지나면 충의사가 나온다. 윤봉길(尹奉吉) 의사의 영정을 모신 사당인 충의사를 지나면 이내 만나게 되는 삼거리에서 622번 지방도로로 좌회전하여 10분쯤 달리면 수덕사 입구가 나온다. 또한 서해안고속도로를 이용할 경우에는 해미IC로 나와 45번 국도를 타면 된다. 대중교통을 이용하여 수덕사로 가려면 먼저 예산이나 홍성으로 간 다음에 다시 수덕사로 가는 버스를 타야 한다. 또한 장항선 열차를 이용하여 예산이나 삽교까지 간 다음 버스를 타고 수덕사로 가는 방법도 있다.

구한말에
선풍 드날린 고불총림

예로부터 '봄 경치는 백양사요, 가을 경치는 내장사'란 뜻으로 '봄에는 백양, 가을에는 내장'이라는 말이 전해오고 있다. 그러나 백양사는 벚꽃이 만개한 봄 경치뿐만 아니라 가을 단풍으로도 아주 유명한 곳이어서 해마다 단풍축제를 열고 있다.

백양사 진입 도로는 입구에서부터 벚나무와 단풍나무가 늘어서 있어, 봄이면 벚꽃이 만발하여 꽃구름을 이루고, 단풍철이면 계곡을 따라 쌍계루까지 이어지는 진입로를 선홍빛으로 붉게 물들인 애기단풍이 장관을 연출한다. 벚나무와 애기단풍나무가 늘어선 이 길은 '한국의 가장 아름다운 길 100선'과 '가장 걷고 싶은 길'에 선정된 길이기도 하다.

요즘 많은 이들이 백양사를 찾고 있다. 걷기에 좋은 아름다운 길, 애기단풍이 선홍빛으로 물들어 빼어난 풍광을 자랑하는 백양사 진입로를 걷기 위해서다. 내가 백암산 백양사 순례를 단풍축제 기간에 맞춘 것도 이 길을 다시 걷고 싶었기 때문이다.

호남정맥이 남서쪽으로 뻗다가 호남평야를 마주하고 솟아오른 산이 일명 백양산이라고도 불리는 백암산(741m)이다. 호남의 명산 가운데 하나인 백암산은 백학봉·옥녀봉·가인봉 등 백암3봉 외에도 상옥봉·사자봉 등으로 이루어져 있으며, 산세가 웅장하고 험준하다. 이 산의 남쪽 기슭에 천년고찰인 고불총림 백양사(古佛叢林 白羊寺, 대한불교조계종 제18교구 본사)가 자리잡고 있다.

백양사는 632년(백제 무왕 33) 신라 사람인 여환선사(如幻禪師)가 백암사(白巖寺)라는 이름으로 창건했다 한다. 그리고 고려시대인 1034년(고려 덕종 3) 중연선사(中延禪師)가 크게 중창한 뒤 정토법문을 널리 펴기 위해 정토사(淨土寺)로 개칭하였으며, 1350년(고려 충정왕 2) 각진국사(覺眞國師)가 3창하고, 운문암·영천암·청류암을 건립하였다. 정토사가 백양사로 바뀌어 불리게 된 것이 언제인지 확실하지는 않으나, 절 이름이 바뀐 것과 관련하여 다음과 같은 설화가 전해온다.

조선시대인 1574년(선조 7)의 일이다. 팔원선사(八元禪師)가 영천암에서 《금강경》을 설법하는데, 백학봉에서 백양(白羊)이 내려와 설법을 들었다. 백양은 법회가 계속되는 7일 동안 하루도 빠지지 않고 나타나 설법을 듣고 갔다. 법회가 끝나던 날 밤이었다. 스님의 꿈에 백양이 나타나 "저는 천상에서 죄를 짓고 양으로 변했는데, 이제 스님의 설법을 듣고 깨달음을 얻어 사람의 몸으로 환생하게 되었습니다. 감사합니다." 하며 절을 하고 물러갔다. 이튿날 팔원선사는 지난밤의 꿈이 이상하여 백양이 내려오던 산길을 찾았다가 그 양이 죽어 있는 것을 발견하고, 예사로운 꿈이 아님을 알았다. 이에 스님은 자신의 법명을 환양(喚洋)으로 고치고, 절 이름도 백양사로 바꾸었다고 한다.

오늘날의 고불총림 백양사가 있게 한 이는 백양산문의 중시조인 만암대종사(曼庵大宗師)이다. 1910년 한일합방으로 민족 전체가 나라를 잃은 슬픔에 빠져 있을 때 만암선사는 출가도량인 백양사로 돌아와 산내 암자인 청류암에 광성의숙(廣成義塾)을 설립하고 종래의 강원제도를 혁신한 불교 교육을 전개하였

단풍으로 치장한 백양사 쌍계루. 계곡을 막아 만든 연못에 비치는 쌍계루와 누각 뒤로 병풍처럼 서 있는 학바위의 절경이 한폭의 그림 같다.

다. 이때의 광성의숙을 통한 교육은 당시 불교계 상황 속에서는 매우 혁신적인 것으로, 약 100여 명의 학인들이 모여 선(禪)·교(敎)·율(律) 등을 공부하며 외전(外典)에 대한 교육도 병행하였다.

또한 만암선사는 1917년부터 백양사의 대중창 불사를 시작하여 대웅전을 비롯한 향적전·명부전·만세루·천왕문 등을 세우고, 팔정도(八正道)를 상징하는 팔층석가사리탑을 조성함으로써 현재의 대가람을 이루어 놓았다. 이때 만암선사는 철저하게 사찰의 자급자족을 주장했는데, 그 가운데에서 중창 불사가 이루어졌다. 만암선사는 양봉(養蜂) 또는 죽기(竹器)를 통해 불사 자금을 조달해 나감으로써 훗날 '반선반농(半禪半農)'의 실천자로 추앙받기에 이르렀다. 고불총림은 만암선사가 이룩한 이와 같은 토대 위에 세워지게 된 것이다.

일주문에서부터 쌍계루까지 나 있는 길옆의 숲에는 단풍나무·벚나무·갈참나무·은행나무·고욤나무·고로쇠나무·느티나무·때죽나무·비자나

이곳에는 백양사에서 배출했거나 주석했던 고승대덕들의 사리탑인 부도와 부도비가 줄지어 서 있다. 이 가운데 소요대사 부도는 보물 제1346호이다.

무·소나무 등 여러 나무들이 뒤섞여 있어 봄부터 가을까지 각기 다른 경치를 연출하며 속진에 찌든 순례자의 영혼을 맑게 해준다.

이 아름다운 길을 지나면 가장 먼저 쌍계루가 순례자를 맞는다. 계곡을 막아 만든 연못에 비치는 쌍계루와 누각 뒤로 병풍처럼 서 있는 학바위의 절경이 한 폭의 그림 같다. 그래서 옛 사람들은 이곳의 절경을 조선팔경의 하나로 꼽았던 모양이다.

쌍계루는 정면 3칸, 측면 2칸의 팔작지붕 형식의 누각으로서 부도전 앞에 자리하고 있다. 고려 말기의 문신이며 학자인 포은 정몽주(圃隱 鄭夢周)도 이 쌍계루에 올라 절경을 구경한 일이 있었던 듯 《신증동국여지승람》에는 다음과 같은 포은의 시가 실려 있다.

> 지금 백암승(白巖僧)을 만나니 시를 한 수 청하는데
>
> 붓을 잡고 침음(沈吟)하다가 재주 없음을 부끄러워하네.
>
> 청수(淸叟)는 누각을 세웠으니 이름이 이제 무겁고

목은(牧隱)이 누각기를 지으니 더욱 값지네.

노을빛 아득하매 저무는 산 더욱 붉고

달빛이 배회하니 가을 물이 맑구나.

오랜 날을 세사(世事)에서 시달렸는데

언제나 옷을 떨치고 자네와 함께 올라볼까.

또한 시조시인 노산 이은상(鷺山 李殷相)도 쌍계루에 올라 병풍처럼 둘러쳐져 있는 백암산 학바위를 바라보며 '백암산 황매화야 보는 이 없어 / 저 혼자 피고 진들 어떠하리만 / 학바위 기묘한 경 보지 않고서 / 조화의 솜씰랑은 아는 체 마라'고 읊었다. 백암산에 홀로 피는 황매화의 아름다움도 학바위를 빚어낸 자연의 조화에는 미치지 못한다고 노산은 이곳의 승경을 노래한 것이다.

매화라면 선원인 향적전 앞에 담장과 경계를 이루며 서 있는 고불매(古佛梅)를 빼놓을 수 없다. 수령을 360년쯤으로 추정하는 이 고불매는 '호남 5매' 중 하나로서 담홍색 꽃이 피는 홍매화 중에서 가장 뛰어난 매화로 꼽힌다. 호남 5매는 '백양사 고불매'를 비롯하여 '광주 전남대학교 대명매(大明梅)', '담양 지실마을 계당매(溪堂梅)', '순천 조계산 선암사 백매(白梅)', '소록도 수양매(垂楊梅)'를 일컫는다. 4월 초에 꽃을 피우는 고불매는 꽃 색깔이 아름답고 향기가 은은하여 산사의 정취를 돋운다.

대략 1700년경부터 스님들은 현재의 가람에서 북쪽으로 100미터쯤 떨어진 옛 백양사 앞뜰에다 여러 그루의 매화나무를 심고 가꾸어 왔다고 한다. 그런데 1863년 절을 현재의 자리로 옮겨 지을 때 홍매와 백매를 한 그루씩 옮겨 심었으나 백매는 죽어버리고 지금의 홍매 한 그루만 살아남아 청정하고 모범적인 고불총림의 기상과 분위기를 표현하고 있어 고불매화라 불린다고 한다. 고불매는 천연기념물 제486호이다.

쌍계루 앞쪽에는 부도전이 자리잡고 있다. 이곳에 서산대사와 사명대사, 모운 진언(慕雲 震言), 소요 태능(逍遙 太能), 범해 각안(梵海 覺岸) 대사 등 백양사에서 배출했거나 주석했던 고승대덕들의 사리탑인 부도와 부도비가 줄지어 서 있다. 이 가운데 보물 제1346호로 지정된 소요대사 부도는 화강암으로 만들어진 높이 156센티미터 크기이며, 기단부·탑신부·상륜부로 구성되어 있다. 기단부는 팔각형으로 이루어져 있으며, 탑신부는 범종과 같이 하대·유곽·상대·용뉴를 표현하고 있다. 또한 상륜부는 4마리의 용두(龍頭)가 석종을 움켜물고 있는 상태인데, 그 사이에는 구름무늬를 새기고 그 위에 보주를 올려놓았다. 또한 부도에 '소요당(逍遙堂)'이라 새겨놓아 이 부도의 주인이 소요대사임을 밝히고 있다.

쌍계루에서 극락교를 건너면 천왕문이 다가서는데, 천왕문 못미처 오른쪽에 만암대종사의 '이뭣고 탑'이 세워져 있다. '이뭣고'는 '이것이 무엇인가'의 방언이다. 불교에서 깨달음에 이르기 위해 선(禪)을 참구하는 의제(疑題)인 화두(話頭)는 1700가지나 된다고 한다. 그중에 '부모미생전(父母未生前) 본래면목(本來面目) 시심마(是心磨)'라는 것이 있는데, 그 뜻은 '부모에게서 태어나기 전의 나의 참모습은 무엇인가'이다. 이 화두를 가지고 '이뭣고?' 하며 골똘히 참구하면 본래면목 즉, 참나(眞我)를 깨달아 생사를 해탈하게 된다고 한다. 그래서 참선하는 것을 '이뭣고' 한다고도 이른다는 것이다. 고불총림 백양사의 수행가풍을 알려주는 탑이기도 하다.

백양사의 정문인 천왕문(전라남도유형문화재 제44호)은 정면 3칸, 측면 2칸의 맞배지붕 건물로 '古佛叢林白羊寺(고불총림백양사)'란 현판을 달고 있다. 천왕문을 들어서 범종각을 지나면 정면 7칸, 측면 3칸의 맞배지붕 건물인 우화루가 순례자를 맞아준다. 우화(雨花)는 꽃비라는 뜻이다. 우화의 유래는 석가세존께서 《법화경》을 설하시려고 삼매에 드셨을 때 하늘에서 꽃비가 내렸다는 이야

풍광이 수려한 백학봉을 배경으로 단아한 모습으로 앉아 있는 대웅전은 백양사의 압권이어서, 순례자들은 대웅전 앞에서 쉽게 발길을 돌리지 못한다.

기부터 시작된다. 이때 하늘에서 만다라화 등 천상계의 꽃이 비오듯 쏟아져 내렸다고 한다. 이에 부처님의 설법 장소를 우화라고 부른다. 우화루는 이를 기리기 위해 세운 건물이다.

이 우화루를 지나면 절 안마당인데, 오른쪽부터 시계 반대 방향으로 대웅전·칠성각과 진영각·극락보전·명부전이 ㅁ자형을 이루며 둘러앉아 있다. 이곳에서 순례자는 오랫동안 기억에 남을 빼어난 승경을 발견하고 감탄사를 발한다. 학이 날개를 편 듯하다고 하여 백학봉(일명 학바위)이라 불리는 풍광이 수려한 바위 봉우리를 배경으로 단아한 모습으로 앉아 있는 대웅전은 백양사의 압권이어서, 순례자들은 그 앞에서 쉽게 발길을 돌리지 못한다.

백양사의 중심 법당인 대웅전은 만암선사가 중창한 정면 5칸, 측면 3칸의 겹처마 팔작지붕 다포집으로 전라남도유형문화재 제43호이다. 이 건물은 일제강점기 초기에 건립한 것이어서 조선 후기의 화려한 다포 양식에서 후퇴한 면모를 보여준다. 내부의 불단에는 석가모니불과 좌우 협시불로 문수보살과

백양사의 중심 법당인 대웅전 내부에는 석가모니불과 좌우 협시불로 문수보살과 보현보살을 봉안하였다.
또 석가삼존불 오른쪽에 마련된 단 위에는 16나한상을 모셔놓았다.

보현보살을 봉안하였다. 또한 석가삼존불 오른쪽에 마련된 단 위에는 16나한 상을 모셔놓았다.

대웅전 뒤쪽으로 돌아가면 팔정도를 상징하는 8각 8층의 석가사리탑이 세워져 있다. 이 탑은 만암선사가 1925년에 건립하였는데, 이 사리탑 속에 진신 사리 1과를 봉안하였다. 이 진신사리는 인연을 따라 중국을 거쳐 오랫동안 여러 고승들에게 보존 소장되어 오던 것으로, 근대 불교계의 지도자였던 용성(龍城) 스님이 비장하고 있다가 스님의 소원에 따라 만암 스님이 이곳에 봉안한 것이라고 한다. 용성 스님은 독립운동 당시 33명의 민족대표 중 한 사람이다. 석가사리탑 옆에는 추사 김정희(秋史 金正喜)의 해서체 집자비(集字碑)인 석가사리탑비가 세워져 있다.

극락보전은 백양사에서 가장 오래된 건물로서 1574년(선조 7)에 환응 스님이 세웠다는 기록이 있으나 정확하지 않다. 정면 3칸, 측면 3칸의 다포식 맞배지붕 건물인 극락보전 법당 내부에는 임진왜란 후에 조성된 것으로 보이는 아미타불이 모셔져 있으며, 영·정조 때 그려진 우수한 작품인 후불탱화가 봉안되어 있다. 극락보전은 전라남도유형문화재 제32호이다.

백양사의 산내 암자로는 운문암(雲門庵)·약사암(藥師庵)·천진암(天眞庵)·청류암(淸流庵) 등이 있다. 백양사 뒤 계곡을 끼고 약 3.5킬로미터를 올라간 곳에 위치한 운문암은 많은 고승들이 머물렀던 수도 도량으로 유명하며, 6·25동란 때 불탄 것을 1989년에 다시 복원하였다. 운문암은 백양사의 암자 중 가장 규모가 크다.

약사암은 백양사에서 1.5킬로미터를 올라간 지점인 백학봉 밑에 있다. 백양사 왼쪽 계곡을 따라 오르다보면 호남 일대에 재난이 있을 때 천제(天祭)를 지내던 터인 국제기(國祭基)가 나오는데, 이곳을 지나 산을 오르면 약사암이 나온다. 이곳에서는 옥녀봉과 가인봉, 백양사가 한눈에 보인다. 영천굴은 약사암 옆에 있다. 영천굴은 66제곱미터 남짓한 천연석굴로 영험하다는 샘인 영

대웅전 뒤편에 세워져 있는 팔층석가사리탑. 팔정도를 상징하는 8층의 석가사리탑은 1925년 만암선사가 건립하였으며, 이 사리탑 속에 진신사리 1과가 봉안되어 있다.

백양사에서 가장 오래된 건물인 극락보전. 1574년(선조 7) 환응 스님이 세운 것으로 알려진 극락보전은 다포식 맞배지붕 건물이다.

천(靈泉)이 있으며, 현재는 석조 관세음보살상을 모시고 기도 법당으로 사용되고 있다.

이 영천에는 다음과 같은 재미있는 설화가 깃들어 있다. 옛날에 이곳에 한 수도자가 살았는데, 바위틈에서 항상 한 사람이 먹을 만큼의 쌀이 나왔다 한다. 그런데 어느 날 손님이 찾아왔기에 공양을 대접하기 위해 더 많은 쌀이 나오라고 작대기로 바위틈을 쑤셨더니 그뒤로는 쌀이 나오지 않고 물이 나오기 시작했다는 것이다.

백암산은 삼림욕하기에 더없이 좋은 곳이다. 백양사 뒤쪽에 아름드리 노거수 5000여 그루가 숲을 이루고 있는데, 이 비자나무숲은 천연기념물 제153호이다.

***찾아가는 길** 승용차를 이용하여 백양사로 가는 길은 서해안고속도로와 호남고속도로를 이용하면 편리하다. 서해안고속도로 고창IC에서 고창 방면 15번 지방도로를

따라서 가다가 석정온천 갈림길에서 좌회전하여 장성군 북하면 소재지까지 간다. 여기서 891번 지방도로로 바꾸어 타고서 복흥 쪽으로 조금 가면 왼쪽에 백양주유소가 나오는데, 주유소 맞은편 길을 따라 4km 정도 가면 백양사 주차장이 나온다. 호남고속도로 이용 시에는 백양사IC로 나와서 1번 국도로 진입하여 장성군 북하면 소재지까지 간 뒤 위 방법대로 찾아가면 된다. 대중교통 이용 시에는 일단 장성까지 온 뒤 장성에서 20~30분 간격으로 운행하는 백양사행 버스를 이용한다. 광주에서는 백양사행 직행버스가 40~50분마다 있다.

니르바나의 세계로

· 오대산 월정사
· 설악산 봉정암
· 사자산 법흥사
· 태백산 정암사
· 오봉산 낙산사
· 낙가산 보문사
· 금산 보리암

五臺山 月精寺 오대산 월정사

문수보살이
상주하는 성지

우리나라에 불교가 전래된 것은 고구려 소수림왕 때인 372년이다. 전진(前秦)의 승려 순도화상(順道和尙)이 사신으로 고구려에 입국하면서 불경과 불상을 가지고 들어가 고구려에 불교를 전파하였다. 그리고 12년 뒤인 384년(백제 침류왕 1)에는 인도의 고승 마라난타에 의해 백제에 불교가 들어왔으며, 신라는 3국 중 가장 늦은 때인 527년(법흥왕 14)에 이차돈(異次頓)의 순교로 비로소 불교를 공인하기에 이르렀다. 이후 고구려·백제·신라는 불교를 국교로 삼아 찬란한 문화를 꽃피웠고, 고려에서도 불교를 국교로 삼아 숭상하였다.

그러나 유교를 국교로 삼은 조선에서는 불교를 배척하는 숭유억불정책(崇儒抑佛政策)을 내세워 불교 탄압을 전개하였다. 도첩제(度牒制)를 실시하여 함부로 승려가 되는 것을 금하였고, 사전(寺田)에도 과세를 하였으며, 승려의 궁중 출입과 도성 내 출입을 금하였다. 조정의 억불정책으로 인하여 불교는 수난기를 맞게 된 것이다. 그런 가운데에도 조선의 제7대 임금인 세조는 불교에 심취한 호불왕(好佛王)이었다. 세조는 등극하기 전 수양대군으로 있을 때도 세종의 명을 받아 불서(佛書) 번역을 관장하였고, 임금이 된 뒤에도 간경도감(刊經都監)을 신설하고 《법화경》, 《금강경》 등의 불경을 한글로 간행하는 역경(譯經) 사업을 통하여 불교 발전에 이바지하였다.

계유정난(癸酉靖難)을 일으켜 군국대권을 장악하고 나이 어린 조카 단종으로부터 왕위를 찬탈한 세조는 만년에는 인간적 고뇌와 병으로 인하여 많은 번민을 하게 된다. 그리하여 불문에 귀의한 세조는 억불정책으로 불교의 숨통을 누르고 있던 때임에도 불경을 간행하여 반포하고, 원각사(圓覺寺)를 비롯하여 상원사(上院寺)와 낙산사(洛山寺)를 중건하는 등 불교 중흥에 이바지하였다. 그 때문에 우리나라의 불교 유적 중에는 세조의 흔적이 남아 있는 곳이 여러 곳 있다. 또한 불가에는 세조가 여러 가지 신비한 이적을 체험한 주인공으로 묘사되는 이야기도 많이 회자되고 있다. 오늘 우리가 순례를 떠나는 월정사와 상원사는 바로 그런 세조의 이야기들이 풍성하게 전해져 오는 곳이기도 하다.

월정사를 품에 안고 있는 오대산(五臺山, 1563m)은 백두대간의 중추에 자리 잡고 있으며, 예로부터 삼신산(三神山)으로 불리는 금강산 · 지리산 · 한라산과 더불어 국내 제일의 명산으로 꼽혀온 성산(聖山)이다. 일찍이 당나라에 유학한 자장율사(慈藏律師)는 청량산이라고도 불리는 중국의 오대산에서 문수보살을 친견한 뒤 "그대의 나라 동북방 명주(溟州) 경계에 있는 오대산에도 1만의 문수보살이 상주하고 있으니 돌아가서 친견하라."는 계시와 함께 부처님의 금란가사와 발우, 진신사리를 받아 가지고 귀국하였다. 그러나 자장율사는 오대산에 들어와 문수보살을 만나려 했으나 보지 못하고, 비로봉 아래 신령스러운 터에 진신사리를 봉안하였다고 한다.

643년(신라 선덕여왕 12) 자장율사가 오대산에 들어가 초암(草庵)을 짓고 문수보살을 만나기 위해 7일 동안 머물며 기도하던 터가 지금의 월정사 자리이고, 바로 월정사의 시작이었다. 《삼국유사》에 따르면 자장율사가 이곳에서 문수보살을 친견하고자 열심히 기도하였으나 음산한 날씨가 계속되어 뜻을 이루지 못했다고 한다. 그러나 자장율사가 전한 오대산 신앙은 우리나라에서도 꽃을 피우기 시작하였다. 중국의 오대산이 문수보살이 머무르는 성스러운 땅으로 존숭되는 것과 마찬가지로 우리나라의 오대산에도 문수보살이 상주한다는 믿음은 이 땅이 불연(佛緣) 있는 고장이라는 자부심을 낳게 한 것이다.

월정사는 동대(東臺) 만월산에 떠오르는 보름달이 유난히 밝아서 '월정(月精)'이란 이름을 얻었다고 전한다. 자장율사가 초암을 지어 개산한 후 문수보살을 친견하지 못하고 태백산 정암사(淨巖寺)에 들어가 입적하자, 신효거사가 이곳에 머물렀다. 그리고 범일국사의 제자였던 신의 스님이 자장율사가 지었던 초암 자리에 다시 암자를 짓고 살았다. 신의 스님 이후로 오랫동안 빈터로 남아 있던 이 암자는 수다사(水多寺)의 유연 스님이 새로 암자를 짓고 살면서 비로소 절의 모양새를 갖추게 되었고, 차츰 규모도 커졌다.

천년고찰인 월정사도 1,400년 가까운 세월을 지나오는 동안 흥망성쇠를 거듭하였다. 1307년(고려 충렬왕 33) 큰 화재로 가람이 전소된 것을 이일 스님이 중창하였고, 1833년(순조 33) 다시 큰 화재가 나서 12년 뒤인 1844년(헌종 10)에 영담과 정암 스님이 중건하여 대찰의 모습을 되찾았으나 6·25동란 때 칠불보전(七佛寶殿)을 비롯한 모든 전각이 소장 문화재와 함께 불타버려 폐허가 되고 말았다.

이 폐허 위에 지금의 대가람을 일으킨 이는 탄허 스님이다. 탄허 스님은 1964년 월정사의 중심 법당인 적광전(寂光殿)을 중창함으로써 대찰의 기틀을 닦았다. 그리고 그 뒤를 이어 만화 스님과 현해 스님이 여러 전각들을 꾸준히 다시 세움으로써 오늘날의 대가람으로 자리잡게 된 것이다.

서울에서 중부와 영동고속도로를 번갈아 타고서 달려 진부 인터체인지로 빠져나올 즈음 문득 세조가 친견한 문수보살의 이야기가 떠올랐다.

왕위를 찬탈한 세조는 집권 후에도 단종복위를 꾀하던 사육신을 참형에 처하고, 단종을 노산군(魯山君)으로 강봉하여 죽이는 등 피비린내 나는 권력을 휘둘렀다. 그러나 만년에 이르자 지난날 저지른 여러 악행들이 떠올라 불면의 밤이 계속되었다. 어느 날 밤 꿈에 형수이자 단종의 모후인 현덕왕후(顯德王后)가 나타나 많은 사람들을 죽인 일을 꾸짖으며 침을 뱉고 사라지자, 그는 온몸에 종기와 부스럼이 생겨 말할 수 없는 고통을 겪었다. 내로라하는 명의와 백약도 효과가 없었다.

자신의 죄로 인한 업보로 생각한 세조는 부처님께 기도해 병을 고쳐야겠다고 결심하고 전국의 유명 사찰을 찾아다니며 치성을 드리던 중 오대산 월정사를 찾아와 자신의 병을 낫게 해달라고 부처님께 간절히 기도하였다. 그리고 영험하기로 소문난 진여원(眞如院 : 지금의 상원사)에서 기도하려고 외진 계곡에서 목욕을 하였다. 그때 마침 한 동자승이 지나가자 세조는 그 동자승을 불러 등을 씻어 달라고 부탁하였다. 그러자 동자승은 아무 말 없이 세조의 등을 씻어주었다. 이때 세조가 동자승에게 일렀다.

"누구에게도 임금의 옥체를 씻었다는 말을 절대로 하지 마라."

그러자 동자승이 말하였다.

"대왕께서도 문수보살이 몸을 씻어 주었다는 말은 절대로 하지 마십시오."

세조가 깜짝 놀라 주위를 살펴보니 동자승은 간 곳 없고, 온몸에 나 있던 종기와 부스럼은 깨끗이 나아 있었다. 감격한 세조는 화공을 불러 자신이 친견한 문수동자상을 그리게 하고, 또 목각상으로 조성하게 하였다.

　지금도 상원사 입구에는 세조가 목욕할 때 곤룡포를 벗어 두었던 관대걸이가 있고, 상원사의 문수전(文殊殿)에는 세조의 등을 씻어 주었던 문수동자상(국보 제221호)이 봉안되어 있다. 또한 1984년에 문수동자상을 문화재로 지정하기 위해 조사하던 중 복장(腹藏)에서 세조가 입었던 명주적삼과 문수동자상을 봉안한 발원문, 사리·불경 등의 유물이 발견되었다. 이로써 동자상을 조성한 때가 세조 12년(1466)임이 확인되었으며, 신비한 설화가 사실을 토대로 엮어 졌음이 밝혀졌다.

어느새 차가 월정사 일주문 앞에 다다랐다. 여기서부터 우리나라에서 가장 아름다운 길로 꼽히는 월정사 전나무숲길이 시작된다. 일주문에서 천왕문에 이르는 800미터의 숲길 좌우에 마치 경쟁이라도 하듯 하늘을 향해 장쾌하게 쭉쭉 뻗은 아름드리 전나무가 청신한 향기를 뿜어내어 속진에 찌든 순례자의 영혼을 맑게 해준다.

오대산은 전형적인 토산으로 토양이 비옥해 산림자원이 풍부하고 겨울철에 는 강설량이 많다. 그러나 오대산에는 여느 산에 많은 소나무 대신 전나무가 유난히 많은데, 여기에는 다음과 같은 나옹선사(懶翁禪師)와 관련된 설화가 전한다.

고려 말 북대암(北臺庵 : 지금의 북대 미륵암)에서 수도하던 나옹선사는 매일같이 월정

월정사 입구의 전나무숲길. 우리나라의 아름다운 길 중 하나로 꼽히는 이 길은 아름드리 전나무가 내뿜는 청신한 향기로 가득해 월정사를 찾는 순례자의 영혼을 맑게 해준다.

팔각구층석탑 뒤의 큰 전각이 월정사의 중심 법당인 적광전(寂光殿)이다. 월정사는 6·25동란 때 불타버려 폐허가 된 것을 다시 중창하여 오늘의 대가람을 이루었다.

사로 내려가 부처님께 콩비지국을 공양드렸다. 어느 겨울날, 선사가 콩비지국을 받쳐 들고 조심스레 눈길을 걷고 있는데, 갑자기 소나무 가지 위에 쌓여 있던 눈이 떨어지며 선사를 덮쳐 콩비지국을 쏟고 말았다. 그러자 선사가 소나무를 꾸중하였다.

"이놈, 소나무야! 너는 부처님의 진신께서 계신 이 산에 살면서 언제나 큰 은혜를 입고 있거늘, 어찌 네 마음대로 움직여 공양물을 버리게 하느냐?"

마침 산신령이 이 광경을 보고서 소나무에게 벌을 내렸다.

"소나무야, 너는 큰스님도 몰라보고 부처님께 죄를 지었으니 이 산에 살 자격이 없다. 그러니 멀리 떠나거라. 이제부터는 전나무 아홉 그루가 이 산의 주인이 되어 오대산을 번창케 하리라."

그런 일이 있은 뒤부터 오대산에는 지금까지 소나무가 없고 전나무가 번성하여 우거지게 되었다고 한다.

월정사의 본당인 적광전에 봉안되어 있는 석가모니불. 적광전에는 비로자나불을 모시는 게 통례인데 예외적으로 석가모니불을 좌우의 협시보살 없이 독존(獨尊)으로 모셔 놓았다.

아름드리 전나무 1,000여 그루가 우거진 숲길을 걸어 천왕문과 금강루를 차례로 지나면 월정사의 중심 법당인 적광전 마당에 닿는다. 월정사 경내에는 적광전을 비롯하여 수광전(무량수전)·삼성각·조사당·진영당·설선당(동당)·대강당(서당)·범종루·용금루·성보박물관·심검당·해행당·대법륜전·요사채·일주문·천왕문·금강루 등이 있다.

월정사의 본당인 적광전은 소실되기 전의 이름이 칠불보전이었다. 대체로 적광전에는 비로자나불을 모시는 것이 통례인데, 여기서는 석가모니불을 좌우의 협시보살 없이 독존(獨尊)으로 모셔 놓았다. 이는 1964년 중창 당시에는 현판이 대웅전이었으나, 1950년대 탄허 스님의 오대산수도원을 기념하기 위해 결사의 주가 되는 경전이었던 《화엄경》의 주불인 비로자나불을 모신다는 의미로 적광전으로 고쳐 현판을 달았기 때문이라고 한다. 적광전은 정면 5칸, 측면 4칸 규모의 다포계 팔작지붕 건물로서 단청이 매우 화려하다.

적광전 바로 앞에 세워져 있는 팔각구층석탑(국보 제48호)은 일설에는 자장

적광전 앞의 팔각구층석탑(국보 제48호). 일설에는 자장율사가 세웠다고 전하지만, 시대적 양식으로 보아 고려시대 때 많이 조성되었던 다각다층 석탑의 대표적인 작품으로 여겨진다. 우리나라의 팔각석탑 가운데 가장 크고 아름다운 탑이다.

율사가 세웠다고 전하지만, 시대적 양식으로 보아 고려시대 때 많이 조성되었던 다각(多角) 다층(多層) 석탑의 대표적인 작품으로 보고 있다. 이 탑은 전체를 화강암으로 조성하고 상륜부에 일부 금동 장식을 더하였으며, 추녀 끝마다 풍경을 달아놓았다. 전체 높이가 15.2미터로 우리나라의 팔각석탑 가운데 가장 클 뿐만 아니라 아름다워 고려시대의 가장 대표적인 석탑으로 꼽힌다. 1970년 기울어져 있던 이 탑을 해체 복원할 때 탑 안에서 은제도금여래입상과 청동사리외합을 비롯하여 은제내합, 호리병 모양의 수정 사리병, 금동제 사각향갑 · 청동거울 · 전신사리경 두루마리 · 수라향갑 주머니 · 명주보자기 등 총 12점의 유물이 발견되었는데, 이 유물들은 보물 제1375호로 지정되었다.

　팔각구층석탑 앞에는 탑을 향해 오른쪽 무릎을 꿇고 두 손을 모아 공양드리는 모습을 한 아름다운 석조보살좌상이 있다. 이 보살상은 부처님으로부터 《법화경》 설법을 듣고 환희심에 가득 차 여러 가지 공양을 올렸으며, 마침내 1,200년 동안 향을 먹고 몸에 바른 후 자신의 몸을 태우는 소신공양(燒身供養)

을 했다는 희견보살이다. 이 보살상이 오른쪽 무릎을 꿇은 것은 고대 인도의
관습에 따라 자신을 낮추고 스승에게 최상의 존경을 표시하기 위한 것이라 한
다. 이 석조보살좌상은 보물 제139호로서 현재 성보박물관으로 옮겨져 있으
며, 현재 탑 앞에 놓인 보살상은 원래의 보살상을 복제한 것이다.

성보박물관은 강원도의 유일한 불교전문박물관으로 국보 제292호인 오대
산 상원사 중창권선문을 비롯하여 석조보살좌상(보물 제139호) · 상원사 목조문
수동자좌상 복장유물(보물 제793호) · 팔각구층석탑 내 발견 유물일괄(보물 제
1375호)과 육수관음상(강원도유형문화재 제53호) · 팔만대장경(강원도유형문화재 제
54호) 등의 강원도유형문화재 20여 점, 말사에서 이운한 불화와 불상, 전적, 근
대 한암 스님과 탄허 스님의 유품에 이르기까지 500여 점의 성보들을 수장하
고 있다.

월정사 경내 순례를 마친 뒤의 일정은 상원사 순례다. 월정사에서 9킬로미
터 떨어진 곳에 위치한 상원사는 705년(신라 성덕왕 4) 신라의 보천(寶川)과 효명
(孝明) 두 왕자가 창건한 진여원이란 절에서 시작된 사찰이다.

세조와 상원사는 뗄 수 없는 깊은 인연을 맺고 있다. 지병을 고치려고 상원
사를 찾아왔다가 문수보살을 친견하고 나서 병이 나은 세조는 신미와 학열 두
스님의 권유를 받아들여 1466년 상원사를 중창하였다. 그런데 상원사의 중심
전각인 문수전 계단 옆에는 오랜 세월 풍화되어 형상을 잘 알 수 없는 한 쌍의
동물상이 놓여 있다. 세조의 목숨을 구한 한 쌍의 고양이 석상이라고 한다. 이
고양이 석상에는 다음과 같은 설화가 전해온다.

상원사는 세조의 명에 따라 중창되었다. 상원사가 중창되자 다시 찾은 세조는
참배하기 위해 법당 안으로 들어가려고 하였다. 그때 고양이 두 마리가 나타나

세조의 곤룡포 자락을 물고 늘어졌다. 이를 이상하게 여긴 세조가 시종을 시켜 법당 안팎을 살펴보게 했는데, 불단 아래에 자객이 숨어 있었다. 고양이가 아니었더라면 자객에게 목숨을 잃을 뻔한 사건이었다. 고양이의 도움으로 목숨을 건진 세조는 고양이의 은혜에 보답하기 위해 상원사에 묘전(猫田)을 하사하였고, 또 고양이 한 쌍도 돌로 새기게 했는데, 그것이 바로 지금 문수전 계단 옆에 있는 고양이 석상이다.

이렇듯 상원사에는 전설도 많지만, 가장 큰 보배는 국보 제36호로 지정되어 있는 상원사 동종과 국보 제221호인 문수동자상이다. 상원사 동종은 현존하는 우리나라 최고(最古)의 종으로, 아름다운 종소리가 나라 안에서 최고가는 종으로 꼽힌다. 이 종은 신라 성덕왕 24년(725)에 만들어졌으며, 본래 안동부(安東府)의 문루(門樓)에 걸려 있던 것을 세조가 상원사로 옮겨 봉안한 것이다. 상원사로 종을 옮겨올 때 종이 죽령(竹嶺)에 이르자 더 이상 움직이지 않았다고 한다. 그래서 종유(鐘乳) 하나를 떼어 안동으로 보냈더니 비로소 움직여 상원사로 옮겨올 수 있었다 한다. 그래서 상원사 동종은 36개의 종유 중 하나가 없다.

이처럼 값진 보배들이 6·25동란 때 하마터면 영원히 사라져버릴 위기가 있었다. 전쟁이 치열하던 때 후퇴 작전을 펴던 국군은 오대산의 월정사와 상원사의 소각 명령을 내렸다. 이때 상원사를 지켜낸 한암 스님의 일화는 너무나도 유명하다. 소각 명령을 받은 국군 장교가 상원사에 도착해보니 스님 한 분이 절을 지키고 있었다. 장교가 곧 절을 소각할 것이니 자리를 비키시라고 하자, 스님은 '군인이 본분에 따라 명령에 복종하듯이 승려가 절을 지키는 것도 본분이므로 나는 법당과 함께 불에 타서 소신공양하겠다'면서 끝내 버텼다고 한다. 이러한 스님의 법력에 감화된 장교는 법당의 문짝만을 떼어내어 불을 질러 절을 소각하는 것처럼 위장하고 돌아갔다는 것이다. 이때의 작전으로

상원사 동종(국보 제36호). 신라 성덕왕 24년(725)에 조성된 이 종은 우리나라 최고(最古)의 종으로, 주악 비천상이 아름답기로 유명하다.

부처님의 진신사리가 봉안되어 있는 적멸보궁 뒤편의 언덕. 이 언덕은 자장율사가 당나라에서 가져온 진신 사리를 모셔 놓은 성지로, 연중 참배객이 끊이지 않는다.

월정사는 불에 타 폐허가 되었고, 선림원지 범종도 불에 녹아 버리고 말았는데, 한암 스님의 법력으로 상원사의 보배인 동종과 문수동자상은 살아남을 수 있었다.

상원사에서 산을 더 오르면 오대산의 중심 부분을 이루는 중대(中臺)에 닿는다. 이곳에 오대산 신앙의 출발지인 적멸보궁이 세워져 있다. 적멸보궁은 부처님의 진신사리가 모셔져 있어 법당 안에는 따로 불상을 봉안하지 않고 불단만 설치하는 것이 특징이다. 우리나라에는 자장율사가 당나라에서 돌아올 때 가져온 진신사리와 정골(頂骨)을 나누어 봉안한 5대 적멸보궁이 있다. 양산 통도사(通度寺), 오대산 상원사, 설악산 봉정암(鳳頂庵), 태백산 정암사, 사자산 법흥사(法興寺) 적멸보궁이 그것이다. 오대산 적멸보궁은 정면 3칸, 측면 2칸의 팔작지붕 건물로, 연중 참배객이 끊이지 않고 있다.

　대한불교조계종 제14교구 본사인 월정사의 산내 암자는 중대 사자암, 북대 미륵암, 서대 염불암, 동대 관음암, 남대 지장암 등이 있다. 하루 일정의 순례라면 월정사와 상원사, 그리고 적멸보궁까지 다녀올 수 있겠으나, 산내 암자를 모두 둘러보려면 이틀은 꼬박 걸린다.

＊찾아가는 길　영동고속도로 진부IC로 나와 좌회전하여 6번 국도를 타고 가다가 병안삼거리에서 좌회전하여 446번 지방도를 타고 가면 이내 월정사에 닿는다. 진부IC에서 월정사까지는 14km 남짓한 거리이다. 대중교통을 이용할 경우에는 강릉과 원주에서 출발하는 진부행 버스를 타고 진부까지 간 후 진부에서 하루 12회 운행하는 월정사행 시내버스를 타야 한다.

백번 마음 고쳐야
열리는 산문

봉정암 홈페이지에 들어가면 석가사리탑 사진 아래 '살아생전에 꼭 한 번 참배해야 할 불뇌사리보탑(佛腦舍利寶塔)' 이란 글이 뜬다. 봉정암이 불뇌사리를 봉안한 우리나라 5대 적멸보궁 가운데 하나이므로 불자들이 살아생전에 꼭 한 번은 참배해야 할 성지임을 강조하기 위하여 띄워놓은 문구인 것이다.

설악산 봉정암은 우리나라 암자 가운데 가장 높은 해발 1244미터에 위치하고 있어 5월 하순에도 설화(雪花)를 볼 수 있는 곳이다. 또한 봉정암은 내설악 용아장성 들머리의 기암괴석군에 등을 기대고 앉아 있어 최고의 절경을 자랑한다. 그러나 봉정암 가는 길은 극기 훈련과 다를 바 없다. 백담사(百潭寺)에서 백담계곡·수렴동계곡·구곡담계곡을 거쳐 깔딱고개를 오르는 여섯 시간의 산행을 해야만 비로소 암자에 이를 수 있기 때문이다.

'설악의 시인' 으로 불리던 이성선(李聖善) 시인은 '봉정암 가는 길' 을 그의 시 〈봉정암 가는 길〉에서 이렇게 읊고 있다.

길 따라 굽어 흐르는 물 백 개의 연못에 백 번 얼굴을 비추고 백 번 마음을 고쳐

5대 적멸보궁 가운데 하나인 설악산 봉정암. 봉정암은 우리
나라 암자 가운데 가장 높은 해발 1244m에 위치하고 있어
5월 하순에도 설화(雪花)를 볼 수 있다.

야 열리는 山門. 귓가에 넘치는 물소리가 모두 법문이고 가지의 바람소리가 오
도송이며 우거진 쑥대풀과 억새꽃이 다 詩다.

골짜기로 밤에 쏟아지는 별들이 물속에 빠져 꽃잎처럼 떠 있는 곳으로 발을 옮
기는 이가 영원히 거기서 길을 잃고 나오기 싫어한다.

단풍 사이로 난 좁다란 길에 노랗고 빨간 잎사귀가 떨어지고 그 곁에 찍힌 사람
발자국이 깨끗하다. 고라니 발자국 같아서 먼저 간 사슴 발자국 같아서 일찍 깬
새벽 공기가 입을 대고 냄새 맡고 바람이 와서 손으로 만져 본다. 사람 자취가
여기서 처음 신성하다.

산 전체가 구름옷을 벗고 있다. 산이 깨어나는 소리 듣는다. 나무 사이로 아침
안개가 햇살에 쫓겨 바삐 달아나며 빗물 머금은 산빛과 내음을 세상 아래로 실
어간다. 구름이 산을 열었다 닫았다 한다. 길이 보였다 안 보였다 한다. 내가 있
다 없다 한다.

– 〈봉정암 가는 길〉 전문

'설악의 시인'이 노래한 대로 봉정암을 순례하기 위해 산을 오르는 길은 백담계곡·수렴동계곡·구곡담계곡을 흘러내리는 '백 개의 연못에 백 번 얼굴을 비추고 백 번 마음을 고쳐야 열리는 산문'이고, 계곡을 흘러내리는 '물소리가 모두 법문'이고, 나뭇가지를 흔들며 지나가는 '바람소리가 오도송'이며, 길가의 '우거진 쑥대풀과 억새꽃이 다 詩'인 길이다. 외설악의 천불동계곡이 기괴한 암봉과 절벽으로 이루어진 화려하고 아름다운 계곡이라면 내설악의 백담계곡과 수렴동계곡, 구곡담계곡은 수없이 많은 소(沼)와 담(潭)과 폭포가 빼어난 계곡미를 자랑하는 긴 계곡이다.

백담사에서 출발하는 봉정암 순례길은 이 길고도 긴 계곡을 지나 마지막으로 산비탈에 설치된 로프를 잡고 곡예를 반복하며, 네 발로 기어서라도 계단을 올라야 하는 '깔딱고개'를 넘어야 한다. 이 고개는 누구든 평등하게 두 발과 두 손을 모두 이용해야만 오를 수 있는 난코스다. 이 힘든 마(魔)의 코스를 올라야만 우리나라 암자 가운데 가장 높은 곳에 있다는 봉정암에 닿는다.

봉정암은 644년(신라 선덕여왕 13)에 자장율사(慈藏律師)가 중국 당나라에서 가져온 불뇌사리를 봉안하기 위해 창건한 암자이다. 일찍이 당나라에 유학한

석가사리탑에서 바라본 봉정암 전경. 봉정암은 내설악 용아장성 들머리의 기암괴석군에 등을 기대고 앉아 있어 최고의 절경을 자랑한다.

봉정암 불뇌사리보탑(佛腦舍利寶塔). 자장율사가 당나라에서 가져온 불뇌사리를 봉안하고 세운 이 석가사리 탑은 일반 탑과 달리 기단부가 없기 때문에 거대한 바위를 뚫고 솟아오른 것처럼 보인다.

자장율사는 청량산이라고도 불리는 중국의 오대산에서 문수보살을 친견하기 위해 삼칠일기도를 한 뒤 현신한 문수보살로부터 부처님의 진신사리와 금란가사, 발우를 받아 가지고 귀국하였다. 신라로 돌아온 자장율사는 부처님의 진신사리를 모실 곳을 찾아다니던 중 금강산에 올라 기도를 하였다. 그때 갑자기 하늘이 환하게 밝아오면서 봉황 한 마리가 나타났다. 봉황은 자장 스님의 머리 위를 맴돌다가 금강산 남쪽의 설악산으로 스님을 인도하였다. 그리고 높은 봉우리 위를 선회하다가 갑자기 한 바위 앞에서 사라졌다.

자장 스님은 봉황이 자취를 감춘 바위와 그 일대를 살펴보고 감탄하였다. 그 바위는 부처님의 모습 그대로인 불두암(佛頭巖)이었고, 봉황이 사라진 곳은 부처님의 이마에 해당하는 부분이었다. 그리고 이 불두암을 중심으로 좌우에 가섭봉·아란봉·기린봉·할미봉·독성봉·나한봉·산신봉 등의 바위 봉우리들이 병풍처럼 펼쳐져 있어 장엄한 분위기를 연출하고 있었다. 뿐만 아니라 이곳의 지상(地相)은 봉황이 알을 품고 있는 봉황포란형(鳳凰抱卵形)이었다.

자장 스님은 이곳이 길지 중의 길지라고 여겨 부처님의 뇌사리를 봉안한 뒤 오층석탑을 세우고 암자를 지으니, 이곳이 바로 봉정암(鳳頂庵)이다. '봉황이 부처님의 이마로 사라졌다' 하여 붙여진 이름이다.

자장율사가 이곳에 세운 오층석탑은 불뇌사리를 봉안했다 하여 불뇌보탑(佛腦寶塔)으로 불리기도 하며, 강원도유형문화재 제31호로 지정되어 있다. 이 탑의 정식 문화재 명칭은 봉정암 석가사리탑이다. 거대한 바위 위에 세운 이 탑은 일반적인 탑과 달리 기단부가 없기 때문에 마치 탑이 거대한 바위를 뚫고 높이 솟아오른 것처럼 보인다. 그리고 기단에 해당하는 바위에 연꽃을 조각해 놓아 부처님이 계신 곳임을 상징적으로 나타내었다. 이 탑은 파손된 부분이 없는 온전한 모습으로 서서 오늘도 순례자를 맞고 있다.

봉정암을 창건한 자장율사는 신라의 귀족인 진골 출신으로 소판(蘇判) 벼슬을 지낸 김무림(金茂林)의 아들로 태어났다. 늦게까지 후사가 없어 걱정하던 그의 부모는 천부관음(千部觀音)에게 아들 하나 낳기를 바라고 이렇게 빌었다 한다. "만일 아들을 낳게 되면 그 아이를 내놓아서 바다처럼 깊고 넓은 불법의 세계로 건너가는 나루와 다리로 삼겠습니다." 그러던 어느 날 그의 어머니 꿈에 별 하나가 떨어져 품안으로 들어오더니 이내 태기가 있어 아들을 낳았는데 부처님이 탄생한 날과 같은 날이었다. 그의 부모는 아들의 이름을 선종랑(善宗郎)이라 하였다.

선종랑은 부모를 일찍 여의었다. 그는 생의 무상함을 느껴 불법에 귀의하기로 결심하였으며, 자신이 살던 집에 원녕사(元寧寺)를 세운 뒤 홀로 깊은 산에 들어가 고골관(枯骨觀)을 닦았다. 고골관은 흔히 백골관이라고도 부르는데, 몸에 집착하는 생각을 없애기 위해 백골만 남는 모습을 보며 수행하는 것을 말한다. 이때 선덕여왕이 그를 대보(臺輔)에 임명하고 여러 차례 불렀으나 출사하지 않자 "취임하지 않으면 목을 베리라."는 엄명을 내렸다. 그러자 그는 "내 차라리 계(戒)를 지키며 하루를 살지언정 계를 깨뜨리고 백년 살기를 원하지 않는다(吾寧一日持戒而死 不願百年破戒而生)."고 응답하여 왕이 출가를 허락했다는 유명한 일화가 전한다. 그뒤 그는 더욱 깊은 산속으로 들어가 수행했는데, 이때 이상한 새가 과일을 물어다 바쳐서 이를 받아먹었더니 천인(天人)이 와서 오계(五戒)를 주는 꿈을 꾸었다고 한다.

자장율사가 왕명을 받고 제자 10여 명과 함께 당나라에 유학을 떠난 것은 선덕여왕 5년(636)의 일이다. 당나라에 간 자장율사는 문수보살이 상주하고 있다는 오대산에서 문수보살을 친견할 수 있기를 간절히 원하며 기도한 끝에 현신한 문수보살로부터 부처님의 금란가사 1벌과 발우, 진신사리 100과를 받아 가지고 7년 만에 귀국하였다.

우리나라에는 부처님의 진신사리를 모신 적멸보궁이 여러 곳 있으나 그 가운데서도 특별히 자장율사가 당나라에서 모셔온 불사리를 나누어 봉안한 다섯 곳을 '5대 적멸보궁'이라 부른다.

이들 적멸보궁의 공통점은 보궁 내에 불상을 모시지 않고 불단만 마련되어 있다는 것이다. 세존의 진신사리를 모신 계단(戒壇)이나 탑은 부처님이 항상 그곳에서 적멸의 법을 설하고 있음을 상징하는 곳이다. 불자들이 처음에는 진신사리를 모신 계단이나 탑을 향하여 마당에서 예배를 드렸는데, 편의에 따라 전각을 지어 예배 장소로 사용하는 건물이 적멸보궁이다. 그렇기 때문에 적멸보궁 내에는 불상을 따로 모시지 않고, 진신사리가 모셔진 쪽을 향해 불단만 마련되어 있는 것이다.

신라 문무왕 17년(667)경 원효대사(元曉大師)는 불연(佛緣)이 깃든 성지를 찾아 순례하다가 이곳 봉정암에 잠시 머물면서 암자를 새로 지었다고 전한다. 그런가 하면 낙산사(洛山寺)를 창건한 의상대사(義湘大師)도 이곳에 순례를 와서 석

적멸보궁의 공통점은 불상을 모시지 않고 부처님의 진신사리를 모신 계단(戒壇)이나 사리탑을 향하여 불단만 마련되어 있다는 것이다. 5월 하순임에도 적멸보궁 외부에 설치한 바람막이용 비닐막이 그대로 있다.

가사리탑을 참배했으며, 고려 중기의 고승 보조국사(普照國師) 지눌(知訥, 1158~1210) 스님도 고려 명종 18년(1188)에 봉정암을 참배했다 한다. 이처럼 고승들이 앞을 다투어 이곳을 참배한 것은 봉정암에 부처님의 불뇌사리가 봉안되어 있기 때문이었다.

백담사의 부속암자인 봉정암은 지금까지 아홉 차례에 걸쳐 중건과 중창이 이루어졌다. 1923년 백담사에 머물던 만해 한용운(卍海 韓龍雲, 1879~1944) 선사가 쓴 《백담사 사적기》에 따르면 1518년(중종 13)에 환적(幻寂) 스님이 중건하고, 1548년(명종 3)에는 등운선사(騰雲禪師)가 개축하였으며, 1632년(인조 10)에는 설정화상(雪淨和尙)이 중창하였다. 그리고 1780년(정조 4)에는 계심(戒心) 스님이 중건하고, 1870년(고종 7)에는 인공(印空)과 수산(睡山) 스님이 원력을 모아 중건하였다. 그러나 6·25동란 때 벌어진 설악산전투로 봉정암의 모든 당우가 전소되어 자칫하면 명맥이 끊어질 뻔하기도 하였다.

산령각은 적멸보궁 뒤쪽 석가사리탑 가는 계단 옆에 있다.

전쟁 후 10년 가까이 석가사리탑만이 외롭게 서 있다가 1960년 법련(法蓮) 스님이 1천일 기도 끝에 적멸보궁과 요사를 마련하기에 이르렀다. 그후 여러 스님들이 원력을 세워 불사를 계속해 왔는데, 현재의 모습을 갖춘 것은 1985년부터이다. 얼마 전까지만 해도 봉정암은 석가사리탑과 적멸보궁, 요사채가 전부였다. 그러나 불뇌사리보탑을 참배하려는 순례자가 많아지면서 대규모 불사가 펼쳐져 현재는 큰 절집 규모를 갖추었다. 가람은 적멸보궁을 비롯하여 산령각(山靈閣)·적묵당·지혜전·감로당·선방·범종루 등의 전각과 참배객들의 숙소인 108법당을 비롯한 요사채와 스님채, 공양간 등이 있다.

봉정암 순례의 정점은 적멸보궁 뒤쪽 거대한 암벽 위에 서 있는 불뇌사리보탑을 참배하는 것이다. 적멸보궁 뒤로 난 계단을 따라 올라가다보면 산령각을 만난다. 여기서 산령각 옆으로 난 계단을 올라가면 자장 스님이 불뇌사리를 봉안하고 탑을 세운 석가사리탑이 있다.

범종루 앞 바위 뒤쪽에 적멸보궁이 있다.

＊찾아가는 길 승용차를 이용할 경우 인제군 용대리 내설악 입구 주차장에 주차하고, 셔틀버스를 이용하여 백담사까지 간다. 그리고 백담사 → 영시암 → 수렴동대피소 → 쌍폭 → 봉정암 코스를 이용하여 봉정암에 오른다. 소요시간은 개인차가 있을 수 있으나 6시간 정도를 잡으면 된다. 봉정암까지 가는 동안 길목 곳곳에 이정표가 세워져 있어 길을 잃을 염려는 없다. 버스를 이용할 경우에는 용대리에서 하차하여 백담사 가는 셔틀버스로 갈아탄다. 인제ㆍ원통 버스터미널에서 용대리행 시내버스가 있다.

獅子山 法興寺 사자산 법흥사

온 산이 부처이고
온 세상이 부처

법흥사 적멸보궁으로 향하는 산길이 아주 멋지다. 가파른 산길이 숨차지만 길 양옆으로 하늘을 찌를 듯이 높이 솟은 금강송이 도열해 있어 매우 아름다운 숲길이다. 또한 길에 깔아 놓은 박석이 운치를 더해준다. 걷기 좋은 아름다운 길을 찾는 사람들에게 이 길을 적극 추천한다. 꼭 한번 걸어보라고. 말이 필요 없고 감탄사만 절로 나올 만큼 매혹적인 길이다.

이름난 불교성지 법흥사가 터 잡고 들어앉은 사자산(獅子山, 1125m)은 강원도 영월군 · 평창군 · 횡성군의 경계에 있는 산이다. 절골을 사이에 두고 백덕산(1350m)과 마주하고 있는 사자산의 법흥사 사찰림은 환경부 지정 멸종위기종인 까막딱다구리(천연기념물 제242호)의 서식지로도 알려져 있을 만큼 자연이 훼손되지 않은 청정지역이다.

오늘 순례길에 오른 법흥사는 석가모니 부처님의 진신사리를 모신 우리나라 5대 적멸보궁에 속하는 불교 성지이다. 적멸보궁의 특징은 전각 안에 불상이나 후불탱화를 모시지 않는다는 점이다. 부처님의 진신사리를 모시고 있기 때문에 전각 안에는 불단인 수미단(須彌壇)만 설치되어 있다. 다만 진신사리가 모셔진 사리탑이나 산을 향하여 창을 뚫어 놓아 부처님께 예배를 드릴 수 있게 해놓았다.

사리(舍利)는 산스크리트의 사리라(Sarira)를 음역한 것으로서 사람이 죽은 뒤 주검을 화장하고 남은 유골을 말한다. 인도에서는 예부터 사람이 죽으면 매장을 하지 않고 화장하는 풍습이 있는데, 특히 학덕이 높은 사람의 유골은 모두 나누어 가졌다고 한다. 그 사람의 학덕을 기리기 위한 것이었다.

석가세존께서 80세를 일기로 쿠시나가라(Kusinagara)의 사라쌍수(紗羅雙樹) 밑에서 대열반에 드시자, 인도의 장법(葬法)에 따라 다비를 하였다. 그때 나온 석가세존의 유골이 바로 불사리(佛舍利)인 것이다. 이 진신사리는 8등분되어 여덟 나라에 분배되었고, 여덟 나라는 각각 탑을 세우고 사리를 봉안하였다. 이것을 '사리팔분' 또는 '분사리'라 하는데, 사리 신앙의 시초이자 불탑의 기원이 되었다. 본래는 화장한 유골을 모두 사리라 하였으나 후세에는 화장한 뒤에 나온 작은 구슬 모양의 결정체만을 사리라 부른다.

세존이 살아 계실 때는 가람도 경전도 필요 없었다. 세존이 머무는 곳이 바로 가람이었다. 또 세존의 말씀이 바로 경전이었다. 그러나 세존께서 열반에 든 후 세존의 말씀은 교(敎)가 되었고, 교는 경전을 통해 기록되어 법보(法寶)가 되었다. 또 세존의 마음은 선(禪)이 되었고, 선은 스님들을 통해 전해져서 승보(僧寶)가 되었다. 그리고 세존의 몸과 정기가 화하여 이루어진 진신사리는 불보(佛寶)가 되었다. 불가에서 말하는 삼보(三寶) 중 하나인 불보가 곧 진신사리인 것이다.

《삼국유사》의 기록에 의하면 636년(신라 선덕여왕 5) 자장율사(慈藏律師)는 당나라의 오대산(五臺山)에서 문수보살을 친견한 뒤 석가모니 부처님의 의발과 진신사리 100과를 받는다. 자장율사는 선덕여왕 12년(643)에 귀국하여 대국통(大國統)의 자리에 오른 뒤 왕명에 따라 통도사(通道寺)를 창건하고, 그 사리를 셋으로 나누어 하나는 황룡사(皇龍寺) 탑에, 하나는 대화사(大和寺) 탑에 두고, 하나는 가사와 함께 통도사 계단(戒壇)에 봉안하였다. 그리고 오대산 중대(中臺)와 설악산 봉정암(鳳頂庵), 태백산 정암사(淨岩寺), 사자산 법흥사에 각각 나누어 모셨다.

강원도 영월군 수주면 법흥리 사자산 남쪽 기슭에 자리 잡고 있는 법흥사는 자장율사가 창건한 유서 깊은 고찰이다. 당나라에서 귀국한 자장율사는 사자산 연화봉에 진신사리를 봉안하고 법흥사를 개창했는데, 그 당시의 절 이름은 흥녕사(興寧寺)였다.

이후 흥녕사는 신라 헌강왕 8년(882) 징효대사(澄曉大師) 절중(折中, 826~900)이 중창하여 구산선문(九山禪門) 중 하나인 사자산문(獅子山門)의 중심 도량이 되었다. 징효대사는 사자산문의 개산조인 철감선사(澈鑒禪師) 도윤(道允, 798~868)의 제자로서 그의 법을 받아 흥녕사에서 크게 선풍을 일으켰다. 사자산문이 번창할 때는 2,000여 명에 이르는 스님들이 흥녕선원(興寧禪院)에서 수행했는데, 이곳에서 공양 쌀을 씻으면 쌀뜨물이 20리 밖에 있는 수주면 무릉리까지 이르렀다고 전한다. 그러나 이 절은 891년(신라 진성여왕 5)에 병화로 불에 타 50여 년이 지난 944년(고려 혜종 1)에 중건되었고, 1163년(고려 의종 17)에 중창되었다. 그뒤 조선시대인 1730년(영조 6)과 1778년(정조 2), 1845년(헌종 11)에도 중창 불사가 있었다.

흥녕사가 법흥사로 이름을 바꾼 것은 1902년의 일이다. 비구니 대원각(大圓覺)이 절을 다시 중창하고 법흥사로 이름을 바꾼 것이다. 그러나 1912년에 또다시 화재로 불에 타버려 1930년에 중건했으나, 이듬해에는 홍수와 산사태로 법당 앞의 석탑과 절터의 일부가 유실되었다. 그로 말미암아 1933년에 지금의 절터로 이전하였고, 1939년에 적멸보궁을 중창하였으며, 최근에도 중창 불사가 계속 이루어지고 있다.

구산선문은 귀족과 왕실에 결탁하여 타락한 교종불교에 반기를 든 신진 지식인들에 의해 선종불교가 들어온 후 고려 초까지 형성된 아홉 개의 산문을 일컫는다. 최초로 개창된 전북 남원의 실상산문 실상사(實相山門 實相寺)를 비롯하여 전남 장흥의 가지산문 보림사(迦智山門 寶林寺), 강원도 강릉의 사굴산문 굴산사(闍崛山門 崛山寺), 전남 곡성의 동리산문 태안사(桐裏山門 泰安寺), 충남 보령의 성주산문 성주사(聖住山門 聖住寺), 강원도 영월의 사자산문 흥녕사(현 法興寺), 경남 창원의 봉림산문 봉림사(鳳林山門 鳳林寺), 황해도 해주의 수미산문 광조사(須彌山門 廣照寺), 경북 문경의 희양산문 봉암사(曦陽山門 鳳巖寺) 등이 그 당시 개산한 선종불교의 상징적 사찰들이다.

법흥사 진입로 오른쪽 민가 옆에는 사자산문의 중심 도량으로서 크게 번창하였던 흥녕사의 흥녕선원터가 있다. 흥녕선원터는 법당이 있었던 곳으로 추정되는 집터 한 곳을 포함하여 약 3만3,000제곱미터 규모에 이른다. 특히 이 일대에 흩어져 있던 징효대사의 부도와 징효대사보인탑비, 주인을 알 수 없는 부도 1기, 금동불상과 부도에 사용되었던 석재 등의 유물들은 법흥사 경내로 옮겨졌고, 금동불상은 단국대학교에 소장되어 있다. 흥녕선원터는 강원도기념물 제6호이다.

법흥사 경내로 들어가기 위해서는 연화교를 건너야 한다. 이 다리를 건너면 '獅子山法興寺(사자산법흥사)' 편액이 걸린 일주문이 순례자를 맞이한다. 이 일주문은 최근에 세운 것으로서 화강암으로 조각한 용과 코끼리 위에 굵고 짧은 기둥을 세워 놓아 눈길을 끈다. 앞에서 바라보아 왼쪽 기둥의 용은 몸통은 거북이이고, 머리는 입에 여의주를 물고 있는 용의 형상을 하고 있다. 일주문 안쪽에는 '獅子山門興寧禪院(사자산문흥녕선원)' 편액이 걸려 있어서 법흥사의 전신이 흥녕사였음을 말해준다.

일주문을 지나서 경내로 들어가면 넓은 주차장이 있고, 주차장 정면에 2층

극락전 왼쪽 언덕에 세워져 있는 징효대사보인탑비
(보물 제612호). 징효대사는 사자산문의 개산조인 철
감선사의 제자로서 그의 법을 받아 흥녕사에서 크게
선풍을 일으켰다. 이 탑비는 흥녕선원터에 있던 것
을 옮겨온 것이다.

'獅子山法興寺(사자산법흥사)' 편액이 걸린 일주문
의 기둥이 특이하다. 화강암으로 만든 용과 코끼리
위에 짧은 기둥을 세웠다. 일주문 안쪽에는 '獅子山
興寧禪院(사자산흥녕선원)' 편액이 걸려 있어 법흥
사의 전신이 흥녕사였음을 말해준다.

누각인 원음루(圓音樓)가 버티고 서 있다. 정면 3칸, 측면 2칸의 팔작지붕 건물
로서 위층의 편액이 '圓音樓', 아래쪽의 편액이 '金剛門(금강문)'이듯 누각과 문
의 이중 역할을 하고 있다. 최근에 지은 누각 건물로서 2층에는 법고와 목어가
있다. 원음루 아래의 금강문을 지나면 오른쪽으로 보이는 새 건물이 식당과 요
사채인 흥녕원(興寧院)과 종무소로 쓰이는 심우장(尋牛莊)이다. 그리고 왼쪽에 극
락전과 범종각이 자리잡았고, 극락전을 지나 조금 들어간 곳에 삼성각이 있다.
또한 정면으로 바라보이는 한 칸짜리 작은 전각은 만다라전(曼茶羅殿)이다. 만다
라는 밀교에서 발달한 상징의 형식을 그림으로 나타낸 불화(佛畵)를 말한다.

극락전은 정면 3칸, 측면 3칸의 다포계 팔작지붕 건물이며, 법당 내부에는
아미타삼존불이 봉안되어 있다. 그리고 정면 3칸, 측면 2칸의 맞배지붕 건물
인 삼성각에는 칠성(七星)과 나반존자(那畔尊者), 용왕(龍王)을 모셨다. 보통 삼성

법흥사에서 가장 오래된 건물인 극락전. 정면 3칸, 측면 3칸의 다포계 팔작지붕 건물인 극락전 내부에는 아미타삼존불이 봉안되어 있다.

각에는 칠성과 나반존자·산신을 모시고 있으나, 이곳 법흥사에는 산신각이 따로 있기 때문에 산신을 모셔야 할 자리에 용왕을 모셔 놓은 듯하다.

극락전 왼쪽 언덕에는 흥녕선원터에서 옮겨온 징효대사 부도와 징효대사 보인탑비(澄曉大師寶印塔碑)가 세워져 있다. 보물 제612호인 징효대사보인탑비는 흥녕사를 크게 발전시킨 징효대사의 행적을 기리기 위해 944년(고려 혜종 1)에 세운 것으로서 귀부(龜趺)와 이수(螭首), 비신(碑身)이 거의 완전한 형태로 보존되고 있다. 비문에는 징효대사의 출생에서부터 입적할 때까지의 행적이 실려 있다. 비의 전체 높이는 3.96미터에 이른다. 또한 이 탑비 앞에는 징효대사의 사리를 모신 부도가 있다. 강원도유형문화재 제72호인 징효대사 부도는 높이가 2.7미터로, 각 부분이 팔각을 기본으로 하고 있다. 앙련(仰蓮)과 복련(覆蓮)이 새겨진 기단부 위에 팔각원당형의 탑신을 얹었고, 급한 경사를 이룬 옥개석(屋蓋石)의 팔각 귀퉁이에는 꽃장식이 되어 있다.

적멸보궁으로 오르는 길 초입에 세워 놓은 커다란 자연석에는 이런 글귀가 새겨져 있다. '지혜광명의 성지 사자산 법흥사. 만대 진리의 왕이요 세계의 주인. 쌍림에서 열반을 보인 지 몇 천 년이 되었던가. 진신사리 여기 모셨으니, 널리 중생들로 하여금 쉼 없이 예배케 하라. 적멸보궁, 온갖 번뇌 망상이 적멸한 보배로운 궁.' 순례자는 잠시 걸음을 멈추고 이 글귀를 읽고 나서 적멸보궁으로 향하는 소나무 숲길을 천천히 올라간다. 적멸보궁은 극락전이 있는 곳에서 약 500미터 정도 숲길을 따라 올라가야 볼 수 있다.

적멸보궁으로 오르는 길 중간쯤에 제2보궁 약사전(第二寶宮藥師殿)과 산신각, 중대 요사채가 있다. 부처님의 지혜와 자비의 구름이 온 법계를 덮는다는 뜻의 법운당(法雲堂)이다. 약사전은 최근에 세운 전각으로, 법당 안에는 '건강한 삶, 행복한 세상을 만들자'는 발원을 담아 옥으로 조성한 약사여래불상이 봉안되어 있다. 약사전 참배를 마치고 나오면 마당가에 세워놓은 안내판에서 '약사전 앞마당에서 멀리 구봉대산을 바라보면 부처님께서 누워 계신 모습을 볼 수 있

최근에 세운 전각인 제2보궁 약사전. 법당 안에는 '건강한 삶, 행복한 세상을 만들자'는 발원을 담아 옥으로 조성한 약사여래불상이 봉안되어 있다.

는데, 약사전을 참배하시고 멀리 앞에 누워 계신 부처님을 찾아보시길 바랍니다.'라는 안내문을 읽을 수 있다. 안내문을 따라 순례자도 고개를 들어 멀리 능선이 펼쳐진 구봉대산을 바라보며 머릿속으로 와불을 그려본다.

약사전 마당을 내려와 왼쪽으로 꺾어들면 감로수가 항상 철철 흘러넘치는 샘터가 있다. 이곳에 샘터를 보호하기 위해 수각(水閣)을 지어 놓았다. 이곳의 샘물은 3단으로 되어 있다. 맨 위의 단은 부처님께 올리는 물로서 일반인의 사용을 금하고 있으며, 가운데 단은 일반 대중이 마시는 물이다. 그리고 맨 아래의 물은 손을 씻는 물이라고 한다.

이 수각을 지나 다시 산길을 오른다. 약사전 뒤쪽의 산신각 옆으로도 적멸보궁 가는 길이 있으나, 이 길은 스님들만 다니는 길로 평상시에는 문이 닫혀 있다.

마침내 적멸보궁 앞마당에 오른다. 적멸보궁은 정면 3칸, 측면 2칸의 다포

적멸보궁 안에는 불단인 수미단만 있을 뿐 불상을 봉안하지 않고 있다. 적멸보궁이 자리한 연화봉 어딘가에 부처님의 진신사리가 묻혀 있으므로 연화봉 자체가 사리탑인 셈이다.

계 팔작지붕 건물이며, 녹색 기와를 얹었다. 앞에서 설명한 대로 이곳에는 불상을 봉안하지 않고 있다. 적멸보궁은 부처님을 모신 금당(金堂)이 아니라 진신사리가 봉안되어 있는 곳을 향하여 예배를 드리는 장소이기 때문이다. 적멸보궁 안에는 불단만이 놓여 있으며, 뒷벽 가운데에 커다란 유리창이 있어 진신사리를 모신 쪽을 바라볼 수 있게 하였다. 적멸보궁이 자리한 연화봉 어딘가에 진신사리가 묻혀 있다고 전하기 때문에 창문 너머로 보이는 연화봉 자체가 사리탑인 셈이다.

적멸보궁 바로 뒤에는 고분의 봉분처럼 둥글게 쌓아 놓은 계단(戒壇)이 있고, 그 계단 밑을 석가모니의 일대기를 조각한 화강암 판석으로 둘러 세워 놓았다. 이 계단 아래쪽에 석분(石墳)이 있다. 전하는 말로는 신라 선덕여왕 때 이 석분이 축조되었으며, 자장율사가 이곳에서 수도했다고 하나 고려시대에 만든 것으로 추정하고 있다. 석분의 내벽은 자연석으로 10단을 쌓았는데, 6단까지는 수직이나 7단부터는 각을 줄여 쌓아 내부 전체가 거의 원형을 이루고 있다. 석분 안에는 불경을 넣어 보관하던 석관(石棺)이 있다. 기록에는 승려가 수도하던 토굴과 같은 역할을 하던 곳으로 전하고 있다. 강원도유형문화재 제109호이다.

석분 옆에는 자장율사가 진신사리를 넣어 왔던 석함 일부가 놓여 있으며, 누구의 것인지 알려지지 않은 부도가 세워져 있다. 주인을 알 수 없는 이 부도는 방형의 지대석 위에 팔각 하대석을 놓고 그 위에 중대석을 놓았으며, 상대석과 하대석에는 각각 앙련과 복련을 장식하였다. 고려시대의 작품인 이 부도는 강원도유형문화재 제73호이다.

적멸은 온갖 번뇌와 망상의 불이 꺼진 본래의 고요한 상태라고 한다. 순례자는 적멸보궁 유리창 너머로 바라보이는 연화봉을 바라보며, 부처님의 진신사리를 모신 곳이니 열반의 경지가 그와 같을 것이란 생각을 해본다. 그리고 연화봉과 잠시 침묵의 대화를 나눈다. 온 산이 부처이고, 온 세상이 부처라고.

*찾아가는 길 승용차를 이용할 경우 중앙고속도로 신림IC로 빠져나와 신림삼거리에서 영월·제천 방면으로 좌회전하여 88번 지방도로를 따라 20.5km를 가면 주천입구 삼거리이다. 여기서 좌회전하여 2km를 가면 다시 삼거리가 나온다. 여기서 법흥 방면 131번 도로 안내판을 따라 좌회전하여 500m를 간 뒤, 다시 좌회전하여 무릉1교를 건너 13km를 더 가면 법흥사 입구이다. 대중교통을 이용하려면 영월·제천·원주에서 주천행 버스를 타고 주천까지 간 뒤 주천에서 1일 5회 운행하는 법흥사행 시내버스를 타야 한다.

太白山 淨岩寺 태백산 정암사

세상의 티끌
끊어져 정결하네

우리나라 5대 적멸보궁 성지 가운데 한 곳인 정암사 순례길에 승용차 안에서 〈정선 아리랑〉의 구성진 노랫가락을 듣는다. 정암사가 〈정선 아리랑〉의 발생지인 강원도 정선군에 위치하고 있기 때문에 가는 동안에 들으려고 미리 테이프를 준비한 것이다. 소박하면서 구슬프고도 구성진 곡조로 넘기는 〈정선 아리랑〉은 언제 들어도 좋다.

눈이 올라나 비가 올라나 억수장마 질라나 / 만수산 검은 구름이 막 모여든다 / (후렴) 아리랑 아리랑 아라리요 / 아리랑 고개로 나를 넘겨주소 // 아우라지 뱃사공아 배 좀 건너주게 / 싸리골 올동백이 다 떨어진다 / (후렴) 아리랑 아리랑 아라리요 / 아리랑 고개로 나를 넘겨주소 // 한치 뒷산에 곤드레 딱죽이 임의 맛만 같다면 / 올 같은 흉년에도 봄 살아나네 / (후렴) 아리랑 아리랑 아라리요 / 아리랑 고개로 나를 넘겨주소 // 명사십리가 아니라면은 해당화는 왜 피나 / 모춘삼월이 아니라면은 두견새는 왜 우나 / (후렴) 아리랑 아리랑 아라리요 / 아리랑 고개로 나를 넘겨주소 // 정선읍네 물레방아는 사시장철 물을 안고 뱅글뱅글 도는

데 / 우리 집에 서방님은 날 안고 돌 줄을 왜 모르나 / (후렴) 아리랑 아리랑 아라리요 / 아리랑 고개로 나를 넘겨주소

신라의 고승 자장율사(慈藏律師)가 창건하여 부처님의 진신사리를 모시고 있는 정암사는 백두대간의 한가운데인 태백산 서쪽 기슭에 위치한 천년고찰이다. 정암사의 창건 연대는 신라 선덕여왕 14년(645)으로 거슬러 올라간다.

정암사 창건에 관하여 《삼국유사》는 다음과 같이 전하고 있다. 세상과의 인연이 얼마 남지 않음을 안 자장율사는 강릉(江陵)에 수다사(水多寺)를 세우고 그곳에 주석하면서 문수보살을 다시 친견하기를 서원했다 한다. 그러던 어느 날 밤, 자장 스님은 중국 오대산에서 만났던 스님을 꿈속에서 만났다. 그 스님이 자장 스님에게 "내일 그대를 대송정(大松汀)에서 보겠소."하고 말하였다. 놀라 꿈에서 깬 스님이 아침 일찍 대송정으로 가자, 문수보살이 감응(感應)하였다. 스님이 문수보살에게 법요(法要)를 묻자, 문수보살은 "태백산 갈반지(葛蟠地)에서 다시 만나자." 하고는 자취를 감추었다.

자장 스님은 그 말을 따라 태백산에 들어가 갈반지를 찾던 중 큰 구렁이가 나무 밑에 똬리를 틀고 있는 것을 발견하였다. 스님은 그것을 보고 시자(侍者)에게 말하였다. "이곳이 바로 갈반지다." 스님은 이곳에 석남원(石南院 : 지금의 정암사)을 세우고 문수보살이 나타나기를 기다렸다. 그러던 어느 날, 남루한 차림의 한 늙은이가 자장 스님을 찾아왔다. 그 늙은이는 죽은 강아지가 담긴 칡으로 엮은 삼태기를 어깨에 메고 있었다.

그 늙은이가 시자에게 말하였다.

"내가 자장을 만나러 왔다."

시자는 그 늙은이가 스승의 이름을 함부로 부르는 것에 화가 나서 호통을 쳤다.

우리나라 5대 적멸보궁 가운데 하나인 정암사 일주문.

"내가 어른을 받들어 모신 이래 지금까지 우리 스승님의 이름을 부르는 자를 본 적이 없는데, 당신은 누구시기에 스승님의 이름을 함부로 부른단 말이오?"

그 늙은이는 천연덕스럽게 말하였다.

"너는 네 스승에게 가서 내가 자장을 만나자고 한다고 전하기만 하여라."

시자가 안으로 들어가 자장 스님에게 아뢰자, 스님도 깨닫지 못하고 "필시 미친 사람이겠지." 하고 말하였다. 시자가 밖으로 나가 그 늙은이를 꾸짖으며 쫓았다. 그러자 그가 탄식하며 말하였다.

"내 돌아가리라. 아상(我相 : 자기의 학문이나 지위를 자랑하여 남을 업신여기는 마음)을 가진 자가 어찌 나를 알아볼 수 있겠느냐?"

그가 어깨에 메고 있던 삼태기를 뒤집어 털자 죽은 강아지가 사자보좌(獅子寶座)로 변하였다. 그는 그 위에 올라앉아 빛을 발하며 사라져버렸다. 그가 바로 문수보살이었던 것이다. 이 이야기를 전해들은 자장 스님이 황급히 일어나 그 빛을 찾아 남쪽 고개에 올라갔으나 이미 사라진 뒤였다.

《삼국유사》는 자장율사가 문수보살을 찾아 뒤쫓아 갔으나 이미 아득하여 따라가지 못하고 드디어 몸을 던져 죽으니, 화장하여 석혈(石穴) 속에 모셨다고 기록하고 있다. 그러나 전하는 말에 따르면 자장 스님은 몸을 남겨두고 떠나며 "석 달 뒤에 다시 돌아오마. 몸뚱이를 태워버리지 말고 기다려라." 하고 당부했다 한다. 그 일이 있고 한 달쯤 됐을 무렵 한 스님이 와서 오래도록 자장 스님을 다비하지 않음을 나무라며 화장을 해버렸는데, 석 달 뒤 자장 스님이 돌아와서 보니 이미 몸이 없어진 뒤였다. 자장 스님은 "의탁할 몸이 없으니 끝이로구나. 내 유골을 석혈에 안치하라."는 부탁을 하고 사라져버렸다고 한다.

'숲과 골짜기는 해를 가리고 멀리 세속의 티끌이 끊어져 정결하기 짝이 없다' 하여 '정암사(淨岩寺)'란 이름이 붙여졌다는 이 절의 옛 이름은 원래 갈래사(葛來寺)였다. 갈래사가 언제 정암사로 이름이 바뀌었는지는 알 수 없지만 다음과 같은 갈래사 창건 설화가 전한다.

자장율사는 당나라 산서성(山西省)에 있는 청량산(淸凉山) 운제사(雲際寺)에서 문수보살을 친견한 후 석가모니의 정골사리(頂骨舍利)와 치아, 불가사(佛袈裟)와 패엽경(貝葉經)을 받아 모시고 귀국하여 이곳에 절을 세웠다. 그리고 진신사리와 유물을 봉안하기 위하여 탑을 세우려 했으나, 그때마다 탑이 무너져 낭패를 겪었다. 이에 스님이 간절한 기도를 올리자 하룻밤 사이에 칡 세 줄기가 쌓인 눈을 뚫고 뻗어 나와 지금의 수마노탑(水瑪瑙塔)·적멸궁(寂滅宮)·절터에 멈추었다. 그리하여 그 자리에 탑과 법당과 본당을 세우고 절 이름을 '갈래사'라고 불렀으며, 그때부터 이곳에 '갈래'라는 지명이 생겨났다고 한다. 실제로 고한에는 상갈래(上葛來)와 하갈래(下葛來)라는 지명과 함께 갈래초등학교가 있다. 또한 금탑과 은탑의 전설도 전한다. 태백산의 삼갈반지(三葛蟠地)에 세 봉우리가 있으니 동쪽에는 천의봉(天衣峰), 남쪽에는 은대봉(銀臺峰), 북쪽에는 금대봉(金臺峰)이 있는데, 자장 스님은 절을 세우면서 금탑과 은탑, 수마노탑의 3보탑도 세웠다고 한다. 그 가운데 천의봉 기슭에 세운 수마노탑은 사람들이 볼 수 있지만, 자장 스님이 금탑과 은탑은 중생들의 탐심(貪心)을 우려하여 불심이 없는 사람의 눈으로는 볼 수 없도록 비장했다고 한다. 자장 스님은 그의 어머니가 금탑과 은탑을 구경하도록 동구에 연못을 파서 그곳에 비친 탑을 보도록 했는데, 지금의 못골이 그 연못 자리라고 전한다.

정암사의 창건 설화는 이처럼 풍부하다. 그러나 부처님의 진신사리를 모신 곳이자 자장율사가 일생을 마친 이곳 정암사의 창건 이후 역사는 별로 전하는 게 없다. 임진왜란 중에 통도사의 사리를 왜구들에 의해 도난당했다가 다시 찾은 뒤 사명대사가 사리 일부를 이곳 정암사에 봉안했다는 기록이 있을 뿐 조선 숙종 39년(1713) 이전까지는 거의 백지의 역사다. 아마도 오지에 숨어 있듯이 있는 절이었기 때문이 아닐까 하는 생각도 해본다.

태백과 이웃하고 있는 정선의 사북, 고한은 80년대 초까지만 해도 석탄 산지로 유명하여 한국 근대화의 에너지 구실을 했던 곳으로 이름난 오지였다. 그러나 지금은 옛 모습을 찾아보기 힘들 만큼 많이 변모하였다. 국내 유일의 카지노인 강원랜드가 이곳에 들어섰을 뿐만 아니라 검은빛 어두운 탄광지대이던 고장이 새로운 도시로 변하였다.

찾아가는 길도 예전의 길이 아니다. 왕복 2차선의 꼬부랑길이던 국도가 왕복 4차선 도로로 바뀌었고, 예전 같으면 굽잇길을 돌고 돌아 넘어야 했던 고갯길에도 터널이 뚫려 있다. 중앙고속도로 제천 인터체인지에서 38번 국도로 갈아타고 영월을 거쳐 사북과 고한을 지나 414번 지방도와 갈라지는 삼거리에서 국도를 버리고 지방도로 접어든다. 이 길이 우리나라에서 차로 넘을 수 있는 가장 높은 고개인 만항재(1313m)로 오르는 414번 지방도다. 이 길을 따라 3킬로미터쯤 가면 길 옆 왼쪽 계곡에 정암사가 숨어 있다.

'정결함'을 느낄 수 있는 절 이름 그대로 산사의 분위가 물씬 풍겨나는 정암사 경내의 계곡은 그 깊고 청정함으로 인해 맑고 찬물에서만 산다는 열목어가 서식하고 있어 천연기념물 제73호로 지정되어 있다. 이곳은 세계에서 열목어가 살 수 있는 가장 남쪽 지역이며, 숲이 잘 발달하여 열목어가 살 수 있는 가장 좋은 환경을 지닌 지역 가운데 하나이므로 천연기념물로 지정, 보호하고 있다.

범종각 옆의 극락교를 지나 적멸궁으로 가는 길에는 수형이 아름다운 주목 한 그루가 서 있고, 그 나무 아래에 '자장율사 주장자' 라는 표석이 놓여 있다. 표석의 설명에 따르면 자장율사가 평소 사용하던 주장자를 꽂아 신표로 남긴 나무라 한다. 천년이 넘는 오랜 시간이 지나면서 죽은 나무가 회생, 검버섯 피어나듯 이끼 낀 고목의 외피 안쪽에서 새로운 나무가 무성하게 자라고 있어 신비로움을 더해준다.

정암사에는 현재 적멸궁을 비롯하여 관음전 · 삼성각 · 자장각(慈藏閣) · 육화정사(六和精舍) · 요사채 · 범종각이 있다. 그리고 적멸궁 뒤의 산비탈에는 정암사의 자랑거리인 수마노탑(보물 제410호)이 세워져 있다. 이 가운데 적멸궁은

일주문을 들어서면 왼쪽의 석축 위에 제법 커 보이는 건물이 종무소 겸 공양간인 육화정사이다. 석축 위로 올려다보이는 건물의 처마 밑에는 '선불도량(選佛道場)' 이란 편액을 걸어 놓았다.

정암사 관음전. 벽에 쌓아 놓은 장작이 눈길을 끄는 이 전각 안에는 최근에 조성한 금동관음보살좌상이 봉안되어 있다.

정암사 적멸궁. 적멸궁 뒤 산비탈에 부처님의 진신사리를 봉안한 수마노탑이 세워져 있기 때문에 전각 내부에 불상을 모시지 않고 있다.

우리나라 5대 적멸보궁 가운데 하나로서, 수마노탑에 봉안된 부처님의 진신사리를 경배하기 위하여 세운 정면 3칸, 측면 2칸의 팔작지붕 건물이다.

적멸궁 안에는 불상을 모시지 않고 있으며, '寂滅宮(적멸궁)'이란 현판이 걸려 있다. 적멸궁 뒤쪽 천의봉 중턱에 진신사리를 모신 수마노탑이 세워져 있기 때문에 불상을 모시지 않는 것이다.

적멸궁을 나와 수마노탑으로 향하는 다리를 건너면, 가파른 산비탈을 오르는 돌계단이 있다. 이 가파른 계단 길을 5~6분쯤 걸어 올라가면 수마노탑이 세워진 곳에 닿는다. 산비탈이 급경사를 이루고 있어 지그재그 식으로 계단이 설치되어 있다.

수마노탑은 적멸궁 뒤쪽으로 급경사를 이룬 천의봉 중턱에 축대를 쌓아 만든 대지 위에 세워져 있다. 수마노탑의 유래를 살펴보면, 자장율사가 643년(신라 선덕여왕 12) 당나라에서 귀국할 때 서해 용왕으로부터 마노석을 받아 가지고

정암사 수마노탑(보물 제410호). 자장율사가 당나라에서 가져온 부처님의 진신사리가 이 탑에 봉안되어 있다. 수마노탑은 회색 마노석을 벽돌 모양으로 깎은 솜씨도 뛰어나거니와 탑을 세운 자리가 매우 뛰어난 명당자리라고 한다.

왔다고 전한다. 자장율사의 불심에 감화된 용왕이 고급 석재인 마노석을 배에 실어 울진포로 보냈는데, 자장율사가 정암사를 창건하고 진신사리를 봉안하기 위해 탑을 세울 때 신력(神力)으로 이 마노석을 가져다 탑재로 썼다 한다. '수마노탑(水瑪瑙塔)'이란 이름은 물길을 통해 가져온 마노석으로 쌓은 탑이라 하여 앞머리에 '물 수(水)' 자를 붙였다는 것이다.

수마노탑은 마노석을 벽돌 모양으로 깎아 쌓은 모전석탑(模塼石塔)이다. 모전석탑이란 전탑(塼塔)을 모방하여 돌을 벽돌 모양으로 깎아서 만든 탑을 일컫는데, 수마노탑은 회색 마노석을 벽돌 모양으로 깎은 솜씨도 뛰어나거니와 탑을 세운 자리가 풍수지리상 매우 빼어난 명당자리라고 한다. 길이 30~40센티미터, 두께 5~7센티미터의 크기로 깎은 마노석을 정교하게 쌓아올린 탑의 높이는 9미터에 이른다. 1층 옥신(屋身)의 남쪽 면 가운데에 마련되어 있는 감실(龕室)에는 문짝이 있으며, 가운데에 철로 된 문고리를 달았다. 또한 옥개석(屋蓋石)은 추녀 너비가 짧고 풍경이 달려 있으며, 상륜(相輪)은 청동으로 만든 장식을 올렸다.

기록에 의하면 수마노탑은 1713년(숙종 39)에 자인(慈忍)·일종(一宗)·천밀(天密) 스님이 중수했으나 그해 8월 벼락으로 파손되자 6년 뒤인 1719년 천밀 스님이 다시 중수했다 한다. 그뒤에도 1788년(정조 12)에 취암(翠巖)·성우(性愚) 스님이 적멸궁과 탑을 다시 중수했으며, 1858년(철종 9)에도 해월(海月)과 대규(大圭) 두 스님이 다시 적멸궁과 탑을 중수했다고 전한다. 그리고 1972년에 해체 복원했으나 탑의 균열이 발견되어 1995년에 다시 보수 공사를 하였다. 부처님의 진신사리가 모셔져 있는 수마노탑은 정암사의 가장 높은 곳인 적멸궁 뒤쪽 산기슭에 세워져 있어 경내는 물론 절 입구에서도 쉽게 바라볼 수 있다.

수마노탑을 배견하고 내려와 육화정사 앞을 지나 관음전 옆으로 난 계단을 오르면 언덕 위에 삼성각과 자장각이 나란히 있다. 자장율사의 영정을 봉안하

수마노탑에서 내려다본 정갈한 절집 정암사

고 있는 자장각은 5대 적멸보궁 성지를 순례하는 순례자들이 꼭 찾는 곳이다.

순례자는 자장각 안에 모셔진 자장율사의 영정 앞에서 정암사 연기설화 속의 스님을 떠올린다. 아상을 버리지 못해 문수보살을 알아보지 못했던 자장 스님을. 그리고 영정 속의 스님 눈빛에서 교만을 경계하라는 가르침을 받는다.

*찾아가는 길 　중앙고속도로 제천IC에서 38번 국도로 갈아타고 영월을 거쳐 사북과 고한을 지나면 414번 지방도와 갈라지는 삼거리가 나온다. 이곳에서 국도를 버리고 오른쪽 길인 414번 지방도로 접어들어 3km쯤 가면 길 옆 왼쪽으로 정암사 주차장이 있고 일주문이 서 있다. 이 길은 우리나라에서 차로 넘을 수 있는 가장 높은 고개인 만항재(1,313m)로 오르는 지방도다.

五峰山 洛山寺 오봉산 낙산사

의상 스님이
관음을 친견한 성지

낙산사는 관동팔경 가운데서도 절경으로 꼽히는 곳이자, 우리나라 3대 관음성지로 꼽히는 명찰이다. 강원도 양양(襄陽)의 바닷가에 위치한 '낙산(洛山)'은 설악의 한 줄기가 동해로 뻗어내려 이루어 놓은 나지막한 산이다. 뒤로는 설악의 수려한 봉우리가 둘러서고, 앞으로는 동해창파가 끝없이 펼쳐진 낙산의 명당자리에 국내 최고 관음성지인 낙산사가 터를 잡고 있다.

《화엄경(華嚴經)》〈입법계품(入法界品)〉에 선재동자(善財童子)가 53선지식을 찾아 남행(南行)하는 이야기가 나오는데, 선재동자는 인도의 남쪽 해안에 위치한 보타락가산(補陀洛迦山)을 찾아가 관세음보살(觀世音菩薩)을 친견한다. 이 보타락가산이 바로 관세음보살이 상주하는 곳이다. 〈입법계품〉에 의하면 관세음보살은 보타락가산에 거주하면서 중생을 제도한다. 보타락가산에는 수많은 성현들이 살고 있는데 온갖 보배로 꾸며졌고, 지극히 청정하며, 꽃과 과일이 풍부한 숲이 우거지고, 맑은 물이 샘솟는 연못이 있다. 이 연못 옆 금강보석 위에 관세음보살이 결가부좌하고 앉아서 중생을 제도한다. 관세음보살은 아미타불의 왼편에서 교화를 돕는 보살로서 대자대비하여 중생이 괴로울 때 그 이름을 부르면 곧 구제해준다고 한다. 관자재보살(觀自在菩薩)이라고 부르기도 하며, 준말로는 관음보살·관음이라고 부른다.

관음보살이 상주하는 이 보타락가산은 바다에 연접하고 있다. 그래서 관음성지로 알려진 기도 도량들이 대부분 바닷가에 위치하고 있다. 우리나라의 명찰들이 깊은 산중에 자리잡고 있는 것과 달리 낙산사가 바닷가의 절벽 위에 위치하고 있는 것도 그 때문이다.

중국은 경치가 좋은 주산열도(舟山列島)의 보타도(補陀島) 조음동(潮音洞)이 관음성지이다. 또 바다가 없는 티베트에서는 키추(Kichu) 강을 바다로 가정하고 강 유역에 있는 라사(Lhasa)를 보타락가로 정하고 있으며, 일본은 기이반도(紀伊半島)의 보타락(補陀洛)이 관음성지이다. 그리고 우리나라도 동해의 낙산사를 비롯하여 서해의 보문사(普門寺), 남해의 보리암(菩提庵)을 3대 관음성지로 정하고 있다.

낙산사는 의상(義湘) 스님이 신라 문무왕 11년(671)에 창건한 천년고찰이다. 중국 당나라에서 지엄화상(智儼和尚)을 스승으로 모시고 화엄(華嚴)의 정수를 체득한 의상대사는 문무왕 10년에 고국 신라로 돌아와서 가장 먼저 관세음보살이 머물러 있다는 동해의 낙산을 찾았다. 관음보살의 진신을 친견하기 위해서였다.

《삼국유사》에 따르면, 의상 스님은 관세음보살의 진신이 살고 있다는 이곳을 찾아와 해변의 석굴에서 이레 동안 밤낮으로 관음 진신을 뵙고자 정성을 다하여 간구하였으나 뜻을 이루지 못하였다. 의상 스님은 이에 절망하여 새벽 무렵에 앉아 있던 자리를 바다에 띄우고 바닷물 속으로 몸을 던졌다. 그러자 불법을 수호하는 여러 신장들이 스님을 석굴 속으로 인도하였다. 관음보살은 의상 스님의 지극한 정성에 감동하여 진신은 드러내지 않은 채 스님에게 수정염주(水晶念珠)를 내주었다. 스님이 수정염주를 받아 가지고 물러나오니 동해의 용이 또 여의보주(如意寶珠) 한 알을 바쳤다. 의상 스님은 관음보살의 진신을 꼭 뵈어야겠다는 열망으로 다시 7일 동안 지성으로 기도한 끝에 마침내 진신을 친견할 수가 있었다. 관음보살은 이 석굴 위 산마루에 대나무 두 그루가 솟아날 것이니 그곳에 불전을 지으라고 일러주었다. 의상 스님이 그 말을 듣고 석굴을 나와 보니 과연 산마루에 대나무가 솟아났다. 이에 의상 스님은 금당을 짓고 관음상을 만들어 모셨다. 그러자 대나무가 도로 없어졌으므로 스님은 이곳이 바로 관음 진신이 머물고 있는 곳임을 확인하고 절 이름을 낙산사라 하였으며, 관음과 동해의 용으로부터 받은 수정염주와 여의보주를 성전에 모셔두고 떠나갔다.

낙산의 본래 이름은 오봉산(五峰山)이나 의상 스님이 관음보살을 친견한 뒤 바뀌었다. 낙산은 낙가산(洛迦山)이란 이름으로도 불린다. 이는 '대자대비한 관음보살이 항상 계신 곳'을 이르는 말인 '포탈라카(Potalaka)'라는 산스크리트에서 유래한 말로 '포탈라카'는 '보타락가'로 음역되었으며, '낙가산'은 '보타락가'에서 취음(取音)한 것이다.

관음보살이 정주(定住)하는 곳으로는 인도의 보타락, 스리랑카의 포타란, 중국의 절강성(浙江省) 영파(寧波) 동쪽에 있는 보타산, 티베트의 라사, 만주의 보타락사(補陀洛寺), 일본 기이반도의 보타락, 일본 시모츠게(下野)의 닛코(日光)와 더불어 이곳 낙산사가 유명하여 세계 8대 관음성지로 꼽히고 있다.

원효(元曉) 스님은 의상 스님과 함께 신라의 불교문화 발달에 큰 영향을 끼친 승려이다. 《삼국유사》에는 원효 스님도 관음보살을 친견하기 위해 낙산사를 찾았던 일을 다음과 같이 기록해 놓았다. 원효는 낙산사 남쪽 근방에 이르렀을 때 벼를 베고 있는 흰옷 입은 여인을 발견하였다. 원효가 장난삼아 벼를 달라고 하자 그 여인은 벼가 아직 영글지 않았다고 대답하였다. 원효가 더 가다가 다리 밑에 이르니 한 여인이 개짐을 빨고 있었다. 목이 말랐던 원효가 그 여인에게 마실 물을 청하자, 여인은 개짐을 빨던 더러운 물을 떠서 주었다. 원효는 그 물을 쏟아버리고 깨끗한 물을 떠서 마셨다. 그러자 이때 들판에 서 있는 소나무 위에서 파랑새 한 마리가 "휴제호화상〔休醍謁和尙(스님, 그만두십시오)〕" 하고 지저귄 뒤 모습을 감추었는데, 소나무 밑에는 신발 한 짝이 놓여 있었다. 원효가 절에 도착해보니 관음상 아래에 소나무 밑에서 보았던 신발과 똑같은 신발 한 짝이 놓여 있었다. 원효는 그제야 비로소 앞서 만난 여인들이 관음의 진신임을 알게 되었다는 것이다.

낙산사는 창건 이후 오늘에 이르기까지 국내 최고의 관음도량으로 이름나 있어 관음 진신을 친견하려는 많은 순례자들이 찾고 있다. 특히 천년고찰 낙산사는 동해바다가 한눈에 내려다보이는 천혜의 풍광과 동양 최대의 해수관음상, 보물로 지정된 건칠관음보살좌상(乾漆觀音菩薩坐像, 보물 제1362호)과 칠층석탑(보물 제499호), 빼어난 경관과 일출로 유명한 의상대(義湘臺)와 홍련암(紅蓮庵) 등 자연경관과 함께 많은 성보문화재를 갖추고 있어 순례자뿐만 아니라 관광객들의 발길이 끊이지 않는다.

낙산사는 창건 이후 오랜 역사 속에서 여러 차례의 흥망을 거듭하였다. 관음 진신의 상주처이면서도 정작 낙산사는 부침이 연속되었다. 786년(신라 원성왕 2)의 화재로 사찰 대부분이 불에 타버린 것을 구산선문(九山禪門)의 사굴산파(闍崛山派)를 열었던 고승 범일(梵日) 스님이 858년(신라 헌안왕 2)에 중창한 뒤 정취보살상(正趣菩薩像)을 봉안하였으나, 1254년(고려 고종 41) 몽골군의 침략으로 가람은 초토화되고 만다. 그후 호불왕(好佛王)이던 조선의 제7대 임금 세조는 낙산사에 행차하여 중창 불사를 단행토록 하였다. 현재 경내에 남아 있는 칠층석탑과 홍예문(강원도유형문화재 제33호), 원통보전을 둘러싸고 있는 아름다운 원장(垣墻, 강원도유형문화재 제34호) 등은 이 무렵에 조성된 것들이다. 임진왜란을 겪으면서 절은 다시 무너지고 말았으나 중건되었고, 그후에도 거듭되는 중

원통보전과 칠층석탑(보물 제499호). '원통보전'이란 이름은 관세음보살의 별칭인 원통대사(圓通大師)에서 유래한 것으로, '원통'이란 원만하여 통하지 않음이 없음을 이르는 말이다. 낙산사의 중심법당인 원통보전은 화마로 소실되어 복원한 것이다.

건을 거치며 법등을 밝혀 왔다. 6·25동란 때도 경내의 모든 당우가 불에 타 잿더미로 변해버려 폐사 직전에 이르렀으나, 고비 때마다 모든 재난을 감내하며 중창을 거듭했던 저력을 발휘하여 대찰다운 가람을 이루어 놓았다.

그러나 2005년 4월 5일 양양 지역에서 발생한 대형 산불은 천년고찰 낙산사를 잿더미로 만들었다. 원통보전을 비롯한 20여 채의 전각이 전소되고, 임진왜란과 6·25동란 때도 기적처럼 아무런 손상 없이 용케 보존됐던 낙산사 동종도 처참히 녹아내렸다. 이 동종은 예종이 부왕 세조를 위해 1469년(예종 1) 낙산사에 보시한 종으로 조선 초기의 종을 대표하며, 보물 제479호로 지정돼 있었으나 불길에 녹아버려 보물 지정이 해제되었다. 하지만 낙산사는 이번에도 화마를 이겨내고 중창 불사를 단행하였다. 국민적 관심 속에 동종은 문화재청에 의해 복원되었고, 가람도 단원 김홍도(檀園 金弘道)의 그림을 근거로 옛 모

습 그대로 복원되었으며, 불타버린 송림을 베어낸 자리에 다시 소나무와 활엽
수가 심어졌다.

뿐만 아니라 낙산사는 산불 피해 후 세 차례에 걸친 발굴조사 결과, 통일신
라시대와 고려시대의 건물 터와 기왓조각들이 다량 출토됨으로써 의상대사에
의해 창건된 이후 수차례에 걸쳐 중창 불사를 거친 역사 깊은 사찰임이 확인
되었다. 그리고 그 학술적·역사적 가치가 인정됨에 따라 낙산사 일원이 사적
제495호로 지정되기에 이르렀다.

낙산사의 가람 배치는 일주문과 홍예문을 거쳐 원통보전에 이르는 영역,
해수관음상과 보타전(寶陀殿) 일대의 영역, 의상대와 홍련암 일대의 영역으로
이루어져 있다. 7번 국도변에 세워져 있는 일주문을 들어서 울창한 송림 사이
로 난 길을 따라 올라가면 산성에서나 볼 수 있는 성문인 홍예문을 만날 수가
있다. 1468년(세조 14) 세조의 명에 따라 중창 불사가 이루어질 때 조성된 문이
다. 당시 강원도의 26개 고을에서 돌을 하나씩 가져다 문을 세웠다고 전해진
다. 이때 퇴락한 절을 크게 고쳐 지어 대가람을 이루었으며, 본래 3층이던 원
통보전 앞 석탑을 지금과 같이 7층으로 조성하고, 수정염주와 여의보주를 탑
속에 봉안하였다 한다. 보물인 칠층석탑은 2005년에 일어난 화마를 용케 피
하였으나, 홍예문은 소실된 것을 복원한 것이다.

사천왕의 위력 때문이었는지 원통보전 일대가 모두 불에 타버려 잿더미가
됐을 때 유일하게 불타지 않고 보존된 사천왕문을 지나면 담장에 둘러싸인 원
통보전이 순례자를 맞아준다. 원통보전은 관세음보살을 주존으로 모신 법당
이다. '원통보전' 또는 '원통전' 이란 이름은 관세음보살의 별칭인 원통대사(圓
通大師)에서 유래한 것인데, '원통' 이란 원만하여 통하지 않음이 없음을 이르
는 말이다. 낙산사의 중심 법당인 원통보전은 화마로 소실되어 복원한 것이지
만, 신라 말기의 조신(調信) 스님이 꿈을 통해 애욕의 무상함을 깨우친 설화의

현장이기도 하다. 원통보전에는 화마를 간신히 피했던 건칠관음보살좌상(보물 1362호)이 봉안되어 있다.

《삼국유사》에 전하는 '조신 설화'는 일장춘몽(一場春夢)인 인생의 허무를 주제로 한 '꿈의 문학'이다. 설화의 대강은 신라 때의 조신이라는 스님이 세규사(世逵寺)에 있다가 명주(溟州)에 있는 절 소유의 농장 관리인으로 파견되었는데, 그곳 태수의 딸을 보고 한눈에 반하였다. 조신은 낙산사 관음보살에게 남몰래 그녀와 인연을 맺게 해달라고 빌었다. 그런데 얼마 후 그녀가 딴 사람에게 출가해 버리자, 조신은 관음보살이 자기의 소원을 들어주지 않는다고 원망하며 관음보살상 앞에서 날이 저물도록 슬피 울다가 지쳐서 깜빡 잠이 들었다. 조신은 꿈속에서 그토록 그리던 그녀를 만나 고향으로 돌아가 40년을 함께 살면서 자식을 다섯이나 두었다. 그러나 살림은 몹시 가난하여 끼니조차 제대로 잇지 못하였으며, 마침내 큰아이가 굶어죽고 말았다. 하는 수 없이 부부는 남은 네 자식을 둘씩 나누어 데리고 이별하여 떠나려 하는 찰나 꿈을 깨었다. 꿈을 깨고 보니 새벽 무렵이었다. 아침이 되자 머리와 수염이 모두 하얗게 세어 있었다. 인생의 무상함을 깨달은 조신은 관음보살상을 대하기가 부끄러워 고향으로 돌아가 꿈속에서 죽은 큰아이를 묻었던 곳을 파보니 돌미륵이 나왔다. 그는 돌미륵을 근처에 있는 절에 모신 뒤 서울로 돌아가 맡은 일을 모두 내놓고 사재를 내어 절을 세웠다. 그리고 부지런히 선업(善業)을 행하였다.

원통보전을 나와 신선봉에 세워진 해수관음상을 향해 오솔길을 걸어간다. 이 길이 산불로 피해를 입기 전에는 낙락장송이 하늘을 가리던 솔밭 길이었다. 낙산사를 대표하는 성보 가운데 하나로 꼽히는 해수관음상은 낙산 오봉 중의 하나인 신선봉에서 바다를 바라보고 있다. 전라북도 익산(益山)에서 채석한 화강암 700여 톤을 옮겨와 5년여의 각고 끝에 1977년에 점안(點眼)한 해수관음상은 높이가 16미터에 이른다. 해수관음상은 대좌의 활짝 핀 연꽃 위에 서 있

낙산사를 대표하는 성보 가운데 하나인 해수관음상. 바다를 바라보고 있는 이 해수관음상은 대좌의 활짝 핀 연꽃 위에 서서 왼손으로는 감로수병을 받쳐 들었고, 오른손은 가슴께에서 수인(手印)을 짓고 있다.

으며, 왼손으로는 감로수병을 받쳐 들었고, 오른손은 가슴께에서 수인(手印)을 짓고 있다.

해수관음상 앞에는 기도처인 관음전이 있다. 이 관음전 옆의 숲속 길을 따라 100미터쯤 내려간 곳에 공중사리탑(空中舍利塔, 강원도유형문화재 제75호)이 세워져 있다. 1692년(숙종 18)에 세운 것으로 전해지는 이 사리탑은 숙종 9년(1683) 홍련암의 관음불상을 개금할 때 공중에서 영롱한 구슬이 내려오는 기적이 일어나 이를 목격한 석겸(釋謙) 스님이 탑을 세우고 탑의 이름을 공중사리탑이라 불렀으며, 1694년(숙종 20)에는 사리탑을 세우게 된 유래를 적은 공중사리탑비를 홍련암 옆에 세웠다. 그런데 이 공중사리탑에서 부처님의 진신사리가 발견되었다. 2006년 사리탑을 바로 세우기 위해 옥개석을 해체하던 중 나온 이 진신사리는 사리공 안에 있던 원형의 청동합(靑銅盒)과 그 속의 은제합(銀製盒), 금제합(金製盒)을 차례로 열자 자줏빛 유리로 만든 구슬 모양의 사리호(舍利壺) 안에서 영롱한 유백색의 불사리가 서광을 비추며 모습을 드러

보타전에 봉안되어 있는 관음상. 중앙의 천수관음을 비롯하여 좌우에는 육관음을 모셨으며, 뒤로 천오백관음상을 봉안하였다.

냈다고 한다.

보타전은 해수관음상과 더불어 낙산사가 관음신앙의 성지임을 상징하는 전각이다. 보타전은 1993년에 창건한 정면 5칸, 측면 3칸의 팔작지붕 건물로 낙산사의 전각 가운데 가장 크다. 보타전에는 우리나라에서는 처음으로 천수관음(千手觀音)·성관음(聖觀音)·십일면관음(十一面觀音)·여의륜관음(如意輪觀音)·마두관음(馬頭觀音)·준제관음(准堤觀音)·불공견색관음(不空羂索觀音) 등 7관음상과 삼십이관음응신상, 그리고 천오백관음상을 봉안하였다. 앞면 중앙에 천수관음을 봉안하였고, 좌우에는 육관음을, 그리고 뒤쪽으로 천오백관음상을 모셨다. 또한 보타전 앞에는 대형 누각인 보타락(寶陀洛)이 세워져 있으며, 누각 아래에는 연지인 관음지(觀音池)가 있다.

의상대(강원도유형문화재제48호)는 일출 명소로 널리 알려진 곳으로서 보타전에서 의상기념관 옆을 지나 홍련암으로 가는 동쪽 바닷가 절벽 위에 있다. 주

동해안의 일출 명소로 널리 알려진 의상대. 주위 경관이 빼어난 이곳은 의상대사가 좌선하던 곳으로도 알려져 있으며, 많은 시인묵객이 즐겨 찾던 곳이다. 의상대와 홍련암은 국가에서 지정한 명승 제27호이다.

의상대사가 관세음보살을 친견한 장소에 세운 홍련암. 의상대사가 관음 진신을 뵙고자 여러 날 동안 기도하자, 이윽고 바다 위에 홍련(紅蓮)이 피어나더니 그 위에 관세음보살이 나타났다고 한다.

위 경관이 빼어나 예로부터 많은 시인묵객이 즐겨 찾았던 의상대는 의상대사가 낙산사를 창건할 때 좌선하던 곳으로 알려져 있으며, 지금의 육각정은 1925년에 지은 것이다. 지금도 낙산사를 찾는 이들이 반드시 들러보는 명소이며, 새벽 동이 틀 무렵이면 해돋이를 감상하려고 많은 사람들이 몰려든다. 의상대와 홍련암은 국가에서 지정한 명승 제27호이다.

낙산사의 산내 암자인 홍련암은 의상대에서 북쪽으로 300미터쯤 떨어진 바닷가의 높은 절벽 위에 마치 제비집처럼 지어져 있다. 이 홍련암은 의상대사가 낙산사를 창건하기에 앞서 관음보살의 진신을 친견한 장소에 세운 암자여서 더욱 뜻 깊은 곳이다. 의상대사가 관음굴에서 단신으로 정진하면서 관음 진신을 뵙고자 여러 날 동안 기도하자, 이윽고 바다 위에 홍련(紅蓮)이 피어나더니 그 위에 관음보살이 나타났다고 한다. 그리하여 이곳에 암자를 짓고 홍련암이라 불렀으며, 의상대사가 지극한 정성으로 기도하던 굴을 관음굴이라고 불렀다고 한다. 홍련암은 강원도문화재자료 제36호이다.

관음굴 위에 자리잡은 관음전은 정면과 측면이 각 3칸씩인 겹처마 팔작지붕 건물로서, 절벽 위에 건물을 세워 놓았기 때문에 합각머리가 있는 측면에 문을 달아서 정면으로 사용하고 있다. 법당 안에는 작은 관음보살좌상을 모셔 놓았으며, 법당 가운데에 손바닥만하게 마룻바닥을 뚫어놓아 일렁이는 파도를 실감나게 바라보며 해조음을 들을 수 있게 해놓은 것이 특이하다. 전하는 말로는 동해에 살고 있는 용이 불법을 들을 수 있도록 구멍을 뚫어놓았다고 하나, 사람들이 의상 스님처럼 관음 진신을 친견하고자 하는 바람에서 마룻바닥을 뚫은 것은 아닐까.

*찾아가는 길   승용차로 영동고속도로를 이용할 경우에는 강릉분기점을 지나 동해고속도로 현남IC로 나와서 7번 국도를 타고 낙산사까지 올라간다. 또 동해고속도로를 이용할 경우에도 현남IC로 나와서 7번 국도를 타면 된다. 그리고 대중교통은 서울 강남고속버스터미널에서 양양행 고속버스가 30~40분 배차 간격으로 운행하며, 양양 터미널에서는 낙산사를 지나가는 속초행 시내버스가 있다. 또한 승용차로 서울에서 국도를 이용하여 낙산사에 가려면 양평을 거쳐 44번 국도를 타고 홍천·인제를 경유하여 한계령을 넘으면 된다.

성지에서 만나는
장엄한 낙조

신록의 계절인 5월을 맞아 강화도 보문사 순례길에 올랐다. 강화도는 역사와 문화의 섬이다. 선사시대의 고인돌 유적과 단군을 제사지내는 마니산(摩尼山)이 있고, 고려시대의 대몽항쟁(對蒙抗爭)과 팔만대장경 조성, 병인양요 · 신미양요 · 운양호사건 · 강화도조약 등에 이르기까지 강화도의 역사는 우리나라 역사의 축소판이라고 할 수 있다.

강화도가 서울에서 멀지 않은 곳에 위치하고 있음에도 감각적으로 매우 먼거리에 있는 섬으로 느껴지는 것은 아마도 강화도가 가지고 있는 이러한 역사적인 무게 때문일 것이다. 그러나 강화도는 서울에서 한 시간 남짓이면 갈 수있는 가까운 거리에 위치하고 있으며, 김포와 연륙교로 이어져 있어 이제는섬이 아닌 섬이다.

오늘 찾아가는 보문사는 강화도 서쪽 석모도(席毛島)의 낙가산(洛迦山) 기슭에 자리잡고 있는 천년고찰로서 관음기도 도량으로 유명하다. 강원도 양양의낙산사(洛山寺), 경남 남해의 보리암(菩提庵)과 함께 우리나라의 3대 관음성지로꼽히는 사찰이다. 뿐만 아니라 석모도는 최근 걷기 여행의 명소로 각광을 받고 있으며, 경관이 수려해 드라마와 영화 촬영장소로도 유명한 섬이어서 사람들이 즐겨 찾는 곳이다.

석모도가 섬 속의 섬이라고는 하지만 서울에서 멀지 않다. 서울에서 2시간 거리이다. 서울의 수유리 집에서 이른 아침을 든 후 운정과 함께 차에 올랐다. 우리는 김포를 거쳐 강화에 들어선 후 84번 지방도로로 갈아타고 외포리 선착장에 도착하였다. 외포선착장에서 바다 건너로 바라보이는 석모도 석포선착장 사이를 운항하는 카페리를 타기 위해서다. 차와 함께 카페리에 승선한다. 이제 10분 남짓이면 석모도에 닿을 것이다. 이윽고 배가 출항하자 잿빛 바다에서 휴식 중이던 갈매기들이 떼를 지어 어지럽게 날아오른다. 갑판의 뱃전에서 사람들이 던져주는 과자를 받아먹기 위해서다. 운정은 갈매기의 비행술에 감탄하며 카메라의 셔터를 누르기에 여념이 없다.

배가 석포선착장에 도착하자 갈매기의 군무도 끝났다. 차를 운전하여 선착장으로 나오자 선착장과 보문사 간을 운행하는 버스가 대기하고 있다. 버스를 타면 보문사까지 20분이 걸린다고 한다. 우리는 버스를 지나쳐 낙가산 보문사를 향해 달린다.

일제에 맞서 조선불교 주체사상운동을 펼쳤던 근대불교의 유명한 학승인 석전 박한영(石顚 朴漢永, 1870~1948) 스님이 쓴 《보문사 법당 중건기》에 의하면 금강산(金剛山) 보덕암(普德庵)에서 수행하며 관세음보살을 친견했던 회정대사(懷正大師)가 635년(신라 선덕여왕 4) 석모도에 들어와 이곳이 관음성지임을 알고 보문사를 창건했다고 한다.

관세음보살은 세상의 고통받는 모든 중생을 구제하고 제도하는 보살이다. 관세음보살은 어느 곳에서든지 부르기만 하면 적당한 모습으로 변하여 나타난다고 하는데, 이를 보문시현(普門示現)이라고 부른다. 회정대사는 '대자대비한 관세음보살이 항상 계신 곳'을 이르는 말인 '보타락가(Potalaka)'에서 산의 이름을 따서 '낙가산(洛迦山)'이라 하였고, 절 이름을 '보문사(普門寺)'라고 하였다는 것이다. 그러나 회정대사는 고려 의종(毅宗, 1127~1173) 때의 스님이라는 설도 있는 가운데 보문사에는 다음과 같은 창건 설화가 전해 내려오고 있다.

신라 선덕여왕 4년의 일이었다. 석모도의 한 어부가 바다에 나아가 그물을 던졌는데, 사람 모양을 한 돌덩이 스물두 개가 한꺼번에 그물에 걸려 올라왔다. 고기를 잡지 못해 실망한 어부는 돌덩이를 바다에 던져버리고 다시 그물을 쳤다. 그러자 이번에도 그 돌덩이들이 그물에 걸려 올라왔다. 어부는 이번에도 그 돌덩이들을 바다에 던져버렸다. 그리고 두 번씩이나 돌덩이가 그물에 걸려 올라와 고기를 한 마리도 잡지 못하자 그만 그물을 거두어 가지고 집으로 돌아오고 말았다.

그날 밤 어부의 꿈에 한 노승이 나타났다. 그 노승은 어부를 크게 책망하였다.

"네가 큰 잘못을 저질렀구나! 낮에 그물에 걸렸던 돌덩이들은 천축국에서 보내온 나한상인데, 너는 어리석게도 그 귀중한 보물을 알아보지 못하고 두 번씩이나 바다에 버리고 말았구나! 내일 다시 바다로 나아가 그 나한상들을 건져 올리도록 하여라. 그리고 낙가산으로 옮겨 잘 모셔라."

노승은 바다에서 나한상을 건져 올려 낙가산에 잘 봉안하라는 말을 남기고 홀연히 사라졌다.

이튿날 어부는 다시 바다로 나아가 스물두 나한상을 건져 올린 뒤 노승이 당부한 대로 낙가산으로 옮겼는데, 현재의 보문사 석실(石室) 앞에 이르렀을 때 갑자기 나한상의 무게가 더 무거워져 옮길 수가 없게 되었다. 그리하여 이곳이 바로 나한상들을 안치할 신령스러운 장소라고 생각하고, 석실 안에 단을 만들어 봉안하였다 한다.

보문사는 고려가 몽골의 침략을 피하기 위하여 수도를 강화도로 옮긴 후 잠깐 주목을 받기도 했지만 그후 수백 년간의 내력은 전하지 않아 알 수가 없다. 다만 〈보문사 권선문〉에 의해 1812년(순조 12)에 홍봉장(洪鳳章)이 중창하였고, 1920년 대원 스님이 화주(化主)가 되어 관음전을 중건하였음을 짐작할 따름이다.

일제강점기인 1928년에 마애관음좌상을 조성하고, 박정희 대통령이 집권하던 시절인 1975년에 영부인 육영수 여사 등의 시주로 범종을 조성하였으며, 근래에도 대대적인 불사를 벌여 아미타삼존불과 함께 옥부처 3천불이 봉안된 극락보전과 와불전(臥佛殿) 등을 세웠다.

보문사의 가람은 모두 서해를 향하고 있다. 여초 김응현(如初 金應顯)이 쓴 '洛迦山普門寺(낙가산 보문사)'란 현판을 단 일주문을 지나 가파른 길을 300미터쯤 올라 경내에 들어서면 제일 먼저 눈에 띄는 전각이 극락보전이다. 극락보전 앞 마당가에는 법음루(法音樓)와 윤장대·범종각이 있고, 범종각 옆의 마당 끝에는 종무소를 겸한 요사채가 자리잡았다. 극락보전을 바라보는 위치에서 왼쪽에는 석실이 있고, 석실과 극락보전 사이에 난 계단 위에는 삼성각이 자리잡고 있다. 그리고 석실 왼쪽 언덕에는 와불전이 세워져 있다. 또한 와불전 아래쪽으로 낮은 담장이 둘러쳐진 곳에는 33관음보탑이 세워져 있으며, 아미타삼존불과 오백나한상이 봉안된 야외 나한전이 있다. 이곳에 봉안된 나한상들은 모두 매우 자유스러운 자세를 취하고 있으며, 표정도 각양각색이다. 팔짱을 낀 채 눈을 감고 명상에 잠겨 있는가 하면, 박장대소하며 이마를 치는 모습의 나한상도 있다. 한편 극락보전 오른쪽에는 마애관음좌상이 있는 눈썹바위로 오르는 계단이 있다.

보문사의 중심 법당인 극락보전은 정면 5칸, 측면 3칸의 팔작지붕 건물인 큰 법당이다. 원래 이 자리에 정면 7칸, 측면 3칸 규모의 관음전이 있던 것을 허물고 이 극락보전을 지은 것이다. 법당 내부의 불단에는 아미타삼존이 봉안되어 있다. 중앙에 아미타불을 모셨으며, 좌우에 관세음보살과 대세지보살을

보문사의 중심법당인 극락보전. 용마루 너머로 올려다보이는 눈썹바위 아래에는 보문사가 관음성지임을 알려주는 마애관음좌상이 있다.

협시보살로 모셔 놓았다. 또한 아미타삼존 뒤에는 옥으로 조성한 삼천불을 봉안하였다.

극락전, 혹은 극락보전은 서방 극락정토의 주재자인 아미타불을 본존으로 모시는 법당의 이름이다. '아미타불의 광명은 끝이 없어 백천억 불국토를 비추고(無量光), 수명 또한 한량없어 백천억 겁으로도 헤아릴 수 없다(無量壽)'고 하여 이 부처님을 무량광불(無量光佛)이라고도 부르고, 이 부처님을 모신 전각을 무량수전(無量壽殿)이라고도 한다. 또 이 부처님의 이름을 그대로 따라 아미타전(阿彌陀殿)이라고 부르기도 한다.

불자들은 흔히 '나무아미타불'이라는 명호를 자주 부른다. 이는 인도 말 'Namas Amita Buddha'를 소리 나는 대로 한자어로 음역(音譯)한 것이다. 이때 '나무(南無)'라는 인도 말 'Namas'는 '귀의한다, 돌아가 의지한다'는 뜻이니 '나무아미타불'이란 말은 '아미타 부처님께 귀의합니다'라는 뜻이 된다.

보문사의 창건 설화가 깃든 나한 석실. 우리나라에 흔치 않은 석굴사원으로 석굴 안에는 어부가 바다에서
건져 올린 나한상이 봉안되어 있다.

그만큼 우리나라에서 관세음보살과 함께 가장 인기 있는 부처가 바로 이 아미
타불이라는 말이다.

극락보전 북쪽에 위치한 석실은 신라 선덕여왕 4년에 회정대사가 처음 건
립하고 1812년에 다시 고쳐 지은 석굴사원이다. 천연동굴을 이용하여 만든 이
석굴사원에는 창건 설화에 나오는 어부가 바다에서 건져 올린 나한상이 봉안
되어 있다. 석굴 안에 감실(龕室)을 마련하여 석가모니불을 비롯한 미륵보살과
제화갈라보살, 나한상 등을 모셔두었다.

'나한' 이란 '아라한(阿羅漢)' 의 준말로 본래는 부처를 가리키는 명칭이었다
고 한다. 그래서 석가모니 부처님도 처음에는 아라한으로 불렸는데, 후에 불제
자들이 수행을 통하여 다다를 수 있는 최고의 계위(階位)를 일컫는 말이 되었
다. 따라서 더 이상 배울 것이 없다는 뜻에서 '무학(無學)' 이라고도 하고, 진리
에 도달했다는 뜻에서 '응진(應眞)' 이라고도 부른다. 나한전에는 석가모니에게

서 불법을 전수받은 16명의 제자인 16나한을 모시거나, 석가모니 부처님이 열반에 든 후 불전(佛典)을 편찬하기 위한 모임인 경전결집(經典結集)에 참여했던 오백나한을 모신다. 한편 나한은 부처님이 되지는 못했지만 이미 해탈의 경지에 이른 성자일 뿐만 아니라 미래불인 미륵불이 나타날 때까지 중생을 제도하라는 부처님의 수기를 받았으므로 초자연적인 신통력을 가지고 있다. 따라서 민간신앙에서는 나한에 대한 무수한 설화들이 등장하고 있다.

관음성지인 보문사가 나한 신앙의 대표적인 도량으로도 널리 알려져 있는 것은 이 석실에 있는 나한상 때문이라고 보아야 할 것이다. 나한상을 모신 이 석실은 우리나라에 흔치 않은 석굴사원이다. 경주(慶州)의 석굴암, 경북 군위(軍威)의 삼존석굴, 강원도 속초(束草)의 계조암(繼祖庵) 등에서나 찾아볼 수 있을 정도로 우리나라에는 석굴사원이 몇 되지 않는다. 천연동굴을 확장하여 만든 석굴사원 입구에는 3개의 아치형 홍예문이 있으며, 중앙의 홍예문 위에는 '법왕궁(法王宮)'이라고 새긴 석판이 붙여져 있다. 보문사 석실은 인천광역시유형문화재 제27호로 지정되어 있다.

석실 앞에는 수령이 700년이나 된 향나무가 수문장처럼 서 있다. 석실 앞의 큰 바위 틈에서 자라고 있는 이 나무의 높이는 4~5미터에 이르며, 높이 1.7미터에서 두 줄기로 갈라진다. 나무의 형태는 마치 용이 용트림을 하고 있는 듯이 보여 기묘한 느낌을 준다. 전하는 말에 의하면, 6·25동란 중에는 죽은 것같이 보였으나 3년 후에 다시 살아났다고 한다. 이 향나무는 인천광역시 기념물 제17호이다. 또한 보문사 경내에는 이밖에도 수령이 300년쯤 된 은행나무와 느티나무가 있다. 이 두 나무는 군(郡) 지정 보호수로 관리되고 있다.

향나무 아래에는 보통 맷돌의 두 배 정도는 더 큰 맷돌이 놓여 있다. 안내문에는 맷돌의 지름이 69센티미터, 두께가 20센티미터라고 적혀 있다. 한때는 보문사의 승려와 수도자들이 300명에 이르렀다고 하는데, 이들을 위해 음식

일제강점기인 1928년 당시 보문사 주지이던 배선주 스님과 금강산 표훈사 주지이던 이화응(李華應) 스님이 조성한 마애관음좌상. 이곳에서 조망하는 서해바다 경치가 장관이며, 특히 낙조는 강화팔경의 하나답게 장 엄하다.

을 만들 때 사용했던 맷돌이라고 한다. 이 맷돌은 인천광역시민속자료 제1호 이다.

석실 옆 언덕 위에는 최근에 지은 와불전이 있다. 예전에 길이 40미터, 너비 5미터의 너른 바위인 천인대(千人臺)가 있던 자리에 세운 건물이다. 천인대는 회정대사가 보문사를 창건할 당시 인도의 스님이 불상을 모시고 날아왔다는 전설이 깃든 바위였다. 이 바위를 깎아 와불(臥佛)을 조성하고, 정면 5칸, 측면 3칸의 팔작지붕 건물인 와불전을 세운 것이다. 이 와불전 아래쪽에 아미타삼 존불과 오백나한상을 봉안하고, 33관음보탑을 세워 놓은 야외 오백나한전이 있다. 이 역시 최근에 조성하였다.

극락보전 용마루 너머로 낙가산 중턱을 올려다보면 바위 하나가 불쑥 튀어 나온 것이 보인다. 마치 눈썹처럼 생겼다 하여 일명 눈썹바위로 불리는 바위 다. 이 바위 아래에 높이 9.2미터, 너비 3.3미터의 커다란 마애석불이 새겨져 있다. 이 크기를 척수로 환산하면 높이 32척에 너비 11척인데, 이것은 관음보살의 32응신(應身)과 11면(面)을 상징한다고 한다. 이 마애관음좌상은 곧 보문사가 관음성지임을 가장 잘 상징하는 성보문화재인 것이다. 이 마애관음좌상은 1928년 당시 보문사 주지이던 배선주 스님이 금강산 표훈사(表訓寺)의 이화응(李華應) 스님과 함께 조성한 것이다.

이 마애관음좌상은 약간 비스듬히 나 있는 바위 면에 새겨졌는데, 위의 눈썹바위가 마치 지붕처럼 돌출되어 있어 비바람으로부터 관음좌상을 가려 주고 있다. 관음좌상의 양식을 보면, 머리에는 커다란 보관(寶冠)이 씌워져 있으며 얼굴은 네모진 모습이다. 얼굴에 비해 코는 넓고 높으며, 귀는 투박하고 목은 매우 짧게 표현되었다. 옷은 각이 진 양 어깨를 감싸고 있으며, 가슴에는 큼직한 卍자 무늬가 새겨져 있다. 또한 두 손을 모아 정성스레 정병(淨瓶)을 받쳐 들고 연꽃무늬 대좌 위에 앉아 있다. 관음좌상을 바라보아 오른쪽에는 '造佛華應禪師(조불화응선사)', 왼쪽에는 '華嚴會上八部四王衆(화엄회상팔부사왕중)', '南無華嚴會上欲色諸天衆(나무화엄회상욕색제천중)', '華嚴會上護法善神衆(화엄회상호법선신중)' 등의 글씨가 새겨져 있다.

와불전 안에 누워 계신 부처님. 보문사 창건 당시 인도의 스님이 불상을 모시고 날아왔다는 전설이 깃든 바위인 천인대를 깎아 조성한 와불이다.

　현재 인천광역시유형문화재 제29호로 지정되어 있는 이 마애관음좌상은 문화재적인 가치보다는 관음성지에 있는 관음좌상으로서 더 중요시되고 있는데, 이 관음상 앞에서 정성으로 기도하면 이루어지지 않는 소원이 없다 하여 이곳을 찾는 이들의 발길이 끊이지 않고 있다. 극락보전 옆으로 난 가파른 계단 길을 10분쯤 걸어 올라가면 관세음보살좌상이 있는 곳에 닿는다. 계단 길이 가팔라서 지그재그 식으로 계단이 놓였다.

　이곳에서 멀리 서해바다를 조망하는 경치가 장관이며, 특히 낙조의 경관은 황홀하다. 과연 이곳에서 바라보는 석모도의 낙조는 '강화팔경'의 하나답게 장엄하기만 하여 오래도록 보문사 순례를 추억하게 할 것이다. 그러나 이곳에서 일몰을 보고 석모도에서 하룻밤 묵을 요량이라면 몰라도, 당일치기로 섬에서 나가려면 마지막 배 시간을 놓쳐서는 안 되므로 유의해야 한다.

*찾아가는 길　승용차를 이용할 경우 서울 방면에서 김포를 거쳐 48번 국도를 타고 강화로 들어선 후 시내로 들어가기 전에 좌회전하여 84번 도로를 타고 가다 찬우물삼거리에서 우회전한다. 그 길로 6km 정도 간 후 인산리삼거리에서 우회전하여 5km 정도 더 가면 외포리 삼보해운 선착장이다. 승용차와 함께 카페리에 승선하여 10분 정도 가면 석모도 석포리 선착장에 도착하고, 여기서 9km쯤 가면 보문사 주차장에 닿는다. 또 대중교통을 이용할 경우에는 일단 버스를 타고 강화까지 온 뒤 강화버스터미널에서 외포리행 버스로 갈아탄다(신촌 등지에서는 외포리행 버스도 있음). 그리고 외포리 선착장에서 배를 타고 석모도 석포리 선착장에 내리면 수시로 운행하는 보문사행 버스가 있다.

다도해 풍광 빼어난
관음도량

한려해상국립공원 중 유일한 산악공원인 금산(錦山, 681m)은 그리 높은 산은 아니지만 정상에서 펼쳐지는 기암괴석과 한눈에 조망할 수 있는 다도해의 절경은 보는 이들의 탄성을 자아내기에 부족함이 없다. 조선 초기의 문신이며 서예가인 자암 김구(自庵 金絿, 1488~1534)는 중종 때 기묘사화(己卯士禍)로 남해도(南海島)에서 귀양살이를 하며 〈화전별곡(花田別曲)〉을 지었다. 자암은 〈화전별곡〉에서 남해도의 그림 같은 풍경과 따뜻한 인심을 노래하면서 '일점선도(一點仙島)'라고 표현했는데, 남해도를 '신선이 사는 한 점의 섬'이라고 노래한 것은 바로 금산을 두고 말함이 아닐까 싶다.

명승 제39호인 금산의 이름은 원래 보광산(普光山)이었다고 한다. 신라 때 원효대사(元曉大師)가 보광사(普光寺)를 세운 뒤 이 산을 보광산이라 불렀는데, 태조(太祖) 이성계(李成桂)의 조선 개국과 함께 그 이름이 금산으로 바뀌었다. 보광산에서 금산으로 이름이 바뀐 사연은 이렇다.

태조 이성계는 조선 개국의 큰 뜻을 품고서 백두산에 들어가 기도하였으나 산신이 그를 받아 주지 않았다고 한다. 태조는 두 번째로 지리산을 찾아갔으나 산신이 그를 받아 주지 않기는 역시 마찬가지였다. 태조가 마지막으로 남해도의 보광산을 찾아가 백일기도를 드리고 그 영검으로 조선왕조를 열 수 있었다. 조선왕조를 세운 태조는 보광산에 대한 보은(報恩)의 뜻으로 온 산을 비단으로 덮겠다고 말했다 한다. 그러나 무슨 수로 온 산을 비단으로 덮는단 말인가. 이때 사려 깊은 한 신하가 비단이란 뜻을 가진 글자를 가지고 산 이름을 지어서 하사하면 비단보다 오래 갈 것이라고 제안하였다. 그래서 '비단 금(錦)' 자를 써서 '금산(錦山)'이 되었다는 것이다.

산 이름의 유래야 어찌되었든 대부분의 사람들은 금산이라 부르지 않고 꼭 '남해 금산'으로 부른다. 그 이유는 아마도 남해의 푸른 바다를 내려다보고 있는 금산이 동시에 떠올려지는 연상 때문이 아닐까 하는 추측을 해본다.

아무튼 삼남 제일의 명산으로 꼽히는 '남해 금산'은 이름처럼 비단같이 아름다운 영산(靈山)으로 금강산을 닮았다 하여 소금강, 혹은 남해금강이란 별칭으로 불리기도 한다. 뿐만 아니라 이 산이 품고 있는 38경(景)은 저마다 독특한 아름다움을 뽐내면서 유래나 전설을 간직하고 있다. 삼신산의 네 신선이 놀고 갔다는 사선대(四仙臺), 옛날 부처님이 돌배를 만들어 타고 오른쪽 굴을 뚫고 나갔다는 쌍홍문(雙虹門 : 굴이 둥근 모양이어서 '한 쌍의 무지개'라는 이름을 얻었다), 원효대사·의상대사(義湘大師)·윤필거사(潤弼居士) 등 3대사가 앉아 좌선삼매에 들었다는 좌선대(坐禪臺)와 삼사기단(三師祈壇), 팔선녀가 춤추는 모습을 하고 있다는 팔선대(八仙臺), 태조 이성계가 조선왕조를 세우기 위해 백일기도를 드렸다는 이태조기단(李太祖祈壇) 등등의 절경이 즐비하게 늘어서 있다.

그러나 금산에서 가장 웅장하고 큰 바위로, 주인 딸을 사랑하다 죽은 머슴의 애틋한 전설이 서려 있는 상사암(相思巖)에 대한 설명은 빼놓을 수가 없다. 옛날에 이룰 수 없는 짝사랑을 하다가 상사병으로 죽은 머슴이 구렁이로 환생하여 주인 딸의 몸을 칭칭 감고 떨어질 줄을 몰랐다. 딸의 아버지는 꿈에 나타난 노인이 일러준 대로 이곳 바위벼랑으로 딸을 데려와 굿판을 벌였다. 그러자 딸의 몸을 감고 있던 구렁이가 된 머슴은 마침내 딸을 풀어주고 바위벼랑 밑으로 떨어져 죽고 말았다고 한다. 그 이후로 이 바위를 상사암이라 부르게 되었다는 것이다.

이성복(李晟馥) 시인의 작품 가운데 많은 사람이 애송하는 〈남해 금산〉이란 시가 있다. 시인은 이 시에서 '한 여자 돌 속에 묻혀 있었네 / 그 여자 사랑에 나도 돌 속에 들어갔네 / 어느 여름 비 많이 오고 / 그 여자 울면서 돌 속에서 떠나갔네 / 떠나가는 그 여자 해와 달이 끌어주었네 / 남해 금산 푸른 하늘가에 나 혼자였네 / 남해 금산 푸른 바닷물 속에 나 혼자 잠기네'라고 실연을 노래하고 있는데, 아마도 이 상사암에 얽힌 전설이 〈남해 금산〉이란 시의 모티브가 되었는지도 모를 일이다.

이곳 상사암에는 또 다른 전설도 전해온다. 이번에 등장하는 여주인공은 주인 딸이 아닌 주인마님이다. 조선 숙종 때의 일이라고 한다. 전라도 돌산도에서 남해도로 건너와 머슴을 살던 노총각은 그만 주인집 젊은 마님의 뛰어난 미모와 고운 마음씨에 반하여 짝사랑을 하다가 그만 상사병에 걸렸고, 식음을 전폐하고 시름시름 앓다가 죽음 직전에까지 이르게 되었다. 이를 알게 된 주인마님은 어느 칠흑같이 어두운 날 밤에 남편의 눈을 피해 이 바위에 올라가 사내의 순수한 마음을 받아들여 그의 목숨을 잇게 하였다는 전설이 전해져 상사암이라 부르게 되었으며, 이 바위에 올라가 기원하면 사랑을 이룰 수 있다고 한다.

그 옛날 불로장생을 꿈꾸던 중국 진시황의 신하였던 서불(徐市)은 불로초를 구하기 위해 동남동녀 500명을 거느리고 남해 금산을 찾아왔다지만, 오늘날에는 기도하려는 많은 불자들이 우리나라의 3대 관음성지 가운데 한 곳으로 꼽히는 금산의 보리암(菩提庵)을 찾고 있다. 그리고 '금산 38경'과 보리암에서

보리암에서 내려다본 남해 상주해수욕장. 멀리 상주해수욕장의 쪽빛 바닷물이 반짝이고, 크고 작은 섬들이
그림처럼 떠 있는 모습에 순례자는 잠시 선계(仙界)에 들어온 것이 아닌가 하는 착각에 빠지고 만다.

일출을 보기 위해 남해 금산을 찾는 이들도 많다.

남해 금산 정상 부근의 깎아지른 절벽 위에 세운 보리암은 683년(신라 신문왕
3) 원효대사가 이곳에 초암(草庵)을 짓고 수도하면서 관세음보살을 친견한 뒤 초
암의 이름을 보광사라 짓고, 산 이름을 보광산이라고 명명했다 한다. 《화엄경》
에 관세음보살의 상주처가 보광궁(普光宮)이라 했으므로 절 이름을 보광사라 하
고, 산 이름을 보광산이라 한 것이다. 그리고 1660년(현종 1)에는 조선 왕실에서
이 절을 왕실의 원당으로 삼고, 절 이름을 보리암으로 바꾸었다고 전한다.

이곳 보리암은 명당 중의 명당으로 일출 명소로도 널리 알려진 곳인데, 보
리암에서 조망하는 다도해의 풍광은 더없이 아름답기만 하다. 멀리 상주해수
욕장의 쪽빛 바닷물과 반짝이고 크고 작은 섬들이 그림처럼 떠 있는 모습에 순
례자는 잠시 선계(仙界)에 들어온 것이 아닌가 하는 착각에 빠지고 만다.

보리암의 창건 연기설화는 두 가지가 전한다. 원효대사 창건설과 함께 전하

는 또 하나의 설화는 장유화상(長遊和尙) 창건설이다. 가락국의 김수로왕이 왕비로 맞아들인 고대 인도 아유타국(阿踰陀國)의 허황옥(許黃玉) 공주와 함께 배를 타고 온 장유화상은 공주의 오빠다. 수로왕비가 된 허태후(許太后)는 수로왕과의 사이에서 10왕자를 낳았는데, 장유화상이 일곱 왕자를 데리고 출가했다고 한다. 전설에 의하면 장유화상은 수로왕의 7왕자를 데리고 가야산(伽倻山)에 들어가 도를 배워 신선이 되었다고 전한다. 또 지리산(智異山) 칠불사(七佛寺)에 들어가 7왕자를 성불하게 했으며, 장유화상이 처음 창건한 절이 보리암이라는 것이다.

보리암은 남해를 바라보는 위치에서 1,300여 년의 세월을 지켜온 3대 관음성지의 하나이다. 그러나 오래된 역사를 가지고 있는 보리암이지만 협소한 경내에는 내세울 만한 문화재가 없다. 지정문화재로는 탑대(塔臺)에 세워져 있는 삼층석탑(경상남도유형문화재 제74호)이 있을 뿐이다. 문화재 명칭이 '보리암전(菩提庵前) 삼층석탑'인 이 탑은 허태후가 인도에서 배로 실어온 파사석(인도에만 있는 석재)으로 세운 것이라고 전한다. 허태후가 가락국으로 올 때 풍랑이

보리암의 주불전인 보광전(普光殿). 683년(신라 신문왕 3) 원효대사가 이곳에 초암(草庵)을 짓고 수도하면서 관세음보살을 친견한 뒤 보광사라 명명하였으며, 1660년(현종 1) 조선 왕실에서는 이 절을 왕실의 원당으로 삼고 절 이름을 보리암으로 바꾸었다고 전한다.

심했으나, 배에 파사석을 싣고 오니 바다가 잔잔하여 아무 사고 없이 무사히 건너올 수 있었다고 한다. 전설에 따르면, 보리암전 삼층석탑은 원효대사가 금산에 절을 지은 뒤 가락국의 허태후가 인도에서 가져온 파사석으로 세웠다고도 하고, 또 허태후가 가져온 부처님의 사리를 봉안하였다고도 한다.

이 삼층석탑 위에 나침반을 올려놓으면 자침(磁針)이 동서남북을 정확히 가리키지 못하는 불가사의한 일이 일어난다. 나침반을 놓는 곳에 따라 북쪽을 가리켜야 할 자침이 제멋대로 방향을 모두 다르게 나타내는 '자기 난리' 가 일어나는 것이다. 왜 이런 미스터리한 일이 일어나는지는 아무도 모른다. 일부 풍수학자들은 탑 아래로 우주의 지기 기운이 흐르기 때문에 이와 같은 현상이 일어난다고 주장을 하기도 하고, 또 어떤 이들은 탑 안에 부처님의 사리가 모셔져 있기 때문이라고도 하며, 혹은 탑 밑으로 온천수가 흐르고 있기 때문일 것이라고 주장하는 사람도 있다고 한다.

이 삼층석탑의 재질은 화강암이다. 그리고 탑의 축조 양식 또한 고려 초기의

우리나라 3대 관음성지 중 하나인 보리암의 해수관음보살상. 보리암을 대표하는 성보가 된 해수관음보살상
이 남해바다를 굽어보고 서 있다.

양식을 취하고 있기 때문에 전해오는 이야기와는 사실상 다르다. 이 탑은 이중 기단 위에 3층으로 이루어진 탑신을 올려놓고 상륜부를 얹었으며, 상륜부는 구슬 모양의 보주(寶珠)만 남아 머리장식을 하고 있다. 삼층석탑의 높이는 2.3미터에 이른다. 이 탑 옆에는 보리암을 대표하는 성보가 된 해수관음보살상이 남해 바다를 굽어보고 서 있다. 이 해수관음보살상은 1970년에 세운 것이다.

1660년에 보광사에서 보리암으로 개명한 뒤 왕실의 원당이 된 보리암은 1901년(광무 5) 낙서(樂西)와 신욱(信昱) 두 스님이 중수하고, 1954년에는 동파(東波) 스님이 중수하였으며, 1969년에 양소황(梁素滉) 스님이 중건하여 오늘에 이르고 있다. 현재 보리암에는 주불전인 보광전(普光殿)을 비롯하여 예성당(禮聖堂)·간성각(看星閣)·산령각·범종각·극락전 등이 있다. 성보문화재로는 탑대에 위치한 삼층석탑과 해수관음보살상, 그리고 향나무에 조각된 관세음보살상이 있다. 이 관세음보살상은 큰 대나무 조각을 배경으로 좌정하고 남순동자(南巡童子)와 해상용왕을 거느리고 있는데, 허태후가 인도에서 모셔 왔다고 전하나 신빙성이 없는 이야기이다.

보리암은 한 가지 소원은 반드시 들어준다는 영검스러운 관음기도 도량이

보리암의 범종각. 처마를 맞대고 있는 옆 건물이 보광전이다.

어서 언제나 많은 불자들이 찾아와 기도한다. 모든 중생을 구제하는 자비의 화신인 관세음보살이 상주하는 성지이기 때문에 불자들은 오늘도 보리암의 관세음보살상 앞에서 지성으로 기도를 올린다. 중생들이 관세음보살의 이름을 늘 외우고 항상 공경하는 마음으로 예배하면 모든 번뇌에서 벗어나 해탈을 얻게 되며, 원하는 바를 이룰 수 있다고 하지 않는가.

*찾아가는 길　승용차로 대전–통영간고속도로를 이용하여 보리암을 가려면 진주분기점에서 남해고속도로로 접어들어 첫 나들목인 사천IC로 빠져나간다. 여기서 3번 국도를 따라 사천시(삼천포)로 가면 사천–남해간 연륙교 이정표가 보인다. 창선·삼천포대교를 건너 3번·77번 국도를 따라가면 미조면 항도전망대와 상주해수욕장을 지나게 되며, 계속 남해읍 방향으로 가다 보면 금산 보리암 이정표가 나온다. 또 하나는 남해고속도로 하동IC로 나와 19번 국도를 따라 하동군과 남해군의 경계를 이루고 있는 남해대교를 건너는 길이다. 그리고 이락사를 지나 남해읍에서 19번·77번 국도를 따라 상주와 미조 가는 길로 가면 보리암 이정표가 나온다. 이곳에서 좌회전하여 복곡천을 끼고 올라가면 복곡저수지 위쪽에 있는 주차장에 닿는다. 이곳에 차를 주차한 뒤 셔틀버스를 이용하여 보리암 아래까지 올라간다. 또한 서울남부시외버스터미널에서는 남해행 고속버스가 하루 10회 운행되고 있으며, 소요시간은 4시간 30분이다.

천년 세월의 불국토를 따라

함월산 기림사
모악산 금산사
속리산 법주사
팔공산 동화사
금정산 범어사
삼신산 쌍계사
지리산 실상사
두륜산 대흥사

含月山 祇林寺 함월산 기림사

달빛 품에 안은
신라의 천년고찰

신라의 천년고도 경주는 유네스코가 선정한 세계 10대 유적지 중 한 곳으로 도시 전체가 거대한 박물관같이 느껴지는 곳이다. 경주 함월산(含月山)에 위치한 천년고찰 기림사는 광복 전만 하더라도 불국사를 포함한 분황사·오어사·보경사 등 여러 사찰을 말사로 거느린 전국 31본산의 하나였을 정도로 대단한 규모였다. 그러나 광복 후 불국사의 대대적인 복원과 개발 등으로 기림사의 사세가 상대적으로 위축되어 지금은 오히려 불국사(대한불교 조계종 11교구 본사)의 말사가 되어버렸다.

운정과 함께 경주 기림사 순례에 오른 것은 9월 말이었다. 경주는 내가 여러 차례 여행한 고장으로 많은 추억거리를 간직하고 있다. 그중에서도 가장 진하게 남아 있는 추억 한 가지가 있다. 낚시에 관한 이야기이다. 이야기는 1971년으로 거슬러 올라간다. 그해 9월 초순이었다. 당시 월간 《낚시春秋》 기자로 일하고 있던 나는 10월호 특집기사를 쓰기 위해 경주 여행을 하게 되었다. 10월은 관광 시즌일 뿐만 아니라 조사(釣士)들에게는 월척(越尺)의 마지막 도전을 시도해볼 수 있는 황금 같은 계절이었으므로, 관광과 더불어 낚시를 즐길 수 있는 명소를 안내하기 위해 경주로의 취재여행을 떠났던 것이다. 그때 결혼한 지 3개월밖에 되지 않은 아내는 은근히 따라 나서고 싶어하는 눈치였으나, 나는 출장임을 강조하며 낚시 도구를 세상에 없는 보물처럼 챙겨 넣은 낚시가방을 둘러메고 혼자서 집을 나섰다.

그때 내가 답사한 저수지는 하동저수지였다. 일명 불국사저수지라고도 불리는 이 저수지는 지령(池齡)이 8년밖에 되지 않아 그곳 주민들에게나 알려져 있을 뿐인 처녀지(處女池)였다. 저수지의 지령이 7년 정도면 낚시꾼들이 홀딱 반한다고 하지 않던가. 그런데도 이 저수지가 수줍음 타는 처녀처럼 외부의 태공들에게 전혀 모습을 드러내지 않고 숨은 낚시터로 방치되었던 것은 아마 관광지에 묻혔기 때문이었던것 같다.

서당개 3년이면 풍월을 읊는다고 낚시잡지사에 근무하면서부터 시작한 낚시이지만 보고 들은 경험과 책에서 읽은 얄팍한 지식을 동원하여 마을 밑 물가를 포인트로 정하고 낚싯대를 폈다. 낚싯대를 편 지 30분이나 지났을까. 요지부동이던 찌가 한 번 움직이기 시작하더니 붕어의 입질이 끊이지 않았다. 평균 7~8치짜리 붕어가 연달아 올라왔다. 서툰 도둑이 밤새는 줄 모른다고 나는 그 자리에 앉아 꼬박 밤을 새우고 말았다. 물론 재미를 톡톡히 본 건 말할 나위도 없고, 월척을 낚는 행운도 얻었다. 개선장군처럼 상경한 나는 평소 친분이 두텁던 모씨에게 이 기막힌 정보를 은밀히 제공한 뒤 서둘러 기사를 썼다. 그런 지 며칠이 지난 어느 날 나는 불같은 항의 전화를 받았다. 나의 정보에 따라 경주 하동저수지로 원정을 갔던 모씨로부터 걸려온 전화였다. 월척은커녕 밤새도록 3~4치짜리의 전차표(붕어가 전차표처럼 작다는 뜻) 몇 마리밖에 낚지 못하고 빈 바구니를 들고 올라왔다는 거였다.

경주의 토함산(吐含山) 맞은편에는 함월산이 솟아 있다. '토함산'은 산이 바다 가까이에 있어 안개가 자주 끼므로 산이 바다 쪽에서 밀려오는 안개를 들이

일주문을 지나 한적한 오솔길을 오르다보면 만나는 천왕문. 기림사는 광복 전만 하더라도 불국사를 말사로
거느린 전국 31본산의 하나였을 정도로 대단한 규모의 절이었다.

마시고 토해내는 모습을 표현하여 지은 이름이라는데, '함월산(含月山)'을 풀이
해보면 '달빛을 품에 안은 산'이 된다. 이처럼 매우 시적인 이름을 가진 두 산
은 모두 신라의 천년고찰을 품에 안고 있다. 토함산에는 세계문화유산으로 지
정된 불국사와 석굴암이, 함월산 기슭에는 기림사가 자리를 잡고 있다.

기림사는 643년(신라 선덕여왕 12) 천축국(天竺國 : 고대 중국에서 인도를 부르던
호칭)의 승려 광유(光有)가 창건한 것으로 사적기는 기록하고 있다. 광유는 용이
날아오르고 봉황이 춤추듯 봉우리가 에워싼 가운데 신령한 거북이가 물을 마
시는 영구음수형(靈龜飮水形)의 명당자리에 절을 짓고 임정사(林井寺)라 불렀는
데, 원효대사(元曉大師)가 절을 확장하고 절 이름을 기림사로 바꾸었다 한다.
'기림사(祇林寺)'는 '기타(祇陀) 태자 소유의 수림(樹林)에 지은 절'이라는 뜻으로
서 바로 석가모니가 깨달음을 얻은 후 20년 넘게 머물렀던 인도의 기원정사(祇
園精舍)를 가리키는 말이다.

《삼국유사》에는 신라 제31대 신문왕이 감은사 앞바다에 행차하여 만파식적 (萬波息笛)을 만들 대나무를 얻어 가지고 왕궁으로 돌아가는 길에 기림사 서쪽 시냇가에 수레를 멈추고 점심을 먹은 후, 용으로부터 받은 옥대(玉帶)의 장식 하나를 떼어 냇물에 담그자 그 장식이 용이 되어 하늘로 오르는 바람에 용연(龍 淵)이 생겨났다는 기록이 있다. 이 기록으로 보아 기림사는 신문왕(681~691) 이전부터 존재하고 있었음을 알 수 있다.

그후 기림사는 법등이 꺼지지 않고 꾸준히 이어져 오면서 여러 차례에 걸쳐 중건되었으며, 1862년(철종 13)에는 큰불로 전각 113칸이 소실되었으나 몇 차 례의 중건과 중수를 거쳐 오늘에 이르고 있다. 또한 임진왜란 당시에는 기림사 가 지리적으로 전략 요충지였으므로 경주 지역 승병과 의병 활동의 중심 사찰 이 되기도 하였다.

기림사의 가람 배치는 중심 법당이 있는 대적광전 영역과 삼천불전 영역, 명부전 영역으로 이루어져 있다. 대적광전 영역에서 명부전 영역으로 한 단씩 높여 가람을 배치하고 있는데, 대적광전 영역에는 주 전각인 대적광전을 비롯 하여 약사전과 응진전, 진남루, 응향각 등이 배치되어 있다. 또한 대적광전 영 역보다 한 단 높은 삼천불전 영역에는 삼천불전과 관음전, 성보박물관, 백운당 등이 있고, 다시 한 단 높은 명부전 영역에는 명부전과 삼성각, 요사 등이 배치 되어 있다.

'含月山 祇林寺(함월산 기림사)'란 편액이 걸린 일주문을 지나 한적한 오솔길 을 오르다보면 대적광전 영역으로 들어가는 첫 번째 건물인 천왕문에 이른다. 불법의 호법신인 사천왕상을 모심으로써 사찰을 지키고 악귀를 내쫓아 청정도 량을 만들기 위해 세운 문이다. 사천왕은 동쪽을 지키는 지국천왕(持國天王), 서 쪽의 광목천왕(廣目天王), 남쪽의 증장천왕(增長天王), 북쪽의 다문천왕(多聞天王) 을 말한다.

사적기에 의하면 기림사에는 두 가지 기이한 것이 있다고 한다. 하나는 다섯 가지 색깔로 피는 상서로운 꽃인 우담바라(優曇婆羅)가 절 마당에 있다는 것이다. 우담바라는 3천 년 만에 한 번 피는 신령스러운 꽃으로 여래(如來)나 전륜성왕(轉輪聖王)이 나타날 때만 핀다는 상상의 꽃이다. 인도에 그 나무는 있지만 꽃이 없고, 식물학상으로는 인도 원산의 뽕나무과 상록교목 우담화를 일컫는다고 한다. 광유가 이 절을 짓고 나서 마당가에 인도에서 가져온 우담화를 심어 놓았기 때문에 이를 두고 전해져 내려온 말은 아닌지 모를 일이다.

또 다른 하나는 절 경내 다섯 군데에 다섯 가지의 맛을 가진 오종수(五種水)가 솟는다는 것이다. 오종수는 물을 마시면 천하무적의 장군을 낸다는 장군수(將軍水), 물맛이 하도 좋아 까마귀도 쪼아 먹었다는 오탁수(烏啄水), 눈이 밝아진다는 명안수(明眼水), 마실수록 마음이 편안해진다는 화정수(和井水), 하늘에서 내리는 단 이슬 같다는 감로수(甘露水)를 말한다. 기림사의 물맛이 좋아 오종수

호국불교의 유적인 진남루. 임진왜란 당시 기림사는 동해안 방어의 중요한 역할을 맡았던 승병이 주둔하던 사찰로서, '남쪽을 진압하는 누각' 이란 뜻을 가진 '진남루(鎭南樓)' 는 승군 지휘부가 있던 곳이다.

의 설화가 탄생했겠으나, '숲에 샘이 있는 절'이란 뜻의 창건 당시의 절 이름 '임정사(林井寺)'와도 관련이 있을 것이란 생각을 해본다. 오종수 가운데 지금 맛볼 수 있는 약수는 화정당 뒤에 있는 화정수와 북암의 감로수뿐이다.

천왕문을 들어서면 오른쪽으로 최근에 지은 종무소 건물이 있고, 맞은편에 호국불교의 유적인 진남루(鎭南樓)가 있다. 정면 7칸, 측면 2칸의 단층 맞배지붕 건물인 '진남루'는 '남쪽을 진압하는 누각'이란 뜻으로 남쪽에 있는 일본을 진압하겠다는 의지가 담겨 있는 건물이다. 임진왜란 당시 기림사는 동해안 방어의 중요한 역할을 맡았던 승병이 주둔하던 사찰로서, 진남루는 승군 지휘부가 있던 곳이다. 단아한 맞배지붕의 진남루는 원래 사방이 터진 시원한 누각 형태의 건물이었으나, 후에 기둥 사이를 판문으로 막아 놓아 지금의 모습이 되었다. 경상북도문화재자료 제251호이다.

진남루 뒤편은 ㅁ자 형의 비교적 넓은 대적광전 앞마당이다. 마당을 사이에 두고 대적광전이 진남루와 마주보고 서 있고, 대적광전 왼쪽에는 약사전, 오른쪽에는 응진전이 세로로 자리잡고 있다. 이 네 전각은 모두 겹처마 맞배지붕 건물이어서 묘한 통일성을 이룬다. 그리고 응진전 앞에는 삼층석탑이 서 있고, 약사전 맞은편에는 주춧돌만 남아 있는 목탑 터가 있다.

기림사의 본전인 대적광전은 신라 선덕여왕 때 창건되어 오랜 세월을 지나는 동안 여덟 차례에 걸쳐 중건과 중수를 거듭한 건물이다. 최근 1997년에 있은 해체 수리 공사 때 발견된 묵서에 의하면 1629년(인조 7)에 제5차 중건이 있었고, 1785년(정조 9)에 제6차 중건을 하였으며, 1978년에 제7차 중수가 이루어진 것을 알 수 있다.

대적광전은 수차례에 걸쳐 손보고 고치면서도 원형을 손상시키지 않아 건축사 연구에 중요한 자료가 되고 있는데, 맞배지붕에 다포(多包) 양식을 취한 정면 5칸, 측면 3칸의 이 건물은 인조 7년(1629) 중건할 당시의 모습이라고 한다. 배흘림기둥이 다포식 맞배지붕을 받치고 있는 대적광전의 겉모습은 절의 중심 법당답게 웅장하며, 비로자나삼존불을 모신 법당 내부는 넓고 화려하여 장엄한 분위기를 연출한다. 또한 대적광전 정면 5칸의 분합문 전체에 아름다운 꽃무늬를 장식하였는데, 빼어난 조각 솜씨에 채색되지 않은 꽃살문이 화려하면서도 따뜻한 느낌을 준다. 조선 후기의 대표적인 불전으로 꼽히는 이 건물은 보물 제833호로 지정되어 있다.

'대적광전(大寂光殿)'은 지혜의 빛으로 세상을 비춘다는 비로자나불을 모신 법당으로, 적(寂)은 번뇌를 멸한 고요한 진리의 세계인 니르바나의 세계를 말하며, 광(光)은 그 세계에서 나오는 참된 지혜가 온 우주를 찬란히 비춘다는 것을 말한다. 법당 내부에는 보물 제958호로 지정된 소조(塑造) 비로자나삼존불이 봉안되어 있다. 흙으로 빚은 삼존불은 크기가 3미터가 넘는 삼신불(三身佛)로 불단 중앙에 법신(法身) 비로자나불을 모셨고, 왼쪽에 보신(報身) 노사나불, 오른쪽에 화신(化身) 석가모니불을 모셨다. 삼신불은 법신불과 보신불, 그리고 화신불을 한꺼번에 이르는 말이다.

대적광전에 봉안된 소조(塑造) 비로자나삼존불(보물 제958호). 중앙에 비로자나불좌상, 왼쪽에 노사나불좌상, 오른쪽에 석가모니불좌상을 모셔 놓았다. 1986년 비로자나불 복장에서 수많은 복장 유물이 쏟아져 나와 세상을 놀라게 하였다.

기림사의 본전인 대적광전. 지혜의 빛으로 세상을 비춘다는 비로자나불을 모신 이 법당은 조선 후기의 대표적인 불전으로 꼽히는 보물 제833호이다. 특히 정면에 달아놓은 꽃살문은 빼어난 조각 솜씨에 채색되지 않은 꽃살무늬가 화려하면서도 따뜻한 느낌을 준다.

삼신불의 교리적 의미를 살펴보면, 법신불인 비로자나불은 순수하고 차별성이 없는 영원불멸의 진리를 형상화한 부처님이다. 그리고 보신불인 노사나불은 과거의 수행에 의한 공덕과 모든 미덕을 구비한 이상적인 인격으로서의 부처님이며, 화신불인 석가모니불은 중생을 교화 구제하려고 부처님 자신이 중생의 모습으로 변화하여 나타난 것을 말한다. 삼신불은 세 부처님이 따로 존재한다는 뜻이 아니라 한 부처님의 몸이 다양한 중생들을 제도하기 위하여 여러 모습으로 나타난다는 것을 상징하는 말이며, 한 부처님의 세 가지 관점을 묘사한 것이다.

1986년 대적광전에 모셔진 비로자나불상의 복장(腹臟)에서 사경(寫經) 및 목판본 불경이 나와 세상을 놀라게 하였다. 복장 전적(典籍)은 모두 54권 71책인데, 이 가운데 금은자 사경은 1348년(고려 충목왕 4)에 제작된 《상지은니 대반야경(橡紙銀泥大般若經)》을 위시하여 《백지금니 다라니경(白紙金泥陀羅尼經)》 등 귀중

응진전 내부에는 기림사 뒷산에서 채석한 '경주 옥석'으로 만든 석가삼존과 오백나한이 봉안되어 있다. 나한은 부처가 되지는 못했으나 모든 고통과 번뇌를 끊고 해탈의 경지에 이른 성자를 말한다.

한 불경이며, 판본은 12세기에서 15세기에 걸쳐 간행한 목판본 불경이다. 보물 제959호인 이들 복장 전적은 현재 기림사 성보박물관에 진열되어 있다.

대적광전 왼쪽에 있는 약사전은 정면 3칸, 측면 1칸의 다포식 맞배지붕 건물로서 약사불을 주불로 모시고 있다. 보통 약사여래 또는 약사불이라고 불리는 이 부처님의 정식 명칭은 약사유리광여래(藥師瑠璃光如來)인데, 중생을 모든 병고에서 구하고, 무명(無明)의 고질까지도 치유하여 깨달음으로 인도하는 부처님이다.

대적광전 앞 오른쪽에 동쪽을 향하여 앉은 응진전(경상북도유형문화재 제214호)은 정면 5칸, 측면 2칸의 다포식 맞배지붕 건물이며, 내부에는 기림사 뒷산에서 채석한 '경주 옥석'으로 만든 석가삼존과 오백나한을 봉안하였다. 일반적으로 사찰에서 석가모니불을 주불로 모시고 그 좌우에 석가모니의 제자인 16나한상을 안치한 법당을 응진전 또는 나한전이라고 부른다. 나한(羅漢)은 아라한(阿羅漢)을 줄인 말로서 부처가 되지는 못했으나 모든 고통과 번뇌를 끊고 해탈의 경지에 이른 성자를 말한다. 응진전에는 전통에 따라 부처님이 열반한 직후 삼장(三藏)을 결집하기 위해 칠엽굴(七葉窟)에 모였던 오백 아라한들을 기리기 위하여 오백나한을 모시기도 한다.

응진전 앞에는 통일신라 때의 삼층석탑(경상북도유형문화재 제205호)이 서 있다. 이중 기단과 3층의 탑신, 상륜으로 이루어진 이 탑은 오랜 세월의 흔적처럼 탑의 일부분이 손상되었지만 상륜부는 온전한 모습으로 남아 있다. 또한 응진전 맞은편에는 주춧돌만 남아 있는 목탑 터가 자리잡고 있다.

대적광전 서쪽 계단을 오르면 시원스럽게 넓은 삼천불전 영역이 펼쳐진다. 근래에 지은 건물들로서 단청이 화려한 삼천불전과 관음전, 성보박물관과 템플스테이 건물들이다. 그래서 단청이 없는 대적광전 영역의 고풍스러움과는 너무나도 대조적이다. 이를 두고 절을 찾은 사람들은 단청이 없는 대적광전 영역을 '올드 기림사', 위쪽을 '뉴 기림사' 라고 부르기도 한다.

계단을 오르자마자 첫 번째로 보이는 전각이 관세음보살을 봉안한 관음전

대적광전 앞 오른쪽에 동쪽을 향하여 앉은 응진전과 삼층석탑. 나한전이라고도 부르는 응진전 안에는 오백나한이 모셔져 있다. 파랗게 이끼 낀 통일신라 때의 삼층석탑은 오랜 세월의 흔적처럼 탑의 일부분이 손상되었다.

이다. 정면 3칸, 측면 2칸의 맞배지붕 건물인 관음전에는 천수천안(千手千眼) 관세음보살 입상을 모셔 놓았다. 또한 관음전 옆으로는 정면 7칸, 측면 3칸의 맞배지붕 건물인 삼천불전이 자리잡았다. 기림사에서 가장 큰 전각이며, 내부에는 청자로 만든 삼천불이 모셔져 있다. 삼천불은 항상 어디에서나 부처님이 계신다는 사상에서 유래한 것으로 과거 천불, 현재 천불, 미래 천불의 의미를 담고 있다.

삼천불전 위쪽으로는 명부전 영역이다. 삼천불전 서쪽 계단을 올라서면 첫 번째로 다가오는 건물이 칠성(七星) · 독성(獨聖) · 산신(山神)을 모신 삼성각이다. 그리고 삼성각 옆에는 명부전이 자리잡았다.

삼천불전 맞은편에 성보박물관이 있다. 이곳 성보박물관에는 보물 제415호인 건칠보살좌상(乾漆菩薩坐像)을 비롯하여 보물 제959호로 지정된 비로자나불 복장 전적, 나무 비석 8점, 석조치미(石造鴟尾), 금구, 금동불두(金銅佛頭), 사리용기 등 기림사의 오랜 역사와 높았던 사격을 보여주는 유물들이 전시되어 있다. 또한 박물관 옆 산자락에는 생육신의 한 사람인 김시습(金時習)의 영정을 모신 사당인 매월당 영당(梅月堂影堂)이 있다.

기림사 순례길에 한국의 돈황(敦煌) 석굴로 불리는 석굴사원 골굴사(骨窟寺)를 빠뜨리지 말고 찾아보기를 권한다. 기림사로 진입하는 길 초입에 숨어 있는 골굴사는 우리나라에서는 유일하게 여러 개의 자연 굴로 이루어진 석굴사원으로 대규모의 암벽 제일 꼭대기에 마애불이 조성되어 있다. 월성골굴암마애여래좌상(月城骨窟庵磨崖如來坐像)이란 명칭으로 불리는 이 마애불의 높이는 약 4m에 이르며, 보물 제581호로 지정되어 있다.

골굴사는 신라의 화랑들이 수련하던 선무도(禪武道)라는 무예의 본산이기도 하여 흔히 한국의 소림사(少林寺)로 불리기도 한다. 골굴사에서 멀지 않은 동해 바다 쪽에 삼국통일의 위업을 이룬 문무왕을 기리기 위해 세웠다는 감은사(感

恩寺) 터와 문무왕의 수중왕릉인 대왕암, 죽은 뒤에 동해의 용이 되어서라도 왜구를 물리치겠다는 유언을 남긴 문무왕이 용으로 변한 모습을 보였다는 이견대(利見臺)가 있어 기림사 순례를 더욱 풍요롭게 한다.

*찾아가는 길   경주에서 보문단지를 지나 4번 국도를 타고 감포 방향으로 향한다. 불국사와 감포의 갈림길에서 계속 감포 쪽으로 향하면 덕동호가 나온다. 굽이굽이 산길을 돌아 오르다 추령터널을 지나고, 다시 10km를 내려가면 안동삼거리이다. 이곳에서 좌회전하여 14번 국도를 타고 4.5km를 더 가면 기림사 주차장에 닿는다. 대중교통을 이용할 경우에는 경주 시외버스터미널에서 감포나 양남행 버스를 타고 양북면사무소가 있는 어일리에서 내려 택시를 이용한다.

母岳山 金山寺 모악산 금산사

이상세계 꿈꾸는
미륵신앙 성지

우리나라에서 가장 넓은 곡창지대인 '김제 만경평야'를 전라북도 김제 사람들은 '징게맹경 외에밋들'이라고 부른다. '김제 만경의 너른 들'이란 뜻이다. 김제 만경평야에서는 강원도에서 한 해에 거둬들이는 쌀 수확량과 맞먹는 쌀을 매년 생산하고 있는데, 모악산에서 발원한 만경강과 동진강이 이 비옥한 '징게맹경 외에밋들'을 적셔주고 있다.

오늘 순례길에 오른 금산사는 어머니가 아이를 품어 안듯이 넓고 비옥한 김제 만경평야를 품고 있는 모악산(母岳山, 793.5m)의 남쪽 자락에 자리잡고 있다. 전주시 남서쪽 12킬로미터 지점의 김제시와 완주군 경계에 있는 모악산은 고어(古語)로 '엄뫼' 또는 '큰뫼'로 불리던 산이다. 그러나 한자가 들어오면서 '엄뫼'는 '어머니의 산'이라는 뜻의 '모악(母岳)'으로, '큰뫼'는 '큰'을 '금(金)'으로 음역하여 '금산(金山)'으로 적게 되었다고 한다. 그리고 여기에 절을 개창하면서 절 이름을 금산사라고 지었다는 것이다.

금산사가 최근 각광 받고 있는 '걷기 열풍'에 힘입어 전주 4대 종교 성지를 연결하는 240킬로미터의 '아름다운 순례길'에 포함되어 눈길을 끈다. 가톨

릭·개신교·불교·원불교가 사단법인 한국순례문화연구원과 함께 개발한 '아름다운 순례길'은 전주 한옥마을을 출발해 호남 천주교의 발상지인 초남이 성지와 김대건 신부가 머물렀던 나바위 성지, 익산 미륵사지와 완주 송광사, 호남 최초로 설립된 서문교회, 원불교 중앙총부, 김제 금산사와 'ㄱ'자 한옥교회로 유명한 금산교회, 천주교 수류성지 등을 잇는 도보순례 코스이다.

호남의 미륵신앙 도량인 금산사가 창건된 것은 599년(백제 법왕 1)의 일이다. 백제 법왕이 국가의 번영과 왕실의 안녕을 기원하기 위한 자복사찰(資福寺刹)로 창건한 것이다. 창건 당시만 해도 산중 암자 규모였던 금산사가 오늘날과 같은 대가람의 면모를 갖추기 시작한 것은 766년(신라 혜공왕 2) 한국 미륵신앙의 개창조(開創祖)인 진표율사(眞表律師)가 중창하면서부터이다.

미륵은 미래의 부처님이다. 미륵은 석가모니가 입멸한 뒤 56억 7천만 년이 지나면 이 세상에 태어나 용화수(龍華樹) 아래에서 성불하고, 세 차례의 설법을 통하여 석가모니가 구제하지 못한 중생을 남김없이 구제할 것이라 한다. 이 미륵불을 신앙의 대상으로 삼아 부지런히 덕을 닦고 노력하면 이 세상을 떠날 때 도솔천(兜率天)에 태어나서 미륵보살을 만나고, 미륵이 성불할 때 사바세계로 내려와 제일 먼저 미륵불의 법회에 참석하여 깨달음을 얻는다는 것이 미륵신앙이다.

금산사에서 숭제법사(崇濟法師)의 가르침을 받아 수행하던 진표율사는 스물일곱 살이 되던 해 변산(邊山)의 부사의암(不思議庵)에서 피를 토하는 망신참(亡身懺)의 고행 끝에 마침내 미륵보살과 지장보살로부터 큰 가피를 받았다. 미륵보살과 지장보살로부터 간자(簡子)와 계본(戒本)을 전해 받은 것이다. 이후 금산사로 다시 돌아온 진표율사는 금산사의 중창 불사를 발원하고, 경덕왕과 왕실의 후원을 받아 762년(경덕왕 21)부터 766년(혜공왕 2)까지 4년에 걸쳐 가람을 대규모로 일으켜 세웠다. 이때 진표율사는 미륵장륙상(彌勒丈六像)을 조성하여 미륵전에 모셨으며, 그뒤부터 금산사는 미륵신앙의 근본 도량이 되었다.

진표율사의 출가 동기는 매우 특이했다고 전한다. 진표율사는 어린 시절에 활쏘기를 잘하고, 사냥을 즐겼던 모양이다. 하루는 사냥을 나가다가 논두렁에서 개구리 30여 마리를 잡아 버들가지에 꿰어 물에 담가 놓았다. 돌아오는 길에 집에 가지고 가서 구워 먹을 요량이었다. 그러나 산에 올라가 사냥을 하다가 그냥 집으로 돌아오고 말았다.

이듬해 봄, 다시 사냥길에 나선 소년은 논두렁에서 개구리 울음소리를 듣고 문득 지난해의 일을 떠올렸다. 소년이 개구리가 울고 있는 곳으로 가보자, 물 속에서 개구리들이 버들가지에 꿰인 채 울고 있었다. "내가 무심코 저지른 일로 인해 이 많은 개구리들이 해를 넘기도록 고통을 받다니…." 잘못을 크게 뉘우친 열두 살의 소년은 모악산 금산사로 출가하여 숭제법사의 제자가 되었다.

스님은 스물일곱 살이 되던 해 변산의 부사의암으로 들어가 미륵상 앞에서 3년 동안 법을 구했으나 뜻을 이루지 못하였다. 이에 절망한 스님이 절벽 아래로 몸을 던졌는데, 청의동자(靑衣童子)가 스님을 손으로 받아 절벽 위에 올려놓았다 한다. 다시 결심한 스님은 삼칠일을 기약하고 최후의 고행인 망신참을 시작하였다. 온몸으로 바위를 두들기듯 엎드려 절하면서 참회한 것이다. 사흘째 되던 날에 스님의 손과 팔이 부러져 떨어져 나갔다. 그러나 스님은 망신참을 멈추지 않았다. 이레째 되는 날 밤이었다. 지장보살이 나타나 스님의 손과 팔을 전과 같이 붙여준 뒤 가사와 발우를 주었다. 스님은 지장보살의 신령스러운 감응에 감동하여 참회를 멈추지 않았다.

마침내 삼칠일이 되던 날 천안(天眼)을 얻은 스님은 미륵보살이 도솔천의 무리를 거느리고 오는 형상을 보았다. 이때 지장보살과 미륵보살이 스님의 머리를 쓰다듬으며 칭찬하였다. "훌륭하다, 대장부여. 이렇듯 계를 구하기 위해 목숨을 아끼지 않고 참회하였구나." 미륵보살은 스님에게 《점찰경(占察經)》 2권과

증과(證果)의 간자 189개를 주고 이르기를 "이것으로써 세상에 법을 전하여 사람을 구제하는 방편으로 삼아라." 하였다. 참회를 통하여 미륵보살로부터 직접 계를 받기를 원했던 진표율사가 몸을 잊고 참회하는 망신참을 행한 결과, 삼칠일 만에 미륵보살과 지장보살로부터 큰 가피를 받은 것이다.

금산사를 미륵신앙의 성지로 중창한 진표율사는 이어서 속리산 법주사를 중창하고, 금강산 발연사를 개창하였으며, 말년에는 발연사에서 아버지를 모심으로써 효도를 다하였다 한다. 진표율사는 발연사 동쪽의 큰 바위 위에 앉아 입적했는데, 제자들은 시신을 옮기지 않은 채 공양하다가 해골이 흩어져 떨어지자 흙을 덮어 무덤으로 삼았다고 전한다.

진표율사는 백제가 멸망한 직후 옛 백제의 땅인 이곳 김제에서 태어났다. 그 무렵은 백제의 유민들이 신라에 대하여 항전을 하던 시기로서 억압받던 백제 유민들은 자신들을 구제해줄 세상, 즉 미륵이 이 땅에 내려오기를 간절히 소망하고 있었다. 그러므로 진표율사가 이곳 김제에 미륵신앙 도량을 세운 것은 백제 유민들의 애환을 달래고 또 희망을 심어 주기 위함이었을 것이다.

진표율사 이후 기울어가던 금산사는 1079년(고려 문종 33년)에 이르러 혜덕왕사(慧德王師)의 중창으로 최고의 전성기를 맞게 된다. 금산사 주지로 있던 혜덕왕사는 법상종(法相宗) 관련 불서를 간행하고 유포에 힘쓰는 한편 금산사를 크게 중창하여 대사구(大寺區)·광교원구(廣敎院區)·봉천원구(奉天院區) 등 3구역의 3원 체제 가람으로 86동의 전각을 갖추었다. 그러나 혜덕왕사 당시의 전각들은 1598년(선조 31) 정유재란 때 모두 잿더미가 되고 말았다. 임진왜란 당시 승병장 처영대사(處英大師)가 이 절을 거점으로 승병을 일으켜 활동한 것에 대한 왜군의 보복 때문이었다.

전란이 끝난 뒤인 1601년(선조 34) 수문대사(守文大師)를 중심으로 35년간의 복원 중창 불사가 이루어졌지만 예전의 대찰 규모에는 미치지 못하였다. 3구

금산사의 중심 전각인 미륵전(국보 제62호). 국내 유일의 3층 법당인 미륵전은 외부에서 보면 3층이지만 내부는 하나로 트인 통층 팔작지붕 다포집이다. 앞쪽으로 석련대(보물 제23호)와 육각다층석탑(보물 제27호)이 보인다.

역 3원 체제에서 1개 사역으로 축소되고 전각도 줄어든 것이다. 지금 남아 있는 대부분의 가람들은 그때 복원한 것으로 부분적인 중수를 거쳐 오늘에 이르고 있는 것들이다.

금산사 입구로 들어서다보면 '견훤성문'이라 불리는 석성문을 만나게 된다. 문루와 문짝은 없어지고 홍예문만 남아 있는 성문이다. 이 석성문을 지나면 바로 사찰 경내이다. 전해오는 말로는 후백제의 견훤이 이 성을 쌓았다고 한다.

후삼국시대의 영웅이던 후백제의 왕 견훤은 스스로 미륵임을 자처했던 인물로서, 금산사를 자기의 복을 비는 사찰로 삼아 중수했다는 설도 전해온다. 그러나 금산사는 견훤이 왕위 계승 문제로 맏아들 신검을 비롯한 양검과 용검 등 아들들에게 붙잡혀 석 달 동안 유폐되었던 장소이기도 하다. 신검은 아버지

미륵전 안에 봉안된 미륵보살입상. 좌우에 법화림보살과 대묘상보살을 협시로 거느린 이 불상은 높이 11.82m로 옥내 입불로는 동양에서 가장 크다.

견훤을 금산사 미륵전에 유폐시키고 견훤이 왕위를 물려주려 했던 이복동생 금강을 죽인 후 왕위에 올랐으나, 견훤이 감시자들에게 술을 먹이고 도망쳐나와 고려 왕건에게 투항함으로써 후백제는 몰락의 길을 걸었다.

일주문과 금강문, 천왕문을 차례로 지나면 정면 7칸, 측면 3칸으로 개축되어 강당으로 이용되고 있는 보제루에 닿는다. '개산 천사백주년 기념관'이란 편액이 걸려 있는 보제루는 예전의 만세루를 새로이 중수한 건물이다. 이 보제루 밑의 계단을 오르면 시원하게 펼쳐진 넓은 절 마당이 한눈에 들어온다. 이 절 마당을 가운데 두고 미륵전이 서쪽, 대적광전이 남쪽을 향해 서 있는데, 넓은 절 마당의 균형을 잡아주고 있는 이 두 건물은 보기에도 대단히 대조적이다. 미륵전이 3층 목탑 형식의 높은 건물인 데 반하여 대적광전은 단층 건물로서 옆으로 긴 장방형의 모습을 하고 있다.

금산사의 중심 전각인 미륵전은 현재 국보 제62호로 지정되어 있으며, 국내 유일의 3층 법당으로 이름 높다. 미륵전 역시 정유재란 때 전소된 것을

대적광전은 정면 7칸, 측면 4칸의 팔작지붕 건물로서 보물 제476호로 지정되어 있었지만 1986년 화재로 소실되어 원래의 모습대로 복원한 것이다. 앞에 노주(露柱, 보물 제22호)가 세워져 있다.

1635년(인조 13)에 수문대사가 중건한 뒤 여러 차례의 중수를 거쳐 오늘에 이르는 귀중한 문화재이다. 미륵전 내부에 모셔진 미륵보살입상은 높이가 11.82미터이고, 좌우의 협시보살인 법화림(法花林) 보살과 대묘상(大妙相) 보살은 8.79미터에 이르는 거대한 규모이다. 진표율사가 미륵전을 조성할 당시에는 미륵장륙상만을 모셨으나, 수문대사가 중창하면서 소조(塑造) 삼존불을 조성하여 봉안하였다. 그러나 1934년에 실화로 주불이 소실되어 1938년에 다시 석고로 복원하여 도금한 미륵불상을 모시게 되었다.

미륵전은 외부에서 보면 3층이지만 내부는 하나로 트인 통층 팔작지붕 다포집이다. 1층과 2층은 정면 5칸, 측면 4칸이고, 3층은 정면 3칸, 측면 2칸으로 되어 있으며, 1층에는 대자보전(大慈寶殿), 2층에는 용화지회(龍華之會), 3층에는 미륵전(彌勒殿)이란 현판이 걸려 있다. 이는 모두 미륵을 모신 법당이란 뜻이다.

대적광전은 정유재란 후 수문대사가 금산사를 복원 중창할 때 지은 정면 7칸, 측면 4칸 건물로서 보물 제476호로 지정되어 있었지만, 1986년 화재로 소실되어 문화재 지정이 취소되었으며, 현재 이 법당은 1990년에 원래의 모습대로 복원한 것이다. 대적광전은 본래 대웅대광명전(大雄大光明殿)으로 이곳에는 법신비로자나불·보신노사나불·화신석가모니불 등 삼신불(三身佛)만을 봉안했으나, 정유재란 후 도량을 재건하면서 대웅대광명전과 극락전·약사전에 모시고 있던 5여래(아미타불·석가모니불·비로자나불·노사나불·약사불)와 6보살(대세지보살·관음보살·문수보살·보현보살·일광보살·월광보살)을 다시 조성하여 모두 한자리에 봉안하고, 현액을 대적광전으로 바꾼 것이다.

미륵전 북쪽의 높은 대지에는 양산 통도사에서 볼 수 있는 금강계단과 같은 모습의 방등계단(方等戒壇, 보물 제26호)이 있다. 부처의 진신사리를 모신 곳이자 수계 의식을 행하는 곳이다. 방등계단은 미륵 상생(上生) 신앙을 반영하는 것으

방등계단(보물 제26호)은 부처의 진신사리를 모신 곳이자 수계 의식을 행하는 곳이다. 이 계단의 중앙에 진신사리를 모신 석종이 있고, 석종 앞에 오층석탑(보물 제25호)이 세워져 있다.

로 미륵보살의 정토인 도솔천의 세계를 상징한다고 하는데, 금산사는 미륵 하생(下生) 신앙의 중심처인 미륵전과 상생 신앙의 상징처인 방등계단을 나란히 배치함으로써 미륵신앙의 근본 도량이 된 것이다.

이 계단의 중앙에는 부처의 진신사리를 모신 석종(石鐘) 모양의 탑이 세워져 있다. 석종은 한 장의 판돌 위에 안치되어 있는데, 이 받침 판돌의 네 모퉁이에는 각기 사자가 조각되어 있으며, 석종의 정상에는 아홉 마리의 용머리가 조각되어 있다. 그리고 그 위에 다시 보주석을 얹어 상륜부를 완성하였다. 석종 정상에 조각된 아홉 마리의 용은 석가모니가 태어났을 때 아홉 마리의 용이 물을 뿜어 목욕시켰다는 설화에서 유래되었다고 한다. 일반적으로 석종 앞에는 석등을 세우는데, 이곳에서는 오층석탑(보물 제25호)을 세워 놓았다. 또한 옛 나한전 자리에는 적멸보궁을 세워 놓아 방등계단에 예(禮)를 올릴 수 있도록 하였다. 정면 3칸, 측면 3칸의 정방형 건물인 적멸보궁의 서쪽 벽에 유리벽을 설치하여 방등계단의 석종을 정면으로 바라볼 수 있도록 하였다. 적멸보궁은 부처님의 진신사리를 모신 법당을 가리키는 말이므로 불단은 없다.

금산사의 전각 가운데 빼놓을 수 없는 건물이 대장전이다. 정면 3칸, 측면 3칸의 팔작지붕 건물인 대장전은 본래 미륵전 앞에 위치하였던 정중목탑(庭中木塔)으로 불경을 보관하던 곳이었는데, 지금은 예전의 기능은 없어지고 불전으로 변모하였다. 1922년에 현재의 위치로 이전하면서 옛 목탑에 사용하였던 복발과 원추형 쇠뚜껑, 보주 등을 용마루 위에 얹어 목탑의 흔적을 남기고 있다.

조계종 제17교구 본사인 금산사는 1,400년이 넘는 오랜 역사만큼이나 많은 국보급 문화재와 전각들이 경내에 산재해 있다. 앞에서 설명한 미륵전·대적광전·적멸보궁·대장전 외에도 명부전·나한전·상서전·조사전·설법전·향적당·적묵당·보현당·요사채 등과 함께 많은 문화재가 국보와 보물로 지정되어 순례자의 발길을 오래도록 머물게 한다.

주요 문화재는 국보 제62호인 미륵전을 비롯하여 보물인 노주(露柱, 보물 제22호), 석련대(石蓮臺, 보물 제23호), 혜덕왕사진응탑비(慧德王師眞應塔碑, 보물 제24호), 오층석탑(보물 제25호), 방등계단(보물 제26호), 육각다층석탑(보물 제27호), 당간지주(보물 제28호), 심원암 북강삼층석탑(深源庵北崗三層石塔, 제29호), 대장전(보물 제827호), 석등(보물 제828호) 등이다. 또한 금산사 일대가 2008년 12월 문화재청으로부터 국가지정문화재인 사적 제496호로 지정되었다.

*찾아가는 길　고속도로를 이용하면 전국 어디에서든 금산사를 쉽게 찾아갈 수 있다. 호남고속도로를 이용할 경우는 금산사IC로 나와 좌회전한 후 712번 지방도를 따라 4km를 가면 금산사 주차장에 닿는다. 또 서해안고속도로를 이용할 경우는 서김제IC로 빠져나와 좌회전한 후 김제시내 방면으로 직진하면 된다. 금산사까지의 거리는 26km이다. 그리고 88고속도로는 남원IC로 빠져나와 17번 국도를 따라 전주로 가서 712번 지방도를 이용하면 된다. 대중교통을 이용할 경우에는 전주 또는 김제까지 와서 금산사행 시내버스를 이용하면 된다.

俗離山 法住寺 속리산 법주사

소들도 불법을
소중히 여기는도다

충북 보은, 괴산과 경북 상주에 걸쳐 있는 국립공원 속리산(俗離山, 1058m)은 예사롭지 않은 산 이름 때문에 관심을 더 끄는 산이다. 최고봉인 천왕봉을 중심으로 비로봉·길상봉·문수봉·보현봉·관음봉·묘봉·수정봉 등 8봉과 문장대·입석대·경업대·배석대·학소대·신선대·봉황대·산호대 등 8대, 그리고 내석문·외석문·상환석문·상고석문·상고외석문·비로석문·금강석문·추래석문 등 8석문이 있는 이 산에 '속리(俗離)'란 이름이 붙여지게 된 것은 두 가지 설에서 유래되었다고 전한다.

먼저 신라 말기의 대표적인 지식인이요 문장가였던 최치원(崔致遠)이 이 산에 올랐다가 읊었다는 '도는 사람을 멀리하지 않는데 사람은 도를 멀리하고(道不遠人人遠道) / 산은 세속을 떠나려 하지 않건만 세속이 산을 떠나버렸구나(山非俗離俗離山)'라는 칠언절구에서 '속리산'이란 이름이 유래되었다고 한다.

또 다른 하나는 진표율사(眞表律師)와 관계된 이야기이다. 금산사 중창을 끝낸 진표율사가 금산사에서 나와 이 산을 향해 가다가 산 아래 마을에서 소달구지를 탄 한 사람을 만났다. 그때 달구지를 끌던 소들이 율사의 앞으로 와서 무릎을 꿇고 울자, 소의 주인이 진표율사에게 물었다.

"이 소들이 왜 스님을 보고 우는 것입니까? 그리고 스님은 어디서 오시는 분입니까?"

"나는 금산사의 중 진표라고 합니다. 나는 일찍이 변산의 부사의암(不思議庵)에서 미륵보살과 지장보살로부터 증과(證果)의 간자(簡子)를 받았으므로 절을 지어 오랫동안 불법을 지키고 길이 수도할 곳을 찾아서 오는 길입니다. 이 소들이 겉은 어리석은 듯하나 속은 현명하여 내가 계법 받은 것을 알고, 불법을 소중히 여기는 까닭에 무릎을 꿇고 엎드려 우는 것입니다."

율사의 말을 다 듣고 난 그 사람이 말하였다.

"짐승인 소도 이러한 신심이 있는데, 사람인 제가 어찌 무심할 수 있겠습니까?"

그는 즉시 낫으로 자신의 머리칼을 잘라버리고 진표율사를 따라 속세를 떠나(俗離) 출가했다 한다. 그리하여 '속리산'이란 이름이 붙여지게 되었다는 것이다.

세속과 떨어져 있는 속리산에 법주사(法住寺)가 창건된 것은 신라 법흥왕 14년(527) 이차돈(異次頓)의 순교로 신라에 불교가 공인된 지 26년 만인 553년(신라 진흥왕 14)의 일이다. 불법을 구하기 위하여 천축국(天竺國 : 고대 중국에서 인도를 부르던 호칭)으로 가서 경전을 얻어 흰 나귀에 싣고 온 의신조사(義信祖師)가 이곳에 이르러 웅장한 속리산의 산세를 보고 불법이 안주할 만한 터라 하여 절을 짓고, 절 이름을 '법주사'라고 지었다는 것이다. 그뒤 720년(통일신라 성덕왕 19)의 중수를 거쳐 776년(통일신라 혜공왕 12)에는 진표율사가 대찰로 중창하였다.

진표율사가 중창한 법주사는 미륵신앙과 밀접한 관계를 맺고 있다. 금산사를 미륵신앙의 근본 도량으로 중창한 진표율사는 법주사를 미륵신앙의 제2도량으로, 금강산 발연사(鉢淵寺)를 제3도량으로 세웠는데, 이는 용화삼회설법도량(龍華三會說法道場)을 표시한 것으로 볼 수 있다고 한다. 법주사의 정신적 지주가 된 미륵신앙은 일심으로 미륵을 믿고 부지런히 수행하여 선근(善根)을 쌓으면 이 세상을 떠날 때 도솔천(兜率天)에 태어나서 미륵을 만나고, 석가모니불이 입멸한 후 56억 7천만 년이 지난 뒤 미륵이 성불하여 사바세계로 내려와 용화수(龍華樹) 아래에서 설법할 때 그 설법에 참석하여 깨달음으로써 구원을 받는다는 것이다. 미륵불이 용화수 아래에서 세 번에 걸쳐 설법하는 것을 '용화삼회(龍華三會)라고 부르는데, 진표율사가 세운 모악산 금산사 · 속리산 법주사 · 금강산 발연사는 이 용화삼회의 표시라는 것이다.

고려시대에도 법주사에는 대각국사(大覺國師) 의천(義天)의 형인 도생(導生) 승통(僧統)을 비롯한 고승 대덕이 머물면서 여러 차례 중창하였고, 억불숭유(抑佛崇儒) 정책을 폈던 조선시대에도 왕실의 비호를 받으면서 중수를 거듭하였다. 그리하여 조선조 중기에는 60여 동의 전각과 70여 암자를 거느린 대찰로서의 위용을 자랑하였다. 그러나 1597년(선조 30) 정유재란 때 모든 건물이 잿더미가 되고 말았다. 정유재란 때 법주사가 승병의 본거지였으므로 왜군이 계획적으로 방화를 했기 때문이었다.

폐허가 된 법주사 중건 사업은 1602년(선조 35) 사명대사(四溟大師) 유정(惟政)의 주도로 이루어졌다. 팔상전 중건을 비롯하여 주요 전각과 요사의 중건이 1626년(인조 4년)까지 계속되었으며, 그뒤에도 여러 차례 중수를 거쳐 오늘에 이르게 되었다.

법주사로 들어가는 길목인 속리산면 상판리에는 '정이품송(正二品松)' 이란 이름으로 불리는 수령 800년의 노거수가 순례자를 반기는 것처럼 우산을 펼쳐든 듯한 우아한 자태로 서 있다.

1464년(세조 10) 세조가 신병 치료를 위해 법주사에 행차할 때 임금이 타고 있던 연(輦)이 소나무 아래를 지나게 되었다. 이때 아래로 쳐진 나뭇가지에 연이 걸리게 되었다. 이에 세조가 "연 걸린다"고 말하는 순간 신기하게도 나뭇가지가 저절로 번쩍 위로 들려져 임금이 탄 연이 무사히 지나갈 수 있게 하였다. 또 세조 일행이 법주사 순례를 마치고 돌아갈 때 이 소나무 아래에서 비를 피했다는 이야기도 전한다. 이리하여 세조는 이 소나무의 충정을 기리기 위해 오늘날의 장관급에 해당하는 정이품 품계를 내렸으므로 이 소나무를 정이품 소나무라 부르게 되었다. 이 소나무는 우산을 편 모양으로 수형이 단정하고 아름다웠는데, 1993년 강풍으로 가지가 부러져 우아하던 자태가 손상되었다. 정이품송은 천연기념물 제103호이다.

사하촌 관광단지를 지나 매표소를 들어서면 오리숲길이 펼쳐지고, '湖西第一伽藍(호서제일가람)' 현판을 내건 일주문이 나타난다. 오리숲은 대낮에도 하늘이 보이지 않을 정도로 울창한 숲이 오리(2km)나 계속된다 하여 붙여진 이름이다. 하늘을 가린 아름드리 참나무 · 떡갈나무 · 소나무가 어우러진 숲이 뿜어내는 향기를 폐부 깊숙이 들이마시며 걷노라면 어느새 오리숲이 끝나는 지점인 수정교를 건너게 된다. 이 오리숲은 언제 와도 좋지만 단풍철인 10월 하순부터 11월 초순이 가장 좋다. 그때 이곳을 찾아 거닐면서 오리숲의 만추를 감상하는 것도 잊지 못할 추억이 될 것이다. 걷기에 너무나도 좋은 아름다운 길이어서 추천한다.

수정교를 지나면 단아하게 맞배지붕을 이고 있는 금강문이 순례자를 맞는다. 금강문은 일주문 다음으로 지나게 되는 사찰의 대문이다. 불법의 수호신인 금강역사를 절의 문 양쪽에 안치하고 있는 금강문을 인왕문이라 부르기도 하는데, 이는 금강역사를 인왕(仁王)이라고도 부르는 까닭이다. 절의 문 좌우에 금강역사상을 안치하는 것은 세상의 사악한 세력을 경계하고, 사찰로 들어오는 모든 잡신과 악귀를 물리치는 의미를 갖고 있다 한다.

금강문 정면에는 천왕문(충청북도유형문화재 제46호)이 있다. 조선 인조 2년

금강문 서쪽에 서 있는 거대한 금동미륵대불. 동양 최대의
불상인 이 대불은 높이가 33m에 이른다.

(1624)에 중건된 천왕문은 정면 5칸, 측면 2칸의 구조로 예외적인 큰 규모이
다. 사천왕상을 안치하고 있는 천왕문은 사찰을 지키고 악귀를 내쫓아 청정도
량을 만들기 위해 세워진 것이다. 뿐만 아니라 사찰을 찾는 순례자의 마음을
엄숙하게 하여 사찰이 신성한 곳임을 되새겨 주고, 수행자의 마음속에 깃든 번
뇌와 좌절을 없애 한마음으로 정진할 것을 강조하는 의미도 가지고 있다.

금강문 서쪽에는 거대한 금동미륵대불(金銅彌勒大佛)이 서 있다. 화강암으로
조성된 기단(8m) 위에 25미터의 높이로 세워진 미륵불이다. 원래 현재 미륵대
불이 서 있는 곳에서 10미터쯤 북쪽에는 진표율사가 세운 용화전(龍華殿)이 있
었다고 한다. 정면 7칸, 측면 5칸의 2층 건물인 용화전은 산호전(珊瑚殿)으로도
불렸는데, 그 전각 안에 금신미륵장륙상(金身彌勒丈六像)이 봉안되어 있었다.

이 미륵장륙상은 정유재란 때 왜군의 방화로 불에 타 녹아버렸고, 이후 법
주사 중창과 함께 그 자리에 용화보전을 세우고 금동미륵삼존상을 주조하여
봉안하였다. 그러나 이 미륵삼존상도 1872년(고종 9) 흥선대원군에 의해 경복

궁 중건을 위한 원납전(願納錢) 형태로 징발되었고, 용화보전도 무너져버렸다. 그뒤 1964년 시멘트로 거대한 미륵불상을 조성하여 세웠으나 시멘트라는 재료상의 결함으로 훼손되자, 1990년 다시 청동미륵대불을 세우고 연화대 밑에 지하 석실 법당인 용화전을 조성하였다. 그리고 2000년부터 불상에 금박을 입히는 개금불사(改金佛事)를 시작하여 2002년 현재의 금동미륵대불이 탄생하게 되었다. 미륵대불 아래의 용화전은 용화정토(龍華淨土)의 세계를 형상화했으며, 용화전 벽면에는 미륵십선도(彌勒十善道)를 그린 13개의 벽화가 부조(浮彫)되어 있다.

법주사를 생각하면 금방 떠오르는 것이 우리나라에 유일하게 남아 있는 5층목탑인 팔상전(捌相殿, 국보 제55호)이다. 팔상전은 553년(신라 진흥왕 14)에 초창되어, 정유재란 때 왜군의 방화로 불타버린 것을 1605년(선조 38)부터 1626년(인조 4)까지 21년에 걸쳐 사명대사가 복원하였다. 팔상전은 1968년 해체 복원 공사를 통해 중심부 심주(心柱) 밑에 있는 사리 장엄구를 발견함으로써 건립 경위를 알게 되었다. 팔상전은 높이가 상륜까지 22.7미터이다. 그리고 1층은 사방 5칸이나 한 층 올라갈 때마다 양끝이 반 칸씩 줄어서 5층은 사방 1칸이 된다. 위로 올라갈수록 너비가 급격히 줄어들어 매우 안정감 있는 모습을 하고 있다. 내부 벽에는 2폭씩 부처의 일대기를 그린 팔상도(八相圖)를 모셔 놓았다. 그리고 이 팔상도 앞 4면의 각 불단에는 불상과 함께 오백나한상을 배열해 놓았다.

팔상전은 부처의 일생을 여덟 장면으로 나누어 그린 팔상도를 모신 전각의 이름으로 '八相殿'이란 편액을 내걸고 있다. 그런데 법주사 팔상전의 편액은 '八(여덟 팔)' 자가 아닌 '捌(깨뜨릴 팔)' 자를 쓰고 있다. 이 편액을 보고 글자를 틀리게 쓴 것이 아닌가 하고 이상하게 여기는 사람들도 있으나 이는 '八' 대신에 '갖은자(같은 글자로서 획을 많이 쓰는 한자)'인 '捌'을 쓴 것으로 틀린 것이 아니

우리나라 유일의 목조오층탑인 팔상전(국보 제55호). 정유재란 때 왜군의 방화로 불타버린 것을 1605년(선조 38)부터 1626년(인조 4)까지 21년에 걸쳐 사명대사가 복원하였다.

다. '一' 대신에 갖은자인 '壹', '二' 대신에 '貳', '三' 대신에 '參' 자를 쓰는 것과 같은 이치이다.

팔상전 뒤쪽에는 대웅보전이 웅장한 모습으로 서 있다. 정유재란 뒤 중창할 때 지은 대웅보전은 아래층이 정면 7칸, 측면 4칸의 2층 건물로서 화엄사 각황전, 무량사 극락전과 함께 우리나라의 3대 불전(佛殿)으로 꼽힌다. 사찰의 옛 건물 가운데 현존하는 2층 건물이 법주사 대웅보전·화엄사 각황전·무량사 극락전·마곡사 대웅전 등 4개뿐이어서 매우 귀중한 문화재이기도 하다. 대웅보전은 건물의 높이가 19미터, 면적이 561제곱미터(170평)에 이르는 대규모 건물로 보물 제915호이다. 대웅보전 안에는 좌불상으로는 한국에서 최대 높이인 5.5미터의 삼존불이 모셔져 있다. 흙으로 빚어 만든 이 삼존불은 대웅보전을 중창할 때 함께 조성한 것으로 보이며, 중앙의 불단 위에 비로자나불을 중

심으로 좌우에 아미타불과 석가모니불을 나란히 모셔 놓았다. 이 소조(塑造) 삼
불좌상은 보물 제1360호이다. 또한 대웅보전 안에 보관되어 있는 괘불은 보물
제1259호이다.

대웅보전과 팔상전 사이에는 사천왕 석등(四天王石燈, 보물 제15호)과 쌍사자
석등(雙獅子石燈, 국보 제5호)이 세워져 있다. 팔각의 화사석(火舍石) 사면에 사천
왕상을 조각한 높이 3.9미터의 사천왕 석등은 통일신라 때의 전형적인 팔각석
등의 대표적인 양식으로 조각되었다고 한다. 이 석등은 쌍사자 석등과 같은 시
기에 조성된 것으로 보인다.

쌍사자 석등은 팔각기둥이 들어갈 부분에 두 마리의 사자를 조각하여 팔각
석등을 받치고 있게 한 석등이다. 석조 유물 가운데 사자를 조각한 것은 많이
볼 수 있는데, 그 중에서도 법주사 쌍사자 석등의 조각 수법이 가장 뛰어나다
고 한다. 팔각기둥을 대신한 두 마리의 사자가 가슴을 맞대고 머리를 젖힌 채
앞발과 주둥이로 석등을 받치고 있는 모양이 특이하다.

대웅보전(보물 제915호)과 사천왕석등(보물 제15호). 아래층이 정면 7칸, 측면 4칸의 2층 건물인 법주사 대
웅보전은 화엄사 각황전·무량사 극락전과 함께 우리나라의 3대 불전으로 꼽힌다.

아름답고 화려한 원통보전(보물 제916호)은 정면 3칸, 측면 3칸의 정사각형 건물에 사모지붕을 얹었다. 우리나라 절집의 원통보전 가운데 대표적인 건물로 꼽힌다.

원통보전(圓通寶殿)은 팔상전과 같은 시기에 창건된 것으로 추정되는 아름답고 화려한 건물이다. 정유재란 때 소실되고 1624년(인조 2) 복원되어 오늘에 이르는 원통보전은 정면 3칸, 측면 3칸의 정사각형 건물에 사모지붕을 얹었다. 원통보전은 관세음보살을 모신 전각을 뜻한다. 관세음보살은 다른 부처나 보살과 달리 현세적인 이익을 주는 보살로 알려져 있다. 그리고 모습이 다양하고 중생이 원하면 어느 곳에나 나타나는 대자대비한 보살이다. 우리나라 절집의 원통보전 가운데 대표적인 건물로 꼽히는 법주사 원통보전은 보물 제916호이며, 내부에 모셔져 있는 목조관음보살좌상은 보물 제1361호이다.

원통보전과 금동미륵대불 사이에는 법주사 초창기에 조성된 것으로 보이는 희견보살상(喜見菩薩像)이 세워져 있다. 희견보살은 뜨거운 화로를 머리에 이고, 불전에 향 공양을 올리는 모습이다. 《묘법연화경(妙法蓮華經)》에는 희견보살이 몸과 팔을 불태우는 소신(燒身) 공양을 부처님께 올렸는데, 몸에서 타오른 불꽃

국보 제5호인 쌍사자석등. 팔각기둥이 들어갈 부분에 두 마리의 사자를 조각하여 팔각석등을 받치게 하였다.

이 1,200년 동안 꺼지지 않았다는 내용이 있다. 한편 희견보살상을 가섭존자(迦葉尊者)로 보는 견해도 있다. 석가모니의 제자 가섭이 가사와 발우를 머리에 이고 미륵불을 기다리는 모습이라는 것이다. 전체 높이가 2.37미터에 이르며, 보물 제1417호이다.

법주사가 보유한 세 개의 국보 가운데 하나인 석련지(石蓮池)가 능인전 앞의 보호각 안에 세워져 있다. 국보 제64호인 석련지는 8세기경에 만들어진 통일신라시대의 걸작품 중 하나로 꼽히는 석조 문화재로서 팔각의 댓돌 위에 커다란 반구형의 돌을 깎아 연못을 만들어 올려놓은 형태를 갖추고 있다. 표면을 장식한 꽃·구름·덩굴 등의 여러 가지 문양이 뛰어난 솜씨로 섬세하게 새겨져 있으며, 전체적인 비례도 아름답다. 높이 2미터, 둘레 6.65미터에 이르는 거대한 조형물이다.

명승 제61호로 지정되어 있는 속리산 법주사 일원은 문화재의 보고라 할 만큼 많은 국보와 보물, 지방유형문화재가 산재해 있다. 법주사가 한창 번창하여 수많은 스님들이 운집했을 때 솥으로 사용했다는 거대한 쇠솥(鐵鑊, 보물 제1413호)과 쌀 80가마를 채울 수 있는 크기의 석조(石槽, 충청북도유형문화재 제70호), 사도세자의 어머니 영빈이씨(暎嬪李氏)의 위패를 봉안하고 제사를 지내던 선희궁원당(鮮喜宮願堂, 충청북도유형문화재 제233호), '떨어져 내려온 바위' 라는 뜻의 추래암(墜來岩)에 새긴 마애여래의상(磨崖如來倚像, 보물 제216호) 등 눈여겨 보아야 할 문화재가 즐비하다.

*찾아가는 길   경부고속도로를 이용할 경우 청원JC에서 청원–상주간고속도로로 진입하면 눈 깜짝할 사이에 속리산IC에 이른다. 여기서 고속도로를 벗어나와 이정표를 따라가면 곧 법주사 주차장에 도착한다. 그리고 중부내륙고속도로를 이용하는 경우에는 낙동JC에서 청원–상주간 고속도로로 접어들어 속리산IC로 나오면 된다. 대중교통을 이용할 경우에는 서울 동서울터미널과 남부터미널에서 출발하는 속리산행 버스를 타면 된다. 청주 · 동대전 · 대구 · 부산 · 광주에서도 속리산행 버스가 있다.

한겨울 꽃핀 오동나무에
봉황 깃들고

누구나 건강에 걷기운동만큼 좋은 게 없다는 걸 알지만 막상 실천에 옮기지 못하고 망설이는 이들이 있다. 나는 이런 이들에게 명찰 답사길에 나서보라고 권하고 싶다. 산문을 지나 숲 사이로 열린 길을 따라 절까지 오르는 숲길이 걷기운동에 더없이 좋기 때문이다.

매년 10월의 두 번째 주말에 포천시에서 개최하는 산정호수 명성산 억새꽃 축제에 다녀와 며칠 휴식을 취한 뒤 나는 팔공산 동화사 순례를 위해 운동화 끈을 조여 매고 새벽길을 떠났다. 이번의 명찰 기행에도 운정이 동행하였다. 서울에서 중부와 영동, 중부내륙고속도로를 번갈아 타고 내려가다 선산휴게소에서 잠시 휴식을 취하고, 경부고속도로로 접어들어 달리다가 도동분기점을 거쳐 팔공산 인터체인지로 나와 동화사 주차장에 도착하니 오전 10시 40분이다.

동화사를 품에 안고 있는 팔공산(八公山, 1192m)은 대구광역시 · 영천시 · 경산시 · 군위군에 걸쳐 있는 명산으로 산기슭 곳곳에 크고 작은 절집들이 자리잡고 있다. 남쪽 기슭에는 팔공산 절집의 간판격인 동화사(대한불교 조계종 제9교구 본사)를 비롯하여 파계사(把溪寺)와 부인사(符仁寺)·북지장사(北地藏寺)가 있고, 관봉(갓바위)에는 누구에게나 한 가지 소원을 들어준다는 '갓바위 부처님'으로 불리는 '관봉석조여래좌상'(보물 제431호)과 선본사(禪本寺)가 있다. 그리고 영천시에 속하는 팔공산 동쪽 기슭에는 은해사(銀海寺)와 산내 암자인 백흥암(百興庵)·운부암(雲浮庵)과 거조암(居祖庵) 영산전(국보 제14호)이 있고, 군위군에 속하는 북쪽에는 절벽의 자연동굴에 만들어진 통일신라 초기의 석굴사원인 석굴암 석굴(국보 제24호)이 있다. 그리하여 이 고장 사람들은 예로부터 팔공산을 불교신앙지로서 신성한 산으로 여겨오고 있다.

팔공산의 옛 이름은 공산(公山)·부악(父岳)·동수산(桐藪山)이었으나, 고려 때 현재의 이름으로 굳어졌다고 한다. 후삼국시대인 927년 9월 후백제 견훤(甄萱)이 신라의 왕도인 서라벌을 공략할 때 고려의 왕건(王建)이 5천의 정예기병을 거느리고 구원에 나섰다가 견훤에게 역습을 당한 곳이 바로 이 산이다. 전투에서 패한 왕건은 신숭겸(申崇謙)이 이끄는 증원군과 합세하여 동화사 입구(오늘날의 지묘동 일대)에 진을 치고 재차 후백제군과 접전을 벌였으나 고려군은 참패를 당하고 말았다. 왕건은 후백제군에게 포위당하여 목숨마저 위태로웠다. 이때 왕건과 옷을 바꿔 입은 신숭겸이 적진에 뛰어들어 분전하다 전사함으로써 왕건은 가까스로 포위망을 뚫고 목숨을 온전히 보전할 수가 있었다고 한다. 이 전투를 동수대전(桐藪大戰)이라 일컫는데, 고려군은 신숭겸을 비롯하여 김락(金樂) 등 8명의 장수를 이 전투에서 잃고 말았다. 그리하여 여덟 명의 장수가 이 산에서 전사하였다 하여 팔공산이라고 이름을 고쳐 불렀다는 것이다.

또한 이 전투는 고려 향가인 〈도이장가(悼二將歌)〉의 배경이 되기도 한다. 1120년(고려 예종 15) 팔관회(八關會)를 참관하던 고려 제16대 왕 예종은 관복을 갖추어 입은 두 허수아비가 말에 앉아 뜰을 뛰어다니는 것을 보고 이상히 여겨 신하에게 물었다고 한다. 그러자 예종을 따르던 신하가 이렇게 대답하였다.

"그 둘은 신숭겸과 김락으로, 태조께서 견훤과 싸우다가 궁지에 몰리셨을 때 태조대왕을 대신하여 죽은 공신들입니다. 그래서 그 공을 높이고자, 태조대왕 때부터 팔관회에서 추모하는 행사를 벌여 왔습니다. 태조께서는 그 자리에 두 공신이 없는 것을 애석하게 여기시어 풀로써 두 공신의 허수아비를 만들어 복식을 갖추고 자리에 앉게 하셨습니다. 그랬더니 두 공신은 술을 받아 마시기도 하고, 일어나서 춤을 추었다고 하옵니다."

이러한 설명을 들은 예종은 감격하여 다음과 같이 두 장수를 추모하는 노래인 〈도이장가〉를 지어 읊었다 한다. 이두(吏讀)로 표기로 된 향가(鄕歌) 형식의 노래인 〈도이장가〉를 국문학자 무애 양주동(无涯 梁柱東)은 '님을 온전하게 하시기 위한, 그 정성은 하늘 끝까지 미치심이여. 그대의 넋은 이미 가셨지만, 일찍이 지니셨던 벼슬은 여전히 하고 싶으심이여. 오오! 돌아보건대 두 공신의 곧고 곧은 업적은 오래오래 빛나리로소이다.' 라고 현대어로 의역하였다.

동화사 창건에 대해서는 두 가지 설이 전하고 있다.

동화사사적비(桐華寺寺蹟碑)에 따르면 이곳에 터를 잡고 처음 절을 지은 이는 극달화상(極達和尙)이라고 한다. 493년(신라 소지왕 15)에 극달화상이 절을 짓고 유가사(瑜伽寺)라 하였다는 것이다. 그러나 《삼국유사》에 따르면 진표율사(眞表律師)로부터 영심대사(永深大師)에게 전해진 간자(簡子)를 심지대사(心地大師)가 받은 뒤, 팔공산에 와서 이를 던져 떨어진 곳에 절을 지으니 이곳이 바로 동화사 첨당(籤堂) 북쪽 우물이 있는 곳이었다고 한다.

일반적으로 이 두 가지 창건 설화 가운데 832년(신라 흥덕왕 7) 신라 제41대 헌덕왕의 아들인 심지대사가 동화사를 중창했을 때를 사실상의 창건 시기로 보고 있다. 이는 심지대사가 절을 중창할 때가 겨울인데도 오동나무가 상서롭게 꽃을 피웠으므로 절 이름을 '오동나무 동(桐)' 자와 '꽃 화(華)' 자를 써서 '동화사(桐華寺)' 라 하였던 데 연유한다. 뿐만 아니라 동화사 입구의 마애불좌상(보

심지대사가 새겼다고 전하는 동화사 입구 마애불좌상(보물 제243호). 높직한 바위벼랑의 아름다운 구름무늬 좌대에 앉아 선정에 든 듯 미소를 머금고 있다.

물 제243호)·비로암 석조비로자나불좌상(보물 제244호)·비로암 삼층석탑(보물 제247호)·금당암 삼층석탑(보물 제248호)·당간지주(보물 제254호) 등 동화사의 중요 보물들이 모두 신라 후기에 조성되었다는 점이 더욱 심지대사 창건 쪽에 무게를 두게 한다.

동화사는 창건 이후 현재까지 여러 차례의 중창과 중건이 이루어졌다. 934년(신라 경순왕 8)에는 영조선사(靈照禪師)가 중건하고, 1190년(고려 명종 20)에는 보조국사(普照國師)가, 1298년(고려 충렬왕 24)에는 홍진국사(弘眞國師)에 의해 각각 중창·중건되었다. 그리고 조선시대인 1606년(선조 39)에는 사명대사(四溟大師)가 중건하고, 1677년(숙종 3)에는 상숭대사(尙崇大師)가, 1732년(영조 8)에는 관허(冠虛)·운구(雲丘)·낙빈(洛賓)·청월대사(晴月大師) 등이 중창하였다.

현재 동화사에는 영조 때 중창한 대웅전을 비롯하여 천태각·영산전·봉서루·심검당 등의 여러 당우들과 비로암(毘盧庵)·부도암(浮屠庵)·내원암(內院庵)·양진암(養眞庵)·염불암(念佛庵)·약수암(藥水庵) 등의 산내 암자가 자리잡고 있으며, 지난 1992년 통일약사여래석조대불의 낙성을 전후해 많은 당우들이 새롭게 지어졌다. 또한 그 가람은 대웅전 영역과 금당선원 영역, 통일대전 영

오동나무에만 둥지를 튼다는 봉황을 상징하는 누각 봉서루이다. 봉서루 뒤편에는 대웅전을 향해 '嶺南緇營衙門(영남치영아문)'이란 편액이 걸려 있다. 임진왜란 때 사명대사가 이끄는 영남의 승군 총사령부가 설치되었던 절임을 알려주는 유물이다.

역 등 3영역으로 구분되어 있다.

동화사 입구 일주문 부근에는 동화사 창건주인 심지대사가 새겼다고 전하는 마애불좌상이 있다. 높직한 바위벼랑에 아름답게 새겨진 이 마애불상은 높이가 106센티미터로 신체의 비례가 알맞아 나무랄 데 없으며, 광배와 대좌를 모두 갖춘 완벽한 불상이다. 그리고 여느 마애불처럼 머리와 상체는 도드라지게 표현되었으며, 밑으로 내려올수록 얕게 부조되었다. 아름다운 구름무늬에 앉아 선정에 든 듯 미소를 머금고 있는 이 마애불좌상은 보물 제243호이다.

일주문인 봉황문(鳳凰門)은 동화사로 들어가는 첫 관문이다. 동화사가 들어앉은 절터가 봉황이 알을 품는 형국의 명당자리여서 일주문에도 '봉황문(鳳凰門)'이란 이름을 붙이게 된 것이다. 일주문에는 '八公山桐華寺鳳凰門(팔공산동화사봉황문)'이란 편액이 걸려 있다. 한편 동화사 서쪽의 문은 동화문(桐華門)으로 불린다. 이 문은 1990년 통일약사여래석조대불 조성 때 차량 출입의 편의를 고려하여 만들어진 새로운 문으로 기둥이 12개나 되는 큰 문이다.

봉황문을 지나 오르는 구불구불한 산길에는 수목이 우거져 있고, 계곡에는

동화사의 중심 법당인 대웅전(보물 제1563호). 거찰의 대웅전치고는 그리 크다고 할 수 없지만, 높직한 기단 위에 훤칠하게 올라앉은 모습이 위엄 있는 건물이다.

사철 맑은 물이 폭포를 이루며 흐른다. 가쁜 숨을 몰아쉬며 이 길을 오르면 계곡에 가로 놓인 해탈교에 이른다. 이 해탈교 건너 계단 위에는 천왕문격인 옹호문(擁護門)이 서 있다. 이 옹호문을 넘어서면 봉서루(鳳棲樓)가 반갑게 순례자를 맞이한다.

봉서루는 아래층에 돌기둥을 세워 누문을 삼고, 그 위에 누각을 지은 정면 5칸, 측면 2칸의 팔작지붕 건물로서 오동나무에만 둥지를 튼다는 봉황을 상징하는 누각이다. 봉서루로 오르는 계단 입구 중앙에 널찍한 자연석이 하나 놓여 있다. 이곳이 봉황의 꼬리 부분이며, 그 앞에 나란히 놓여 있는 둥근 모양의 돌 세 개는 봉황의 알을 상징한다고 한다.

봉서루 뒤편에는 대웅전을 향해 '嶺南緇營衙門(영남치영아문)'이란 편액이 걸려 있다. 동화사가 임진왜란 당시 사명대사가 이끄는 영남의 승군(僧軍) 총사령부가 설치되었던 절임을 알려주는 유물이다. 현재 동화사에는 영남도총섭(嶺

대웅전에 봉안된 삼세불. 석가모니불을 중심으로 좌측에는 약사불, 우측에는 아미타불을 모셔 놓았다. 삼세불의 머리 위에 배치되어 있는 닫집에는 하강하려는 세 마리의 용과 여섯 마리의 봉황이 화려하게 조각되어 있다.

南都摠攝)이던 사명대사가 사용한 영남도총섭 인장 6개, 승병을 지휘할 때 썼다는 소라 나팔, 명문이 있는 금강저(金剛杵), 요령, 사명대사 진영(보물 제1505호) 등의 유품이 전해져 오는데, 모두 통일약사여래석조대불 앞에 위치한 성보박물관에 전시되어 있다.

봉서루 누각 아래를 지나 계단을 올라서면 동화사의 중심 법당인 대웅전이 순례자를 반긴다. 정면 3칸, 측면 3칸의 다포계 겹처마 팔작지붕 건물인 대웅전은 영조 때 지은 건물이다. 거찰의 대웅전치고는 그리 크다고 할 수는 없지만, 높직한 기단 위에 훤칠하게 올라앉아 있는 모습이 위엄 있는 건물이다. 특히 대웅전의 정면뿐만 아니라 측면과 후면의 문이 모두 아름다운 꽃살문이어서 순례자의 눈길을 사로잡는다. 더구나 꽃살무늬가 어간문과 좌우측 문이 다르고 측면의 문과 뒷문이 모두 다르게 조각되어 있어 흥미롭다. 또한 법당 내부의 불단에는 삼세불을 봉안하였다. 석가모니불을 중심으로 좌측에는 약사

대웅전 동쪽 뒤 담장으로 둘러싸인 별도의 공간에 들어앉은 영산전. 법당 내부에는 영산회상의 모습을 재현하여 석가삼존불을 중심으로 석가모니의 제자인 16나한상을 안치하였다.

불, 우측에는 아미타불을 봉안하였으며, 삼세불의 머리 위에 배치되어 있는 닫집에는 아래로 하강하려는 세 마리의 용과 여섯 마리의 봉황이 화려하게 조각되어 있다. 대웅전은 보물 제1563호이다.

대웅전 동쪽 뒤 담장으로 둘러싸인 별도의 공간에 영산전과 천태각이 있다. 영산전은 나한전, 또는 응진전이라고도 부르는 법당으로, 영산회상의 모습을 재현하여 석가삼존불을 중심으로 석가모니의 제자인 16나한상을 안치하였다. 영산전 바로 뒤에 있는 작은 전각인 천태각은 독성각이라고도 불리는 전각으로, 내부에 나반존자를 모셔 놓았다. 나반존자는 옛날 남인도 천태산(天台山)에서 남의 도움을 받지 않고 홀로 깨달아 성인이 된 사람이다. 심검당은 대웅전 서쪽인 오른편에 자리잡았고, 심검당 뒤쪽에는 산신각과 조사전, 칠성각이 위치하고 있다.

봉서루 앞 동쪽에 있는 설법전 아래 돌계단을 내려와 해탈교를 건너 위쪽으로 조금 올라가면 '이 난야(蘭若)는 스님들의 수행 공간입니다. 참선수행을 위하여 출입을 금지합니다' 라고 쓴 표지판이 길을 막는다. 금당선원(金堂禪院) 입구에 일반인의 출입을 막기 위해 세운 표지판이다. 난야는 인도어 '아란야

세계 최대 규모인 통일약사여래대불. 높이 30m(좌대 높이 13m 포함), 둘레 16.5m의 거대 불상으로 우리 민족의 통일의 염원을 담아 1992년에 조성한 것이다.

(Aranya)'를 한자로 음역한 말로 적정처(寂靜處), 즉 '고요한 곳' 이란 뜻으로 선원을 가리킨 것이다. 금당선원은 원래 동화사 부속 암자인 금당암이 있던 곳으로, 진표율사로부터 영심대사에게 전해진 간자를 받은 심지대사가 팔공산에 와서 이를 던져 떨어진 자리에 절을 지었는데, 그 자리가 바로 지금의 금당선원 자리라고 한다.

금당선원은 한국불교의 선맥을 잇는 참구 도량으로 운수납자들의 발길이 끊이지 않고 있으며, 불교 정화의 주체가 된 많은 스님들이 이곳에서 결사를 한 역사적 의미를 지닌 곳이기도 하다. 선원 내에 극락전과 수마제전(須摩提殿)이 있으며, 극락전 앞에 동·서로 삼층석탑 2기가 자리잡고 있다. 정식 문화재 명칭이 동화사 금당암 삼층석탑인 동탑과 서탑은 보물 제248호이다.

큰절과 금당선원이 갈리는 선원 입구에는 동화사의 비림(碑林)이 있다. 이곳에 仁岳堂(인악당)이란 편액이 걸린 비각이 있다. 이 비각 안에 정조 때의 고승인 인악대사(仁岳大師)의 비가 세워져 있다. 인악대사는 오랫동안 동화사에 머물면서 후학 양성에 전념했던 고승으로, 1790년(정조 14) 정조가 융릉(隆陵)의 원찰인 용주사(龍珠寺)를 지을 때 〈불복장원문경찬소(佛腹藏願文慶讚疏)〉와 〈용주사제신장문(龍珠寺祭神將文)〉을 지어 정조를 감탄시켰다고 한다. 그리고 비각 바로 옆에 보물 제254호인 당간지주가 서 있다.

이제 발걸음을 통일대불이 세워져 있는 통일기원대전(統一祈願大殿)으로 옮겨 보자. 비림에서 봉황문 쪽으로 조금만 내려가면 오른쪽으로 산기슭을 오르는 108계단이 있다. 이 108계단을 걸어 올라가면 세계 최대 규모의 통일약사여래대불이 있다. 이는 높이 30미터(좌대 높이 13m 포함), 둘레 16.5미터의 거대 불상으로 우리 민족의 통일의 염원을 담아 1992년에 조성한 것이다. 또한 동화사의 도량적 성격에 맞게 약사불을 모셨다. 팔공산에는 갓바위 부처를 비롯하여 도처에 수많은 약사여래불상이 있으므로 동화사가 약사여래의 근본도량임을 짐작할 수 있게 해준다. 또한 대불과 마주하여 통일기원대전이란 웅장한 전각이 세워져 있다.

마지막으로 산내 암자인 비로암으로 발걸음을 옮겨보자. 신라 흥덕왕 때 심지대사가 조성한 석조비로자나불이 봉안되어 있는 비로암은 동화사에서 남서쪽으로 약 300미터 떨어진 곳에 위치해 있다. 비로암에는 대적광전과 장경각, 2채의 요사채가 있으며, 보물 제247호인 삼층석탑과 보물 제244호인 석조비로자나불좌상이 있다. 비로암 삼층석탑은 863년(신라 경문왕 3)에 건립된 것으로 일명 '민애대왕 석탑'이라고도 불린다. 1967년 해체 복원 시 민애왕의 명복을 빌기 위해 함통(咸通 : 당나라 연호) 4년(863)에 세운 것임을 알 수 있는데, 석탑의 조성 연도가 확실히 알려진 몇 안 되는 통일신라 후기 석탑으로 주목을 받고 있다.

팔공산에는 많은 절집들이 있지만 동화사 인근에 부인사 · 파계사 · 북지장사와 같은 천년고찰들이 있으므로 동화사 순례 코스에 포함하는 것도 좋을 듯

하다. 부인사와 파계사, 북지장사가 모두 가까운 거리에 있으므로 동화사 순례
길을 더욱 풍요롭게 해줄 것이다.

*찾아가는 길   승용차를 이용하는 경우, 대구포항간고속도로 팔공산IC에서 요금을
계산하고 나오면 삼거리이다. 여기서 우회전하여 직진한다. 불로동 도심을 지나고
봉무지하차도를 통과하여 오르막 차도를 오르면 삼거리가 나온다. 그대로 직진하여
다시 오르막 차도를 오르면 터널을 통과하게 된다. 터널 통과 후 몇 번의 교차로를
통과하면 백안 삼거리가 나온다. 그곳에서 좌회전하면 동화사 가는 길이다. 표지판
이 잘되어 있으므로 불편함이 없다. 대중교통 이용 시에는 동대구역 앞에서 수시로
출발하는 버스를 이용하면 된다.

金井山 梵魚寺 금정산 범어사

하늘에서 내려온
금빛 물고기

금정산(801m) 북동쪽 기슭에 있는 천년고찰 범어사(대한불교조계종 제14교구 본사)는 신라 문무왕(661~680) 때 화엄종의 개조인 의상대사(義湘大師)가 화엄십찰(華嚴十刹)의 하나로 창건한 절이다.

《신증동국여지승람(新增東國輿地勝覽)》에는 금정산의 산 이름과 이 절 이름에 대한 유래를 기록해 놓았다. 이 책의 동래현(東萊縣) 산천조에 보면 '금정산은 현의 북쪽 20리 지점에 있다. 산마루에 높이가 3길 정도 되는 바위가 있는데, 바위 위에 둘레가 10여 자(尺)쯤 되고 깊이가 7치(寸)쯤 되는 우물이 있다. 물이 항상 가득 차 있어 가물어도 마르지 않으며, 물빛이 황금색이다. 세상에 전해 오는 말은 한 마리의 금빛 물고기가 오색구름을 타고 하늘에서 내려와 그 속에서 헤엄치며 놀았다 하여 이로써 산 이름을 지었고, 그로 말미암아 절을 짓고 범어사라 불렀다.' 라는 내용이 적혀 있다.

유서 깊은 범어사 순례길에는 통도사 순례 때와 마찬가지로 부산에 사는 처제 내외도 동참하기로 미리 약속이 돼 있었으므로 열차를 타고 부산으로 내려가기로 하였다. 운정과 나는 아침 9시에 부산으로 출발하는 KTX를 타기 위해

서둘러 서울역으로 나갔다.

부산역에 도착한 것은 오전 11시 50분. 미리 나와서 우리를 기다리고 있던 처제 내외가 반갑게 맞이한다. 우리는 점심때가 됐으므로 범어사 순례는 점심식사 후에 하기로 하였다. 지난해 여름 통도사 순례 때 처제 내외로부터 융숭한 점심 대접을 받았던 터라 이번에는 우리가 점심을 사려고 했으나, 처제 내외는 우리를 위해 점심식사를 미리 예약해 놓았다며 역에서 멀리 않은 곳에 있는 일식집으로 안내했다.

명찰 순례 여행을 다니다 보면 오랜만에 찾아간 사찰의 변한 모습에 놀랄 때가 많다. 범어사도 예외가 아니었다. 예전에는 범어사로 가는 길이 차와 사람이 함께 오르내리던 길이었으나 이제는 차량만 다니는 일방통행로로 바뀌었다. 길도 포장이 되었으며, 입구에는 아파트도 들어섰다.

나는 내 인생이 그랬던 것처럼 '이 길에도 많은 변화가 있었구나' 생각하면서 승용차의 뒷자리에 앉아 회상에 잠겼다. 내가 운정과 함께 범어사를 처음 찾았던 때가 1969년 가을이었다. 그 당시 나는 '부산 아가씨'이던 운정과 열애 중이었는데, 그녀를 만나기 위해 열차를 타고 부산으로 내려와 함께 범어사를 찾았던 것이다. 나는 차창 밖으로 눈길을 주며 운정과 처음 손을 잡았던 곳이 범어사 오르는 길 어디쯤인가 가늠해 보았다.

의상대사가 중국 당나라에 건너가 지엄(智儼)으로부터 화엄의 정수를 체득한 뒤 스승으로부터 법통을 이어받아 10년 만에 귀국하여 세운 화엄십찰은 금정산 범어사를 비롯하여 태백산 부석사(浮石寺), 원주 비마라사(毘摩羅寺), 가야산 해인사(海印寺), 비슬산 옥천사(玉泉寺), 지리산 화엄사(華嚴寺), 팔공산 미리사(美理寺), 계룡산 갑사(甲寺), 웅주 가야협(迦倻峽) 보원사(普願寺), 삼각산 청담사(靑潭寺) 등이었다.

《삼국유사》에도 의상대사가 범어사를 화엄십찰 중 하나로 세웠다는 내용을 적고 있다. 그러나 정확한 창건 시기에 관한 기록은 없는데, 1746년(영조 22) 동계(東溪)라는 사람이 쓴 《범어사 창건 사적》에는 의상대사가 범어사를 창건한 이야기를 기록해 놓았다.

그 기록을 요약하면 '신라 흥덕왕 때 왜구가 10만 병선을 거느리고 신라를 침공하고자 하므로 왕은 큰 근심에 싸였다. 이때 왕의 꿈에 신인이 나타나 걱정하지 말라면서 "태백산에 의상대사란 분이 있는데, 대왕께서 의상대사를 모시고 금정산에 올라 이레 동안 밤낮으로 기도하면 왜구가 물러갈 것입니다."하고 일러주었다. 왕은 신인이 일러준 대로 의상대사와 함께 금정산에 올라 기도하였다. 그러자 과연 왜구가 물러갔으며, 이를 기리기 위해 당(唐) 문종 태화(太和 : 당나라 문종의 연호) 19년 을묘(乙卯)에 범어사를 창건하였다.' 라는 내용이다.

이와 같은 《범어사 창건 사적》의 내용은 큰 오류를 범하고 있다. 우선 당나라의 연호인 태화는 9년까지밖에 없는데 19년이라고 적은 점이다. 태화 9년은 신라 흥덕왕 10년(835)이다. 또 의상대사가 왕과 함께 금정산에 올라 기도하자 왜구가 물러갔으므로 이를 기리기 위해 범어사를 창건했다고 적었는데, 의상대사는 이미 702년(신라 성덕왕 1)에 입적하였다. 어떻게 죽은 사람이 130여 년이나 지난 뒤에 다시 나타나 왕과 함께 기도하고, 이 절을 지을 수 있었단 말인가. 허무맹랑한 이야기가 아닐 수 없다.

그러나 《삼국유사》와 《범어사 창건 사적》의 창건 시기가 틀리기는 하지만 의상대사가 범어사를 창건했다는 기록만은 일치하는 것으로 보아, 동계라는 사람이 옛 기록을 참고하여 《범어사 창건 사적》을 만들 때 창건 시기인 '문무왕 19년 기묘(己卯)'를 '태화 19년 을묘'로 잘못 적은 것이 아닌가 하는 의심이 든다. 의상대사가 화엄십찰 중 한 곳인 부석사를 창건한 때가 신라 문무왕 16년(676)이므로, 의상대사가 3년 뒤에 범어사를 지었을 것이란 추리가 가능한 것이다. 그러므로 범어사의 창건 시기는 문무왕 19년(679)으로 보는 것이 타당

할 듯싶다.

범어사는 창건설화에서 짐작할 수 있듯이 지정학적 특성상 왜구로부터 나라를 지키기 위하여 세운 진호사찰(鎭護寺刹)로 중요한 역할을 담당하면서 사세를 크게 확장했던 듯하다. 실제로 임진왜란 때는 서산대사(西山大師)가 범어사를 사령부로 삼아 승병 활동을 한 것으로 유명하다. 그러나 창건 이후부터 임진왜란 이전의 범어사에 대한 전각과 기록이 전하지 않는 것은 임진왜란 때 절과 함께 모든 기록이 불타버렸기 때문이다.

임진왜란으로 잿더미가 된 범어사는 1602년(선조 35)에 중창되었으나 얼마 뒤 불이 나 1613년(광해군 5)에 또다시 중건되었다. 이후 범어사는 사세를 키워 나가 오늘날의 대사찰을 이루었으며, '선찰대본산' 이란 이름 아래 해인사·통도사와 더불어 경남의 3대사찰로 꼽히기에 이르렀다. 또한 그동안 범어사는 많은 고승대덕을 배출했는데, 이 절과 인연이 깊은 고승은 창건주인 의상대사와 신라 10성(聖) 중 한 사람인 표훈(表訓) 스님, 평생 동안 남에게 보시하는 것으로 일관한 낙안(樂安) 스님, 구렁이가 된 스승을 제도한 영원(靈源) 스님을 꼽을 수 있으며, 근대의 고승으로는 경허(鏡虛) 스님과 〈님의 침묵〉으로 유명한 만해 한용운(卍海 韓龍雲) 스님, 불교계의 정풍운동을 주도했던 동산(東山) 스님 등이 있다.

범어사 입구 매표소를 지나 100미터쯤 가다 보면 왼쪽으로 천연기념물 제176호인 등나무 군락지를 알리는 안내판이 있다. 안내판을 따라 등나무 군락지 관찰로로 들어서면 계곡 일대의 큰 바위 틈에서 자란 500여 그루의 등나무가 소나무와 팽나무 등 큰 나무를 감고 올라가 뒤덮어 밀림을 이루고 있는 장관을 볼 수가 있다. 등나무가 무리지어 자란 이 계곡은 등운곡(藤雲谷)으로, 예부터 금정산 절경의 하나로 꼽힐 만큼 경치가 뛰어난 곳이다.

또한 일주문을 들어서기 전 함홍당(含弘堂) 아래의 송림으로 눈길을 던지면

범어사 일주문인 조계문(보물 제1461호). 여느 사찰의 일주문이 대부분 두 개의 기둥을 세워 지붕을 받치고 있는 것과 달리 범어사의 일주문은 배흘림한 원형의 돌기둥 네 개를 일렬로 세우고 그 위에 다시 짧은 나무기둥을 세운 다포 형식의 맞배지붕 건물이다.

숲속에 세워져 있는 당간지주를 발견할 수가 있다. 서로 마주보고 있는 좌우 돌기둥의 높이는 4.5미터나 되는데, 장식이 전혀 없어 검소하고 소박해 보인다. 신라 말에서 고려 초기 무렵에 조성된 것으로 보이는 이 당간지주는 부산 광역시유형문화재 제15호이다.

전형적인 산지가람 양식을 취하고 있는 범어사는 일주문인 조계문에서 천왕문·불이문·보제루·대웅전을 일직선상에 세우고, 때로는 완만하게 때로는 가파르게 금정산의 지세와 조화를 이루며 가장 높은 곳에 자리잡은 대웅전을 향해 상중하 3단으로 가람을 배치하였다. 상단에는 대웅전을 비롯하여 관음전·지장전과 팔상·독성·나한의 삼전과 산령각 등이 자리잡고 있다. 그리고 중단에는 보제루를 중심으로 북쪽에 종루와 미륵전·비로전·금어선원 등을 배치하고, 남쪽으로는 심검당과 원응당을 비롯한 10여 채의 요사를 배치하였다. 이곳이 범어사 가람에서 가장 넓은 중단 구역이다. 또한 하단에는 일주문·천왕문·불이문이 있으며 함홍당과 요사채, 해행당·영보당·열반당이 좌우에 세워졌다.

당간지주를 지나 100미터쯤 올라가면 일주문에 이른다. 일주문은 불국정토에 들어가는 세 개의 문 중 첫 번째 문으로서 사찰의 정문에 해당한다. 여느 사찰의 일주문이 대부분 두 개의 기둥을 세워 지붕을 받치고 있는 것과 달리 범어사의 일주문은 우선 생김새부터가 독특하다. 배흘림한 원형 돌기둥 네 개를 일렬로 세우고 그 위에 다시 짧은 나무기둥을 세운 다포 형식의 맞배지붕 건물이다.

일주문이 처음 건립된 때는 1694년(숙종 20)이며, 정면 중앙의 문 위에는 '曹溪門(조계문)'이란 현판을 걸었고, 좌우의 문 위에는 '禪刹大本山(선찰대본산)'과 '金井山梵魚寺(금정산범어사)'란 현판을 내걸었다. 이것은 범어사가 선종 사찰의 대본산임을 표방하는 현판으로, 현판 글씨는 해사 김성근(海士 金聲根)이 쓴 것이다.

일주문을 들어서면 곧장 천왕문이다. 천왕문에는 목조 사천왕상이 봉안되어 있다. 사천왕은 수미산 정상의 중앙부에 있는 제석천(帝釋天)을 섬기며, 불법뿐 아니라 불법에 귀의하는 사람들을 수호하는 호법신이다. 그러므로 사천왕상을 안치한 천왕문은 순례자가 경내에 들어서기 전에 세속의 때를 씻는다는 상징적 의미를 갖는 문이기도 하다.

불이문은 범어사로 통하는 마지막 문으로서, 진리란 둘이 아니고 하나라는 것을 의미하는 문이다. 둘이 아닌 하나의 진리로써 모든 번뇌를 벗어버리면 해탈을 이룬다 하여 불이문은 해탈문이라고도 한다. 순례자는 이 문을 통과함으로써 비로소 사바세계를 떠나 진리의 세계인 불국토에 발을 내딛게 되는 것이다.

이 불이문을 넘어 가쁜 숨을 쉬며 30여 개의 가파른 계단을 오르면 보제루(普齊樓) 앞에 서게 된다. '널리 중생을 구제한다(普濟)'는 뜻을 가진 보제루는

전형적인 통일신라 양식을 띠고 있는 범어사 삼층석탑(보물 제250호). 부산에 살고 있는 처제 부부(김순홍·고인향)가 범어사 순례에 동행하여 탑을 배례하고 있다.

1699년(숙종 25) 자수(自修) 스님이 천왕문과 함께 창건한 정면 5칸, 측면 3칸의 팔작지붕 건물이다. 창건 당시에는 2층의 누각 형태여서 누각 밑을 통해 절 마당으로 들어갈 수 있었으나, 지금은 일자형의 평범한 단층 건물이어서 옆으로 돌아 들어가야만 한다.

보제루의 정면에는 '梵魚寺' 현판이 걸려 있고, '普濟樓' 현판은 뒷면에 걸려 있다. 이 현판 밑에 '金剛戒壇(금강계단)' 이란 현판도 걸려 있는데, 이 현판은 불교계의 정풍운동을 주도했으며 조계종 종정을 지낸 동산 스님의 글씨이다. 보제루에서는 예불과 법요식(法要式)이 거행된다.

보제루 뒤의 너른 마당은 중단 구역이면서 높직한 상단 구역에 위치한 대웅전의 앞마당이 된다. 가람은 중단 구역을 중심으로 배치되어 있다. 대웅전을 바라본 상태에서 오른쪽에 미륵전·비로전·종루와 선원이 자리잡았고, 왼쪽에는 심검당과 요사채가 있다. 또한 미륵전 앞쪽의 마당에 신라시대의 삼층석

'널리 중생을 구제한다(普濟)'는 뜻의 이름을 가진 보제루. 지금은 일자형의 평범한 단층 건물이나, 창건 당시에는 2층의 누각 형태여서 누각 밑을 통해 절 마당으로 들어갈 수 있었다.

탑(보물 제250호)이 세워져 있고, 심검당 앞쪽에는 석등이 놓여 있다.

전형적인 통일신라 석탑의 양식을 따르고 있는 이 삼층석탑은 범어사를 창건할 때 세운 것으로 2단의 기단 위에 3층의 탑신을 세운 모습이며, 높이는 4미터에 이른다. 일제 강점기 때 크게 수리를 하면서 기단 아래 부분에 돌 하나를 첨가하는 바람에 기단부가 크고 높아졌으며, 탑 주위에 둘러친 난간도 이때 만들어졌다고 한다.

심검당 앞쪽에 세워져 있는 석등은 본래 미륵전 앞에 있던 것이나, 일제 강점기 때 심검당 옆의 종루를 현재의 자리인 보제루 옆으로 옮기면서 지금의 위치로 옮겼다고 한다. 이 석등 역시 삼층석탑과 같은 시기에 조성하였다고 하나, 전문가들은 양식적 특징으로 보아 고려 말이나 조선 초에 조성된 것으로 보인다고 말한다. 부산광역시유형문화재 제16호인 이 석등은 하대석 위에 간주(竿柱)를 세우고, 그 위에 상대석과 화사석(火舍石), 옥개석을 올린 전형적인

범어사의 중심 법당인 대웅전(보물 제434호)은 가장 높은 구역인 상단에 위치하고 있으며, 법당 내부에는 목조석가여래삼존좌상(보물 제1526호)을 모셨다.

팔각석등이다.

　미륵전과 비로전은 서로 나란히 서 있다. 미륵전은 정면 3칸, 측면 2칸의 맞배지붕 건물이며, 내부에는 목조미륵불좌상을 봉안하였다. 목조미륵불좌상은 동쪽을 등지고 서향으로 앉아 있는데, 이는 일본을 배척한다는 의미로 일본 쪽을 등지고 있는 것이라 한다. 또한 미륵전 서쪽에 인접하여 바로 붙어 있는 비로전은 정면 3칸, 측면 2칸의 맞배지붕 건물이며, 내부에는 비로자나삼존불을 봉안하였다. 범어사가 화엄십찰의 하나로 창건된 절이므로 화엄종의 본존인 비로자나불을 모신 전각이 있는 것은 당연하나, 비로전이 이처럼 작은 규모로 한쪽에 있는 이유는 임진왜란 후 범어사를 중창하면서 중심 전각이 대웅전으로 바뀌었기 때문으로 짐작된다.

　대웅전은 범어사의 지형으로 볼 때 가장 높은 구역인 상단에 위치한다. 중단 구역의 마당에서 7~8미터 높이의 가파른 계단을 올라야 대웅전에 이를 수

있다. 일주문에서부터 일직선상으로 수없이 많은 계단을 거치고 난 뒤에야 비로소 부처님이 계신 금당에 다다를 수 있는 것이다. 본래의 건물은 임진왜란 때 소실되고, 현재의 건물은 1614년(광해군 6) 묘전화상(妙全和尙)에 의해 중건된 정면 3칸, 측면 3칸의 다포식 맞배지붕 건물이다. 대웅전은 보물 제434호이다.

내부의 불단에는 목조석가여래삼존좌상을 봉안하였다. 주존으로 석가여래상을 모시고, 좌우 협시불로 미륵보살과 제화갈라보살을 모셨으며, 불단 위에는 화려하게 장식한 닫집을 얹었다. 닫집과 불단의 조각이 정교하고 섬세하여 조선시대 목조공예의 진수를 보여준다는 평가를 받고 있다. 1661년(현종 2)에 조성된 목조석가여래삼존좌상은 보물 제1526호이다.

대웅전이 있는 상단 영역에는 관음전과 지장전이 대웅전을 협시하듯 서 있고, 좌우로 일로향각과 팔상·독성·나한삼전, 산령각과 휴휴정사 등이 가로로 늘어서 있다. 이 가운데 보기 드문 전각이 팔상전, 독성전, 나한전 등 세 법당이 한 채의 건물로 이루어져 있는 팔상·독성·나한삼전이다. 정면 7칸, 측면 3칸의 맞배지붕 건물로 대웅전과 가까운 쪽부터 세 칸은 나한전, 중앙의 네 번째 칸은 독성전, 나머지 세 칸은 팔상전이다.

　범어사 순례에서 빼놓을 수 없는 곳이 절 입구의 울창한 송림 속에 있는 부도전이다. 천왕문을 지나 불이문으로 들어서기 전에 왼쪽 계곡으로 빠져나가면 30여 기의 부도가 단정하게 줄지어 늘어선 부도전이 나온다. 이 부도전은 고승대덕이 끊이지 않았던 범어사의 오랜 역사를 말해주는 곳이나 언제나 정적이 감돌고 있어 순례자의 옷깃을 여미게 한다.

　범어사 순례길에 사적 제215호인 금정산성을 답사하는 것도 즐거운 추억이 될 것이다. 금정산성은 삼국시대의 석축산성으로 우리나라에서 가장 큰 규모의 성곽이다. 본래 이름이 동래산성이었으나 현재는 금정산에 있다고 하여 금정산성으로 불린다. 바다로 침입하는 외적에 대비하기 위하여 낙동강 하구와 동래 일대가 내려다보이는 요충지에 축성한 금정산성은 현재 4킬로미터의 성벽만이 남아 있다. 금강공원에서 금정산 정상까지 이어지는 케이블카가 있으며, 산성 안의 마을에는 토속주인 산성막걸리가 유명하다.

*찾아가는 길　승용차로 경부고속도로를 이용하여 범어사를 갈 때는 노포IC로 나와 부산 고속버스터미널(지하철 노포동역)을 지나서 약 500m를 직진(검문소 통과)한다. 여기서 다시 약 500m를 직진한 후 범어사 입구에서 우회전하여(범어사 방향 일방통행) 산길을 약 1km 오르면 범어사 주차장이다. 부산시내에서 지하철을 이용하여 범어사에 갈 때는 1호선 범어사역 5번과 7번 출구로 나와서 범어사행 버스를 이용하면 된다. 또한 시내버스를 이용할 때는 범어사역 버스정류장에서 하차하여 범어사행 버스로 갈아타면 된다.

구름과 물 흐르고
꽃비 내리네

봄의 전령인 매화와 산수유의 뒤를 이어 벚꽃이 꽃망울을 터뜨리기 시작하면 김동리(金東里)의 소설 〈역마〉의 무대이기도 한 화개장터는 전국에서 모여든 사람들로 모처럼 활기를 띤다. 화개장터에서 쌍계사 초입까지 약 5킬로미터에 걸쳐 벚꽃터널을 이룬 '십리 벚꽃길'을 구경하기 위해 전국에서 많은 관광객이 몰려들기 때문이다.

전라남도 구례와 경상남도 하동의 접경 지역이자 지리산 맑은 물이 흘러 내려와서 섬진강과 만나는 곳에 터를 잡은 화개장터는 해방 전까지만 해도 우리나라 5대 시장 중 하나로 꼽힐 만큼 번성했던 곳이다. 5일장이 서던 화개장터에 지리산 화전민들은 산채와 약초를 가지고 와서 팔고, 전라도 구례와 경상도 함양 등 내륙지방 사람들은 쌀과 보리를 가지고 나와 팔았으며, 여수 · 광양 · 남해 · 삼천포 · 충무 · 거제 등지의 사람들은 뱃길을 이용하여 미역 · 청각 · 고등어 · 갈치 등 수산물을 싣고 와서 팔았다. 또한 전국을 떠돌던 보부상들도 빠지지 않고 찾아와 생활용품을 팔았다. 가수 조영남이 부른 〈화개장터〉 노랫말처럼 그야말로 '있어야 할 건 다 있고, 없을 건 없는' 정이 가득 넘치던 장터였다.

봄의 전령인 매화와 산수유의 뒤를 이어 꽃망울을 터뜨려 벚꽃 터널을 이룬 십리 벚꽃길. 이 벚꽃 터널은 화개장터에서 쌍계사 초입까지 계속 이어져 있다.

오늘 우리가 순례길에 오른 쌍계사는 삼신산(三神山 : 중국의 삼신산을 본떠서 금강산을 봉래산, 지리산을 방장산, 한라산을 영주산으로 부르고 이 산들을 한국의 삼신산으로 일컬음)의 하나로 방장산이라 불리는 지리산 남쪽 기슭에 자리잡은 천년고찰로서, 행정구역상으로는 경남 하동군 화개면 운수리에 위치하고 있다. '화개면 운수리(花開面 雲水里)'란 지역 이름답게 '꽃이 피고 구름과 물이 흐르는' 곳에 유서 깊은 절집 쌍계사가 자리잡고 있는 것이다.

봄이 오면 화개장터에서 화개천을 따라 십리가 넘는 도로변에 늘어선 아름드리 벚나무들이 꽃망울을 터뜨려 벚꽃터널을 이룬다. 이 환상적인 '십리 벚꽃길'은 이미 유명해진 지 오래다. 그래서 이 길을 우리나라 최고의 꽃길로 꼽는 이들도 있다. 또 꽃비가 내리는 이 길은 연인들이 손을 잡고 걸으면 사랑이 결실을 맺는다 하여 일명 '혼례길'이라고 불리기도 한다.

이 길을 지나 쌍계사 매표소를 지나면 길 양쪽에 '雙磎(쌍계)'와 '石門(석문)'

이란 글씨가 음각되어 있는 바위가 있다. 이 글씨는 신라 말기의 대표적인 지식인이요 문장가였던 최치원(崔致遠)이 지팡이 끝으로 썼다고 전한다.

'삼신산 쌍계사(三神山 雙磎寺)'란 현판의 이름보다 '하동 쌍계사', '지리산 쌍계사'로 더 알려진 쌍계사는 723년(신라 성덕왕 22) 의상대사의 제자인 삼법(三法)과 대비(大悲) 두 스님이 중국 당나라 유학을 마치고 돌아와 창건한 절이다. 삼법과 대비 두 스님은 귀국할 때 선종(禪宗)의 제6대조인 혜능대사(慧能大師)의 정상(頂相), 즉 두개골을 모시고 왔다고 한다. 두 스님은 중국에서 꿈을 꾸었는데 '육조 혜능의 정상을 모셔다가 삼신산 설리갈화처(雪裏葛花處 : 눈 속에 칡꽃이 피어 있는 곳)에 봉안하라'는 계시를 받았다는 것이다. 그리하여 삼법과 대비 두 스님은 육조 혜능의 정상을 모시고 귀국하여 삼신산을 두루 돌아다니다가 지리산에 이르자 호랑이가 길을 인도하여 지금의 쌍계사 금당(金堂 : 육조정상탑전) 자리에 혜능의 정상을 평장(平葬)한 뒤 옥천사(玉泉寺)를 창건했다고 한다.

옥천사를 중창한 이는 진감선사(眞鑑禪師)이다. 당나라에 가서 선종의 법을 잇고 돌아온 진감선사가 840년(신라 문성왕 2년)에 대가람을 중창한 것이다. 그 뒤 진감선사가 입적하자 885년(신라 헌강왕 11) 헌강왕은 진감선사의 탑비를 세우면서 탑명을 '진감선사대공영탑(眞鑑禪師大空靈塔)'이라고 내리고, 이름에 대해서는 주변에 같은 이름을 가진 절이 있었기 때문에 옥천사를 쌍계사로 바꾸도록 하였다. 절 앞에 두 개의 계곡에서 물이 흐르고 있어 '쌍계사(雙磎寺)'라고 이름을 지은 것이다. 그후 쌍계사는 임진왜란 때 병화를 입어 크게 소실된 것을 1632년(인조 10)에 벽암대사(碧巖大師)가 중창하였으며, 다시 몇 차례의 중수를 거쳐 현재에 이르고 있다.

쌍계사의 가람 배치는 대웅전과 진감선사대공탑비를 비롯하여 일주문 · 금강문 · 천왕문 · 팔영루 · 범종루 · 적묵당 · 설선당 · 나한전 · 화엄전 · 명부전 · 삼성각 등이 있는 대웅전 영역, 육조정상탑전(六祖頂相塔殿)인 금당과 팔상

팔영루는 우리나라 불교음악의 창시자인 진감선사가 우리 민족에 맞는 범패를 만든 곳이자 범패 명인들을
배출한 교육장이며, 월정사 팔각구층석탑을 닮은 구층석탑은 1990년에 세운 것으로 석가여래 진신사리가
봉안되어 있다.

전 · 청학루 · 방장실 · 영모전 · 봉래당 · 동방장 · 서방장 · 하선원이 있는 금당
영역으로 이루어져 있다.

대웅전 영역은 산지 가람이지만 일직선상에 주요 건물이 배치되어 있다. 순
례자를 맨 처음 맞아주는 건물이 팔작지붕을 한 다포 양식의 공포가 화려한 일
주문이다. 경상남도유형문화재 제86호인 일주문에는 근세의 서화가로 유명한
해강 김규진(海岡 金圭鎭)이 예서체로 쓴 '三神山 雙磎寺'란 현판이 걸려 있으며,
일주문 뒤쪽에는 '禪宗大伽藍(선종대가람)'이란 현판이 걸려 있다. 일주문은
1641년(인조 19) 벽암대사가 처음 세웠으며, 1977년에 중수하였다.

이 일주문을 지나 계단을 올라가면 정면 3칸 측면 2칸의 맞배지붕 건물인
금강문이 순례자를 반긴다. 금강문은 가람과 불법을 수호하는 금강역사가 지
키고 있는 문이다. 사찰에 따라 금강문을 인왕문이라고 부르기도 한다. 이 문
은 진감선사가 건립한 것을 벽암대사가 중창하였고, 1979년에 중수하였으며,

현재 경상남도유형문화재 제127호로 지정되어 있다. 금강문을 지나 다시 계단을 오르면 사천왕상(경상남도유형문화재 제413호)이 봉안되어 있는 천왕문(경상남도유형문화재 제126호)이 나온다. 정면 3칸, 측면 2칸의 맞배지붕 건물인 천왕문은 1704년(숙종 30) 백봉 스님이 지었고, 1825년(순조 25) 인정 스님이 중수하였으며, 1978년에 다시 중수하였다.

천왕문을 나서면 대웅전의 누각인 팔영루(八詠樓)와 마주치게 된다. 팔영루는 우리나라 불교음악의 창시자인 진감선사가 우리 민족에 맞는 범패(梵唄)를 만든 곳이자 훌륭한 범패 명인들을 배출한 교육장이기도 하다. 팔영루는 정면 5칸, 측면 3칸의 2층 누각 건물로서, 진감선사가 섬진강에 뛰노는 물고기를 보고 팔음률로써 어산(魚山) 범패를 작곡했다고 하여 팔영루란 이름이 붙여졌다 한다. 팔영루는 진감선사가 건립하였고, 1641년 벽암대사가 중수한 후 1978년에 다시 중수하였다.

범패는 절에서 재(齋)를 올릴 때 쓰는 의식 음악으로 현재 중요무형문화재 제50호로 지정되어 있다. 가곡·판소리와 더불어 우리나라 3대 성악곡 중 하나로 꼽히는 범패는 장단이 없는 단성선율(單聲旋律)로서 가톨릭의 그레고리안 성가와 견줄 수 있다. 일정한 악보가 없이 구음으로 전해지는 범패는 음악적 형식으로 구분할 때 흔히 염불이라고 하는 안채비소리와 홑소리·짓소리·화청으로 구성되는 바깥채비소리로 분류한다. 진감선사가 쌍계사에서 수많은 제자들에게 전승한 범패는 불교가 국교였던 고려 때는 상당히 성했으나, 유교국가이던 조선시대를 거쳐 일제강점기인 1911년 6월 사찰령과 더불어 조선 승려의 범패와 작법을 금하는 각 본말사법이 제정된 이후 쇠퇴하기에 이르렀다. 범패는 부처님의 공덕을 찬양하는 음악으로, 이를 들으면 심산유곡에서 들려오는 범종 소리처럼 마음의 평정심을 되찾게 해주는 그윽함을 느낄 수 있다.

팔영루 앞의 구층석탑은 월정사(月精寺) 팔각구층석탑을 많이 닮았다. 1990

진감선사대공탑비(국보 제47호). 이 비는 신라 헌강왕이 신라 말의 고승인 진감선사의 높은 도덕과 법력을 앙모하여 건립한 것으로 비문은 최치원이 직접 짓고 썼다.

년에 세워진 이 탑에는 고산 스님이 인도 성지를 순례하고 돌아올 때 스리랑카에서 가져온 석가여래 진신사리를 봉안하였다.

팔영루 오른쪽에는 범종루가 서 있다. 또한 팔영루 뒤의 대웅전 앞마당에는 진감선사대공탑비(국보 제47호)가 남쪽을 향하여 세워져 있고, 자연석으로 쌓은 높직한 축대 위에는 쌍계사의 중심 건물인 대웅전이 자리잡고 있다. 서쪽을 향하고 있는 대웅전과 달리 비석은 남쪽을 향하고 있어 왠지 어색함을 느끼게 하나, 이는 벽암대사가 쌍계사를 중창하면서 진감선사대공탑비가 있는 자리를 대웅전 구역으로 정하고 비석 위쪽에 대웅전을 세웠기 때문에 앞마당의 비석이 남향하여 서 있는 것과 달리 대웅전은 서향으로 서 있게 된 것이다.

진감선사대공탑비는 신라 헌강왕이 신라 말의 고승인 진감선사의 높은 도덕과 법력을 우러러 사모하여 대사가 도를 닦던 옥천사를 쌍계사로 명명하고 건립한 것이다. 속성이 최씨인 진감선사는 어려서 부모를 여의고 804년(신라 애장왕 5) 불도를 닦으러 당나라에 들어가 창주(滄州)에서 신감대사(神鑑大師)의 제자가 되었다. 이후 부단한 정진과 수행을 계속하여 810년(신라 헌덕왕 2) 당나라 숭산(嵩山)에 있는 소림사(少林寺)에서 구족계를 받았으며, 종남산(終南山)에 들어가 선정(禪定)과 지혜를 닦았다. 830년(흥덕왕 5) 귀국한 스님은 국왕의 환대를 받으며 상주(尙州) 장백사(長栢寺)에서 주석하다가 지리산에 쌍계사를 중창하고, 남종선(南宗禪) 발전에 노력하였다. 특히 중국에서 배워온 범패를 발전시키고 가르쳐 우리나라 범패의 효시로 불린다.

887년(신라 진성여왕 1)에 세워진 진감선사대공탑비는 비신의 여러 군데가 갈라져 있는 등 많이 손상된 상태이기는 하나, 귀부와 이수를 모두 갖춘 통일신라 말기의 작품으로 귀중한 문화재이다. 이수에는 구슬을 두고 다투는 용의 모습이 힘차게 표현되어 있고, 앞면의 가운데에는 '해동고진감선사비(海東故眞鑑禪師碑)'라는 비의 명칭이 새겨져 있다. 현재 비신이 더 이상 손상되는 것을 막기 위해 보조 철틀로 고정해 놓았다.

진감선사대공탑비의 비문은 당대 최고의 문장가인 최치원이 짓고 쓴 것으로, 최치원의 '사산비명(四山碑銘)' 가운데 하나이다. '사산비명'은 최치원이 지은 네 개의 비문을 말하는 것으로서 지리산의 쌍계사진감선사대공탑비, 만수산(萬壽山)의 성주사낭혜화상백월보광탑비(聖住寺郎慧和尙白月葆光塔碑), 초월산(初月山)의 대숭복사비(大崇福寺碑), 희양산(曦陽山)의 봉암사지증대사적조탑비(鳳巖寺智證大師寂照塔碑) 등에 적힌 문장을 가리킨다. 이들 비문은 신라 말의 불교·역사·문학·정치·사상을 살필 수 있는 귀중한 문헌으로 많은 해설서가 나와 있다.

대웅전은 1641년 벽암대사가 쌍계사를 중창할 때 지은 정면 5칸, 측면 3칸의 다포계 팔작지붕 건물로서, 1735년(영조 11)에 중수하여 오늘에 이르고 있다. 법당 내부에는 목조삼세불좌상(木造三世佛坐像) 및 사보살입상(四菩薩立像)과 삼세불탱화(三世佛幀畵)를 비롯한 삼장탱화와 감로탱화·신중탱화 등 다양한

대웅전 안에 봉안되어 있는 목조삼세불좌상 및 사보살입상. 목조삼세불좌상 중 아미타불을 제외한 석가모니불과 약사불, 그리고 일광·월광·관음·세지보살로 추정되는 네 보살입상이 보물 제1378호이고, 삼세불 뒤에 걸린 삼세불탱화는 보물 제1364호이다.

불화가 봉안되어 있으며, 석가모니불상 위 천장에는 조각과 단청이 화려한 천개(天蓋)가 있다. 대웅전은 보물 제500호, 삼세불탱화는 보물 제1364호, 목조삼세불좌상 및 사보살입상은 보물 제1378호로 지정되어 있다.

대웅전 좌우에는 명부전과 나한전이 자리잡고 있다. 명부전은 정면 5칸, 측면 2칸의 맞배집으로 1687년(숙종 13) 성안대사(成安大師)가 창건한 건물이며, 경상남도유형문화재 제123호이다. 또한 정면 3칸, 측면 2칸의 맞배집인 나한전은 1641년 벽암대사가 지은 건물이며, 경상남도유형문화재 제124호이다.

범종루와 적묵당 사이로 난 길을 따라 계류를 건너면 높은 언덕 위에 금당 영역이 자리잡고 있다. 가파른 계단을 올라 돈오문(頓悟門)을 들어서면 금당 일원에 위치한 전각들의 관문 역할을 하는 청학루(靑鶴樓)가 반긴다. 정면 3칸, 측면 2칸의 맞배지붕 2층 누각 건물인 청학루는 고려 말에 창건되었다고 전해지며, 현재의 건물은 1930년 쌍계사 주지 손민선사가 중건한 것을 1985년에 중

쌍계사 대웅전(보물 제500호). 대웅전은 1641년(인조 19) 벽암대사가 쌍계사를 중창할 때 지은 정면 5칸, 측면 3칸 규모의 건물로 법당 안에는 보물로 지정된 불상과 탱화가 봉안되어 있다.

수하였다.

청학루를 돌아서면 정면으로 보이는 전각이 팔상전이다. 팔상전은 석가모니의 일대기를 그린 팔상도(八相圖)를 모시는 전각이다. 이 전각은 1290년(고려 충렬왕 16)에 진정국사(眞靜國師)가 창건한 이래 여러 차례 중수를 거쳐 온 건물이다. 정면 3칸, 측면 3칸의 팔작지붕 건물인 팔상전은 조선 후기 다포계 팔작집의 전형을 보여주는 건물로 경상남도유형문화재 제87호이다. 또한 법당 안의 영산회상도는 보물 제925호, 팔상탱(八相幀)은 보물 제1365호이며, 신중탱(神衆幀)은 경상남도유형문화재 제385호로 지정되어 있다. 팔상전 옆에는 쌍계사의 역대 조사 영정을 봉안한 영모전이 있다.

육조정상탑전인 금당은 팔상전 뒤 언덕 위에 위치하고 있다. 이 전각은

추사 김정희의 친필 현판. 금당인 육조정상탑전에 걸려 있다.

1979년에 중수된 정면 3칸, 측면 2칸의 팔작지붕 건물로 경상남도유형문화재 제125호이다. 건물 앞쪽 좌우에는 추사 김정희(秋史 金正喜)가 '六祖頂相塔(육조정상탑)'이라고 쓴 현판과 '世界一花祖宗六葉(세계일화조종육엽)'이라 쓴 현판이 함께 걸려 있다. 내부에는 혜능대사의 두개골을 모신 육조정상탑과 아미타불화 등이 봉안되어 있다. 법당에 탑을 모신 곳으로는 이곳이 유일하다.

신라 성덕왕 때 혜능대사를 만나보는 것이 원이었던 삼법 스님이 당나라에 유학했을 때는 혜능대사가 이미 입적한 뒤였으므로 만날 수 없었으나, 꿈의 계시를 받은 삼법 스님은 혜능대사의 두개골을 모시고 귀국하여 돌로 만든 석감(石龕)에 넣어 현재의 육조정상탑전 밑에 안치하였다 한다. 그후 신라 경애왕 때 진감선사가 그곳에 건물을 세워 육조영당(六祖影堂)이라 불렀으며, 현재 전각 안에 있는 칠층석탑은 1800년대에 목암 스님이 주변에 있는 목압사(木鴨寺)에서 옮겨 세운 것으로, 그때부터 육조정상탑으로 불리었다.

그리고 금당 영역에서 조금 떨어진 북쪽 탑봉 능선에는 885년(신라 헌강왕

11)에 조성된 진감선사의 사리탑인 부도가 세워져 있다. 이 부도는 기단부 위에 탑신부와 상륜부를 올려놓은 팔각원당형으로 현재 보물 제380호로 지정되어 있다.

지리산 쌍계사는 현재 서부 경남 일원의 사찰을 총람하는 대한불교조계종 제13교구 본사로서 우리나라 불교 역사에서 중요한 위치를 차지하며, 국보 1점과 보물 6점을 비롯하여 지방유형문화재 16점 등 많은 문화재를 보유하고 있다. 그리고 국사암·칠불암·불일암 등의 산내 암자가 있으며, 금당선원(金堂禪院)이 있어 눈푸른 납자들의 정진이 이어지고 있는 수행도량으로 명성을 떨치고 있다.

또한 쌍계사는 '차시배지(茶始培地) 기념비'가 있을 만큼 주변에 차밭이 많다. 828년(신라 흥덕왕 3) 김대렴(金大簾)이 당나라에서 차나무 씨를 가져와 왕명으로 이곳에 심은 것이 우리나라 차 역사의 효시가 됐다고 한다. 순례를 마치고 돌아가는 길에 차시배지를 빼놓지 말고 들러보기를 권한다. 그리고 찻집에서 차 한 잔을 마시며 순례길을 마무리하면 더욱 뜻 깊은 순례여행이 될 것이다.

*찾아가는 길　남해고속도로 하동IC로 나와 섬진강을 따라 19번 국도로 하동을 거쳐 구례 쪽으로 가다 보면 탑리 화개장터가 나온다. 여기서 우회전하여 5.5km 정도 가면 쌍계사에 도착한다. 호남고속도로를 이용할 경우에는 전주IC를 빠져나와 남원 쪽 17번 국도를 타고 남원까지 와서 19번 국도를 이용하여 구례를 거쳐 화개로 오면 된다. 대중교통으로 쌍계사에 가려면 하동 시외버스 정류장에서 쌍계사행 버스를 이용하거나 구례에서 쌍계사행 버스를 이용한다. 또 서울 남부터미널에서 화개행 버스가 하루 6회 출발하며, 부산 서부터미널에서는 쌍계사행 버스가 하루 4회 운행한다.

智異山 實相寺 지리산 실상사

구산선문의
최초 선문인 실상산문

처서와 백로가 지나자 이젠 완연한 가을 날씨이다. 여행하기 좋은 계절인 가을이 온 것이다. 선운사 순례를 다녀온 후 한동안 휴식을 취한 뒤 오늘은 실상사를 순례하기 위해 운정과 함께 이른 아침에 서울을 떠났다.

오늘 순례길에 오른 실상사는 아버지처럼 듬직하고 넉넉한 지리산의 품속에 터를 잡은 고찰로서, 행정구역상으로는 전북 남원시 산내면 입석리에 위치하고 있다. 강일 인터체인지에서 서울외곽순환고속도로로 접어들어 하남분기점에서 통영대전·중부고속도로로 갈아타고 내려가다 우리는 덕유산휴게소에 들렀다. 덕유산휴게소는 청정지역에 위치하고 있어 이 길을 지날 때마다 들르는 곳이다. 우리는 휴게소에서 커피를 마시며 잠시 쉰 뒤 다시 출발, 함양분기점에서 88고속도로로 접어들어 달리다가 지리산 인터체인지로 빠져나왔다.

지리산의 북쪽 관문인 인월에 도착해 여기서 뱀사골 방면으로 향하다 보면 삼거리가 나온다. 오른쪽은 심원·달궁·뱀사골 가는 길이고, 왼쪽은 마천 가는 길이다. 이곳에서 고개를 돌려 동쪽을 바라보면 지리산의 최고봉인 천왕봉이 손에 닿을 듯 솟아 있고, 그 발 아래로 산내면 입석리 들판이 펼쳐져 있다.

실상사는 그 들판을 적시며 흐르는 만수천변에 천년이 넘는 오랜 세월을 버티고 서 있다.

실상사는 신라의 구산선문(九山禪門) 가운데 가장 오래된 우리나라 최초의 선종(禪宗) 가람이다. 홍척국사(洪陟國師)는 신라 말의 혼란기에 교종불교에서 벗어나 진보적인 선불교(禪佛敎)를 전파하기 위해 중국 당나라로 건너가 서당(西堂) 지장선사(智藏禪師)의 문하에서 선종의 진리와 법을 전해 받고 깨달았다. 그리고 826년(신라 흥덕왕 1)에 귀국하여 선종 사찰인 실상사를 창건하였다.

교종(敎宗)이 교학을 중시하는 것과 달리 선종은 직관적인 종교 체험으로써 선(禪)을 중시한다. 선종의 기원은 영산(靈山)에서 범왕(梵王)이 석가에게 설법을 청하며 연꽃을 바치자 석가가 연꽃을 들어 대중들에게 보였는데, 사람들은 그것이 무슨 뜻인지 깨닫지 못하였으나, 가섭만은 참뜻을 깨닫고 미소를 지었다는 염화시중(拈華示衆)에서 유래한다. 그리고 이심전심(以心傳心) 불립문자(不立文字)를 종지(宗旨)로 삼는다.

실상사가 창건된 것은 홍척국사가 귀국하여 2년이 지난 때이다. 홍척국사는 선정처(禪定處)를 찾아 2년 동안 전국을 돌아다니다가 마침내 지금의 자리에 발길을 멈추고 실상사를 세웠다고 한다. 창건 초에는 절 이름이 지실사(知實寺)였으나, 고려 초에 산문의 개산조인 홍척국사의 존칭 '실상선정국사(實相禪庭國師)'의 첫 두 글자를 따서 실상사로 부르게 되었다.

실상사는 대표적인 평지가람이다. 우리나라의 절집들이 대부분 깊은 산중에 터를 잡은 데 비해 지리산 자락의 실상사는 들판에 세워져 있는 것이 특이하다. 지리산의 품속에는 많은 절집들이 들어서 있는데, 그 가운데서 평지에 가람을 세운 절은 실상사와 단속사뿐이다. 그러나 단속사는 폐허가 된 채 쌍탑과 당간지주만 남아 있고, 실상사만이 여전히 법등을 밝히고 있다.

우리나라에 선종을 맨 처음 도입한 이는 도의선사(道義禪師)이다. 도의선사는 홍척국사보다 먼저 당나라로 건너가 서당 지장선사로부터 선법을 배우고 심인(心印)을 얻어 돌아왔다. 그러나 도의선사가 들여온 선불교는 교학을 중시하던 신라 불교계에 쉽사리 받아들여지지 않았으며, 860년경이 되어서야 도의선사의 3대 법손인 보조선사(普照禪師) 체징(體澄)이 도의선사를 종조(宗祖)로 삼아 가지산문 보림사(迦智山門 寶林寺)를 개산하기에 이르렀다. 그러므로 선종을 맨 처음 들여온 이는 도의선사였으나, 최초로 선종 가람을 세우고 선종불교를 전파한 사람은 홍척국사였다.

우리나라에서 가장 오래된 선종 사찰 실상사가 들어앉은 자리는 지리산의 여러 봉우리를 꽃잎으로 삼은 꽃밥에 해당한다고 한다. 동쪽으로는 천왕봉과 마주하면서 서쪽은 바래봉·부운봉·고리봉, 남쪽은 반야봉·명선봉·삼각봉, 북쪽은 감투봉(투구봉)이 병풍처럼 둘러서 있기 때문이다.

실상사는 신라 흥덕왕 3년(828)에 홍척국사가 창건한 이래 1200년 동안 흥망성쇠를 거듭하였다. 창건 당시에는 흥덕왕이 홍척국사가 절을 세울 수 있게 도와주었으며, 왕은 태자 선광(宣光)과 함께 이 절에 귀의하였다 한다. 이에 홍척국사는 선종을 크게 일으켜 실상학파(實相學派)를 이루었고, 문하의 수철화상(秀澈和尚)과 편운대사(片雲大師)가 가르친 수많은 제자들이 전국에 걸쳐 선풍을 떨쳤다.

창건 당시 실상사의 모습은 대웅전·약사전·극락전·명부전·장육전 등의 팔전(八殿)과 만화(萬化)·현묘(玄妙)·적연(寂然)·청심(清心) 등의 팔방(八房), 불이문·해탈문·천왕문·만세루·종각 등의 전각이 조성돼 있어 지리산의 천왕봉만큼이나 장엄했다 한다. 그러나 현재의 실상사는 석조물을 제외하고는 제 위치에 건립된 것이 하나도 없을 만큼 단출하고 소박한 모습을 하고 있다.

조선 세조 때(1468) 원인 모를 화재로 전각이 전소되었고, 정유재란 때 왜구에 의해 다시 가람이 전소되는 큰 불행을 겪었다. 이때부터 실상사의 승려들은

만수천을 가로지른 해탈교 건너에 세워져 있는 상원주장군
(上元周將軍). 벙거지를 쓰고 튀어나온 둥근 눈에 주먹코와
커다란 귀를 가진 이 돌장승은 귀신을 쫓는 험상궂은 표정
이 아니라 오히려 익살스럽고 해학적인 모습을 하고 있다.

이곳에서 약 4킬로미터 거리에 있는 백장암(百丈庵)에서 기거하였고, 잿더미가
된 절터에는 철불과 석탑, 석등만이 남아 있었다고 한다. 그러다가 숙종 때 300
여 명의 수도승들과 침허대사(枕虛大師)가 조정에 상소문을 올려 1690년(숙종
16) 36동에 이르는 전각을 다시 중창 복원하였고, 이후 1831년(순조 31)에도 중
건하여 크고 웅장한 건물이 즐비한 큰 절이 되었다. 그러나 1882년(고종 19)에
일어난 방화사건으로 또다시 불타버려 1884년 월송대사(月松大師)가 중건한 후
오늘에 이르고 있다. 또한 6·25동란 때는 낮에는 국군이, 밤에는 공비들이 점
거하는 등 또 한 차례 수난을 겪었으나 다행히도 사찰만은 전화를 입지 않았다.

순례자를 처음 반겨주는 것은 만수천을 가로지른 해탈교 양쪽에 세워져 있
는 돌장승들이다. 본래 만수천을 사이에 두고 양쪽에 실상사를 지키는 상징적
인 조각품으로 돌장승을 두 개씩 세워 놓았는데, 1936년의 대홍수 때 하나가
쓸려 내려가 버려 현재는 세 개만 남았다. 장승에 새긴 기록으로 보아서 1725
년(영조 1)에 세운 것들임을 알 수 있다. 벙거지를 쓰고 튀어나온 둥근 눈에 주

보광전 앞 좌우에 세워져 있는 삼층석탑(보물 제37호). 실상사를 처음 지을 때 함께 세운 통일신라시대의 대표적인 석탑으로 매우 우아하고 섬세하다.

먹코와 커다란 귀를 가지고 있는 이 돌장승들은 귀신을 쫓는 험상궂은 표정이 아니라 오히려 익살스럽고 해학적인 모습을 하고 있다. 이 돌장승들은 중요민속자료 제15호이다.

해탈교를 건너고 들길을 지나 천왕문을 통하여 야트막한 담장으로 둘러싸인 실상사 경내로 들어서면 맨 먼저 중심 법당인 보광전(普光殿) 앞 좌우에 서 있는 삼층석탑(보물 제37호)과 석등(보물 제35호)이 눈길을 끈다. 정면 3칸, 측면 3칸의 팔작지붕 건물인 보광전 앞에 동서로 마주보고 나란히 서 있는 삼층석탑은 실상사를 처음 지으면서 함께 세운 통일신라시대의 대표적인 작품으로 높이가 8.4미터에 이르는 우아하고 섬세한 탑이다. 특히 상륜부가 거의 완전하게 남아 있어 경주 불국사 석가탑을 복원하는 모본(母本)이 되었다고 한다. 또한 석등은 높이가 5미터로 장중한 기품을 지닌 통일신라 후기의 대표적인 석등으로 꼽힌다. 팔각의 상·하대석과 화사석·옥개석을 가지고 있으며, 간

보광전 앞 석등(보물 제35호). 높이가 5m로 장중한 기품을 지닌 통일신라 후기의 대표적인 석등으로 꼽힌다. 특히 석등 앞에는 불을 켤 때 딛고 올라갈 수 있는 계단석이 있는데, 이와 같은 장치는 다른 석등에서는 찾아볼 수 없는 것이어서 눈길을 끈다.

주석이 고복형(鼓腹形)으로 변화된 모습이다. 특히 석등 앞에 불을 켤 때 딛고 올라설 수 있도록 만든 계단석이 있는데, 이러한 장치는 우리나라는 물론 다른 나라에서도 찾아볼 수 없는 유일한 것이라고 한다.

보광전 왼쪽에는 정면 3칸, 측면 2칸의 팔작지붕 건물인 약사전이 자리잡고 있으며, 이곳에 철제여래좌상(보물 제41호)이 봉안되어 있다. 이 불상은 실상사 창건 당시 4천근의 철을 녹여 만든 거대한 철불로 지리산 최고봉인 천왕봉을 바라보고 있다. 높이가 2.7미터에 이르는 이 철불좌상은 우리나라 선종 사찰 가운데 최초로 창건된 실상사의 본존불상이므로, 선종 사찰을 중심으로 철불이 활발하게 만들어질 때 조성된 불상 가운데 최초의 것이란 점에서 크게 주목을 받는다.

호국사찰로 알려진 실상사에는 '일본이 흥하면 실상사가 망하고 일본이 망하면 실상사가 흥한다.' 는 일본과 관련된 흥미로운 설화들이 전해오고 있다. 백두산에서 시작한 백두대간의 기운이 동쪽 해안선을 끼고 남으로 맥을 뻗어

실상사의 창건주인 홍척국사의 사리를 모신 증각대사응료탑(보물 제38호). 전형적인 팔각원당형의 이 부도탑은 전체적인 조형으로 보아 홍척국사가 입적한 뒤 얼마 되지 않은 9세기 후반에 만들어진 것으로 추정된다.

내리다가 태백산을 거쳐 남서쪽에 이르러 마지막 멈추는 곳이 지리산인데, 풍수지리설에 의하면 일본의 후지산이 지리산의 기운을 훔쳐가게 되어 있다고 한다. 그래서 우리나라의 정기가 일본으로 건너가는 것을 막기 위하여 천왕봉을 마주보는 곳에 실상사를 세웠으며, 그곳에 쇠 4천근으로 조성한 약사여래불을 맨땅 위에 안치하여 우리나라의 기운이 일본으로 빠져나가는 것을 막고 있다는 것이다.

또한 보광전 안에는 일본 지도를 연상케 하는 무늬가 그려진 범종(전라북도유형문화재 제137호)이 있는데, 스님들이 이곳을 치면 일본의 기운이 약해져 우리나라를 침략하지 못한다는 소문이 전해져 오고 있다. 이 소문 때문에 일제 강점기 때는 실상사 주지가 일본 경찰에게 문초를 당하기도 했다고 한다.

극락전은 주 가람과 떨어진 한적한 곳에 위치하고 있다. 경내 왼편을 가로지르는 실개천을 건너면 연꽃 가득한 연못이 나온다. 그곳에서 몇 걸음 더 가면 마치 여염집처럼 낮은 담장을 두르고 대문을 세워 놓은 극락전이 반긴다.

약사전 안에 봉안되어 있는 철제여래좌상(보물 제41호). 실상사 창건 당시 쇠 4천근을 녹여 만든 높이 2.7m의 거대한 철불로 지리산 최고봉인 천왕봉을 바라보고 있다.

정면 3칸, 측면 2칸 규모의 맞배지붕 건물인 극락전은 정유재란 때 전소된 것을 1831년에 다시 지은 것으로 전라북도유형문화재 제45호이다.

극락전을 정면으로 바라보면 왼쪽 담장 밖에 부도탑이 하나 서 있다. 실상사 창건주인 홍척국사의 사리를 모신 실상사증각대사응료탑(實相寺證覺大師凝蓼塔, 보물 제38호)이다. 그리고 극락전 대문 앞에는 실상사증각대사응료탑비(實相寺證覺大師凝蓼塔碑, 보물 제39호)가 있다. 전형적인 팔각원당형의 부도탑은 전체적인 조형으로 보아 홍척국사가 입적한 뒤 얼마 되지 않은 9세기 후반에 만들어진 것으로 추정되고 있다. 탑비 역시 부도와 함께 조성되었을 것으로 보이나, 지금은 비신이 없어진 채 귀부(龜趺)와 이수(螭首)만 남아 있다. '증각'은 홍척국사의 시호이고, '응료'는 탑 이름이다.

극락전 대문 앞에서 오른쪽으로 돌아가면 또 하나의 부도탑과 탑비가 세워져 있다. 홍척국사의 뒤를 이어 실상사의 주지가 된 수철화상의 사리를 모신 실상사수철화상능가보월탑(實相寺秀澈和尙楞伽寶月塔, 보물 제33호)과 실상사수철화상능가보월탑비(實相寺秀澈和尙楞伽寶月塔碑, 보물 제34호)이다. 수철화상은 홍척국사의 제자로 실상산문 실상사를 크게 융성케 하였으며, 893년(신라 진성여왕 7) 77세로 입적하였다. 그러자 왕은 그의 시호를 '수철화상' 이라 하고, '능가보월' 이란 탑 이름을 내려주었다. 또한 뒤쪽 언덕으로 500미터쯤 떨어진 곳에는 보물 제36호인 실상사 부도가 있다.

실상사에는 백장암과 약수암, 서진암 등의 부속암자가 있으며, 많은 문화재들이 산재해 있다. 국보 제10호로 지정되어 있는 백장암 삼층석탑은 형식에 구애받지 않고 조성된 아름다운 신라 석탑이다. 기단부를 생략하고 지대석 위에 바로 탑신을 놓았는데, 탑신의 1층에는 보살상(菩薩像)과 신장상(神將像)을, 2층에는 음악을 연주하는 천인상(天人像)을, 3층에는 천인좌상(天人坐像) 등을 정교하고 섬세한 솜씨로 새겼다. 이 탑은 1980년 2월 도굴꾼에 의해 파손된 이후 다시 복원되었다. 탑의 높이는 5미터에 이른다. 삼층석탑 앞에는 보물 제40호인 석등이 있다.

또한 백장암은 1584년(선조 17)에 제작한 청동은입사향로(보물 제420호)를 소장하고 있었으나, 지금은 금산사 성보박물관으로 옮겨 보관하고 있다. 그리고 약수암에도 조선 후기의 대표작으로 꼽히는 목조탱화(보물 제421호)를 법당에 봉안하고 있었으나, 현재 금산사 성보박물관에 옮겨져 있다.

실상사는 우리나라 최초의 선종 가람이라는 역사에 걸맞게 국보와 보물 등 많은 문화유산들을 보유하고 있다. 국보 제10호인 백장암 삼층석탑을 비롯하여 보물급에는 수철화상능가보월탑(제33호)·수철화상능가보월탑비(제34호)·석등(제35호)·부도(제36호)·삼층석탑(제37호)·증각대사응료탑(제38호)·증각대사응료탑비(제39호)·백장암 석등(제40호)·철제여래좌상(제41호)·백장암 청동은입사향로(제420호)·약수암 목조탱화(제421호) 등 11점이 산재해 있으며, 지방유형문화재도 극락전(제45호), 토지대장인 위토개량성책(제88호), 보광전

백장암 삼층석탑(국보 제10호)과 석등(보물 제40호). 백장암 삼층석탑은 형식에 구애받지 않고 조성한 우리 나라 석탑 중에서 표면 장엄이 가장 화려한 탑이다. 신라탑의 일반적인 형식이 2중 기단에 3층의 탑신을 가지고 있는 것과 달리 이 탑은 기단부를 생략하였다.

범종(제138호), 백장암 보살좌상(제166호), 백장암 범종(제211호) 등 5점의 문화재를 보유하고 있어, 실상사의 오랜 역사를 고증하고 있다. 실상사와 백장암·약수암을 포함한 일대가 사적 제309호로 지정되어 있다.

*찾아가는 길 88올림픽고속도로 지리산IC를 빠져나와 지리산의 북쪽 관문인 인월을 거쳐 뱀사골 방면으로 향하다 보면 삼거리가 나온다. 오른쪽은 심원·달궁·뱀사골 가는 길이고, 왼쪽은 마천 가는 길이다. 여기서 왼쪽 길로 조금만 가면 만수천변에 실상사 주차장이 있다. 대중교통을 이용할 경우에는 전주나 남원에서 뱀사골행 버스를 타고 산내에서 하차하여 10분쯤 걸어가면 된다.

서산대사가
의발을 전한 도량

누가 나에게 걷기 좋은 명소를 추천하라고 한다면 자신 있게 대흥사에 이르는 숲길을 권하고 싶다. 대흥사 들머리인 장춘동의 산문을 지나 터널 같은 울창한 숲길을 걸어보라고. 장춘동(長春洞), '봄이 긴 골짜기'란 이름을 가진 이 숲길을 걸을 때는 결코 걸음을 서두를 필요가 없다. 예로부터 '십리 숲길'로 이름난 곳으로 숲길이 아홉 굽이를 이루었다 하여 구림구곡(九林九曲)이란 이름으로 불리는 이 길에서는 유유자적하듯 만보로 걸을 일이다.

대부분의 사람들이 주차장까지 차를 타고 들어가 절까지 짧은 구간만 걷지만 '십리 숲길'의 정취를 제대로 느끼려면 매표소 뒤편으로 보이는 산책로를 따라 걸어야 한다. 이 산책로는 맑은 계곡물을 끼고 이어지다 출렁다리로 계곡을 건너기도 한다. 또한 '십리 숲길' 주변에는 단풍나무·떡갈나무·소나무·팽나무·느티나무·왕벚나무·편백나무·삼나무·배롱나무 등 남도의 수목이 모두 모여 있음은 물론이요, 아열대에서 온대식물에 이르는 약 400여 종의 기화이초들이 어우러져 가을이면 오색으로 물드는 단풍이 현란하기까지 하다. 그리고 여기다가 아름드리 동백나무까지 숲을 이루고 있어 동백꽃이 피는 춘

삼월이면 붉은 꽃이 장관을 이룬다.

대흥사는 전남 해남군 삼산면 구림리 두륜산(頭輪山) 기슭에 자리잡은 천년 고찰이다. 한반도의 최남단에 위치한 두륜산(703m)은 백두대간에서 뻗은 호남 정맥이 바다에 이르면서 마지막으로 솟아오른 산으로, 옛사람들은 이 산을 '큰 언덕(산)'이란 뜻을 가진 '한듬'이라고 불렀다. 그리고 한듬에 자리잡은 절 이름도 한듬절로 불렀다. 그러나 세월이 지나면서 한듬은 한자와 섞여 대(大)듬→대둔(大芚)으로 바뀌었고, 한듬절도 대듬절→대둔사(大芚寺)로 바뀌어 불렀다. 한편 대둔산은 전설 속의 산인 중국의 곤륜산(崑崙山)에서 뻗어 나온 산줄기가 백두산(白頭山)에 이르고, 다시 그 줄기가 남쪽으로 뻗어 내려와 해남 땅에서 마지막으로 솟구친 산이라 하여 산 이름을 백두산의 '두(頭)' 자와 곤륜산의 '륜(崙)' 자를 따서 '두륜산(頭崙山)'이라고 하였다. 그러다가 훗날 '산 이름 륜(崙)' 자가 '바퀴 륜(輪)' 자로 바뀌어 '두륜산(頭輪山)'이 되었는데, 이는 두륜산 연봉들이 바퀴처럼 둥글게 생겼기 때문에 바꾼 것이라고 한다. 또한 원래 이름이 대둔사인 절 이름도 근대에 들어와 한동안 대흥사로 바뀌어 불리다가 1993년 대둔사라는 옛 이름을 회복하였으나 사람들이 대흥사라는 이름에 더 친숙하여 다시 대흥사로 명칭을 바꾸었다. 현재 두륜산 대흥사 일원은 명승 제66호로 지정되어 있다.

대흥사(대한불교 조계종 제22교구 본사)의 기원은 426년(백제 구이신왕 7) 신라의 승려 정관(淨觀)이 창건한 만일암(挽日庵)이라고 한다. 그런가 하면 544년(신라 진흥왕 5)에 아도화상(阿道和尙)이 창건했다고도 하며, 일설에는 508년(신라 무열왕 8) 이름이 전하지 않는 비구승이 중창했다는 등 여러 설이 있으나, 대흥사 경내에 있는 석탑 등의 유물을 보면 신라 말이나 고려 초 창건설이 오히려 설득력이 있다. 그러나 창건 후의 역사도 자세히 전하지 않는 것으로 보아 대흥사는 임진왜란 이전까지는 사찰의 규모가 그다지 크지 않았던 것으로 추정된다.

대흥사의 사세가 크게 일어나 사격(寺格)이 높아진 것은 임진왜란이 끝난 후 서산대사(西山大師)가 이곳에 자신의 의발을 전하고부터이다. 이 절은 임진왜란 때 서산대사가 거느린 승군의 총본영이 있던 곳으로 유명하다.

이와 같은 인연 때문인지 1604년(선조 37) 1월 서산대사는 묘향산(妙香山) 원적암(圓寂庵)에서 설법을 마치고 제자인 사명당 유정(四溟堂 惟政)과 뇌묵당 처영(雷默堂 處英)에게 '해남의 진산인 두륜산은 삼재(三災 : 전란 · 질병 · 기근)가 미치지 않고 만세토록 허물어지지 않을 땅이요, 종통(宗統)이 돌아가야 할 곳'이라고 유언하며, 자신의 가사와 발우를 대흥사에 두라고 부탁하였다. 그리고 자신의 영정을 꺼내어 그 뒷면에 '80년 전에는 네가 나이더니 80년 후에는 내가 너로구나(八十年前渠是我 八十年後我是渠)'라는 시를 적어 유정과 처영에게 전하고 가부좌하여 앉은 채로 입적하니 향년 85세, 법랍 67세였다. 서산대사가 열반에 든 후 21일 동안 그 방안에서는 기이한 향기가 가득하였다고 전한다.

불가에서 의발을 전한다는 것은 자신의 교법을 전하는 것을 뜻한다. 서산대사가 입적한 뒤 제자들은 스승의 유지를 받들어 가사와 발우를 대흥사에 모셨다. 서산대사를 임진왜란 때의 승병장으로만 알고 있는 사람들이 많지만, 그는 승과(僧科) 급제 후 선교양종판사(禪敎兩宗判事)가 되었으며, '선은 부처님의 마음이고 교는 부처님의 말씀이다(禪是佛心 敎是佛語)'라고 갈파한 분이다. 대흥사가 서산대사의 법을 잇자 사세가 크게 일어났을 뿐만 아니라 사격도 높아져 풍담(風潭) 스님으로부터 초의(草衣) 스님에 이르기까지 13명의 대종사가 배출되었으며, 만화(萬化) 스님으로부터 범해(梵海) 스님에 이르기까지 13명의 대강사가 배출되기에 이르렀다. 뿐만 아니라 조선 중기 이후 수많은 선승(禪僧)과 교학승(敎學僧)을 배출하면서 한국불교의 중심도량으로 성장하였다. 남쪽 바닷가의 작은 절에 불과하던 대흥사가 우리나라 불교사에서 중요한 위상을 차지하는 도량으로 크게 변모한 것이다.

대흥사의 중심 법당인 대웅보전. 2행의 종서로 큼직하게 쓴 대웅보전 현판은 당대의 명필 원교 이광사의 글씨이다.

속진에 찌든 순례자가 아름다운 숲길인 '구림구곡의 십리 숲길'에 도취하여 피안교를 건너 일주문에 들어서면 부도밭이 첫 마중을 한다. 일주문을 지나 해탈문으로 가는 길 오른쪽에 있는 이 부도밭에는 대흥사가 예사로운 절이 아님을 증명이라도 하듯 낮은 돌담장 안에 서산대사를 비롯하여 대흥사에서 배출한 고승대덕들의 부도와 비가 즐비하게 서 있다.

부도밭과 해탈문을 지나면 마침내 대흥사 경내가 한눈에 들어온다. 넓은 산간 분지에 자리잡은 대흥사는 계곡수인 금당천이 경내를 흐르고 있어 가람 배치가 독특하다. 금당천을 경계로 남원과 북원, 그리고 표충사 구역과 대광명전 구역 등 네 구역으로 나뉘어져 건물들이 배치되어 있다. 북원에는 대웅보전을 중심으로 명부전·응진당과 산신각, 침계루·백설당·대향각·청운당 등이 위치하고 있으며, 남원에는 천불전을 중심으로 용화당·봉향각·가허루 등이 자리하고 있다. 그리고 남원 뒤쪽에 있는 표충사 구역에는 사명대사의 사당인 표충사와 성보박물관이 있고, 대광명전 구역은 현재 선원으로 사용되고 있다.

경내로 들어가면서 맨 왼쪽에 있는 가람들이 북원이다. 금당천을 가로지른 삼진교를 건너면 북원의 정문 역할을 하는 침계루가 막아선다. 침계루는 정면 5칸, 측면 3칸의 2층 맞배지붕 건물이다. 침계루 밑으로 누하진입(樓下進入)하여 북원 안마당으로 들어서면 남향으로 앉은 대흥사의 중심 전각인 대웅보전이 정면으로 바라보이고 그 좌우에 명부전, 범종각과 응진당이 호위하듯 서 있다.

대웅보전은 정면 5칸, 측면 4칸의 팔작지붕에 다포 양식을 취한 큰 법당이다. 1899년(광무 3)의 화재로 소실되어 중건한 이 건물에는 조선 후기의 명필 원교 이광사(圓嶠 李匡師)가 쓴 현판이 걸려 있다. 2행의 종서로 큼직하게 새겨져 있는 이 현판은 추사 김정희(秋史 金正喜)와의 일화를 간직하고 있어 더욱 눈길을 끈다. 1840년(헌종 6) 추사 김정희가 제주도로 귀양가던 길에 친구인 초의선사를 만나기 위해 대흥사를 찾았다가 이 현판을 보고 매우 유치하다며 떼어내도록 했다는 것이다. 그로부터 9년간에 걸친 귀양살이를 끝낸 추사는 서울

대흥사 부도밭. 대흥사가 예사로운 절이 아님을 증명이라도 하듯 낮은 돌담장 안에 서산대사를 비롯한 고승대덕들의 부도와 부도비가 즐비하게 서 있다.

신라 석탑의 전형을 보여주는 이 삼층석탑은 대흥사에 남아 있는 유물 가운데 가장 오래된 문화재에 속한다.

로 돌아가던 길에 다시 대흥사에 들러 초의선사를 만났을 때 9년 전에 떼어내라고 했던 원교 이광사의 현판을 다시 찾아 걸도록 했다는 것이다. 북원의 누각인 침계루 현판 글씨도 이광사의 글씨이다. 한편 대웅보전 오른쪽에 있는 요사채 백설당에는 추사가 쓴 '무량수각' 현판이 걸려 있다.

대웅보전 왼쪽에는 정면 1칸, 측면 1칸의 사모지붕을 한 범종각이 있고, 범종각 옆에는 응진당과 산신각 건물이 있다. 이 건물은 정면 5칸, 측면 3칸의 맞배지붕 건물로 3칸은 응진당, 2칸은 산신각으로 사용하고 있다. 응진전 앞에는 대흥사에 남아 있는 유물 가운데 가장 오래된 문화재인 삼층석탑이 서 있다. 보물 제320호인 이 삼층석탑은 이중 기단에 3층의 탑신을 올리고 상륜을 갖췄다. 전형적인 신라 석탑의 양식을 취하고 있는 이 탑의 조성 시기는 신라 말기로 추정하고 있다.

호남의 명필 창암 이삼만(蒼巖 李三晚)이 쓴 현판을 걸고 있는 가허루는 남원의 중심 전각인 천불전의 누각이다. 정면 5칸, 측면 2칸의 맞배지붕 건물인 가

남원 구역의 중심 법당인 천불전. 크고 화려하지는 않지만 단아한 모습의 건물이다. 특히 천불전의 분합문은 국화꽃이 핀 것처럼 화려한 꽃무늬가 조각된 꽃살문이다.

허루는 명칭은 누각이지만 단층으로 되어 있는 것이 특이하다. 천불전의 현판도 원교 이광사의 글씨이다. 대흥사에 있는 이광사의 현판 글씨는 그가 신지도(薪智島)에 유배된 1762년(영조 38) 이후에 쓴 것이라고 한다. 창암 이삼만이 필명을 날릴 당시의 명필로는 호서의 추사 김정희, 호남의 창암 이삼만, 강서의 눌인 조광진(訥人 曺匡振)이 손꼽혔다고 한다.

천불전(전라남도유형문화재 제48호)은 정면 3칸, 측면 3칸의 팔작지붕을 한 다포계 건물로 크고 화려하지는 않지만 단아한 모습이 인상적인 전각이다. 또한 천불전의 문은 국화꽃이 핀 것처럼 화려한 꽃무늬가 조각된 꽃살문이다. 꽃살문에 조각된 국화꽃은 마름모꼴로 배치되어 있다.

천불전의 내부에는 석가삼존불과 함께 경주 불석산(佛石山)에서 채석한 '경주 옥석'으로 정성을 다하여 조각한 천불상이 봉안되어 있다. 천불이란 항상 어디에서나 부처님이 계신다는 다불사상(多佛思想)에 근거하여 유래한 것으로 과거와 현재, 미래의 삼겁(三劫)에 각기 이 세상에 출현하는 부처님이며, 단순

천불전 내부에 봉안된 천불상. '경주 옥석'으로 정성을 다하여 조각한 1,000개의 불상이 모셔져 있다.

히 천불이라 할 때는 현겁(現劫)의 천불을 말한다. 즉 이 세상 어느 때나 무한한 부처가 존재하며, 어느 곳에서 누구나 다 부처가 될 수 있다는 것을 나타낸 것이 천불의 표현인 것이다.

초의선사의 스승인 완호대사(玩虎大師)는 1813년(순조 13) 천불전을 중건하고, 쌍봉사 화승(畵僧)인 풍계대사(楓溪大師)에게 천불 조성을 의뢰하였다 한다. 풍계대사는 석공 10명과 함께 경주 불석산에 가서 옥돌로 천불을 조성하여 배 세 척에 나누어 싣고 해남 대둔사(대흥사)로 향하였다. 풍계대사 일행은 1817년 11월 18일 천불을 싣고 경주 장진포(長津浦)를 떠났는데, 그 중 한 척이 풍랑을 만나 천불 가운데 768불을 실은 채 표류하다 일본 나가사키현(長岐縣)으로 밀려갔다. 옥으로 만든 불상을 실은 배를 발견한 일본 사람들은 서둘러 절을 짓고 옥불을 봉안하기로 의견을 모았다. 그러나 이 불상들이 일본인들의 꿈에 나타나 "이곳에 떠밀려온 불상은 조선국 해남 땅에 있는 대둔사로 가는 중이니

남원 뒤쪽에 있는 표충사. 표충사는 서산대사의 우국충정과 그의 선풍이 대흥사에 뿌리 내리게 한 은덕을 기리기 위해 건립되었다. 사당 안에 서산대사와 사명당 유정, 뇌묵당 처영 스님의 진영을 봉안하고 있다.

여기 머물 수가 없다”고 현몽하자, 일본인들은 하는 수 없이 옥불을 대둔사로 되돌려 보냈다. 그리하여 순조 18년 천불전에 천불을 봉안하게 되었다. 이때 일본에서 돌아온 불상에는 어깨나 좌대 아래에 ‘日’자를 써 넣어 표시했다고 한다. 이곳에 모셔져 있는 천불상은 전라남도유형문화재 제52호이다.

남원 뒤쪽에 있는 표충사는 절에서는 흔하지 않은 유교 형식의 사당으로, 서산대사의 우국충정과 그의 선풍(禪風)이 대흥사에 뿌리 내리게 한 은덕을 기리기 위하여 1788년(정조 12)에 건립되었다. 정면 3칸, 측면 3칸의 맞배지붕 건물인 표충사에는 정조가 친필로 써서 하사한 ‘표충사(表忠祠)’ 현판이 걸려 있고, 내부에는 서산대사와 그의 제자인 사명당 유정과 뇌묵당 처영 스님의 영정이 봉안되어 있다.

성보박물관에는 서산대사의 금란가사(金蘭袈裟)와 발우를 비롯하여 정조가 내린 금병풍, 친필 선시, 신발, 선조가 내린 교지 등의 유품류와 대둔사지 · 대둔사 사적·만일암지 등의 사적류, 탑산사(塔山寺) 동종(보물 제88호)과 진불암 대종 등의 범종류, 그리고 불화류의 성보문화재가 전시되어 있다.

대흥사 산내 암자인 북미륵암을 가기 위해서는 산행을 해야 한다. 약 1시간 정도 산행을 하면 두륜산 정상 못 미친 곳에 아늑하게 자리잡은 북미륵암이 있다. 북미륵암은 창건에 대한 정확한 기록은 없으나 북미륵암 마애여래좌상(국보 제308호)과 삼층석탑(보물 제301호)을 통해 격이 높았던 암자임을 알 수 있다. 마애여래좌상은 보면 볼수록 아름다운 불상이다. 본존불뿐만 아니라 함께 표현된 공양천인상도 미의 극치를 달린다. 마애여래좌상은 전체 높이만 8미터에 이르고, 너비는 12미터, 본존불의 높이가 4.85미터에 이르는 대형 마애불이다. 이 마애불상은 보물 제48호로 지정되어 보호각에 가려진 채 전모를 볼 수 없었는데, 2004년 보호각인 낡은 용화전을 수리하면서 비로소 제 모습을 드러냄으로써 보물에서 국보로 곧바로 승격되었다.

일지암(一枝庵)은 조선 후기 대표적 선승 가운데 한 사람이며 우리나라의 다성(茶聖)으로 추앙 받는 초의선사가 그의 다선일여(茶禪一如) 사상을 생활화하기 위하여 만년에 꾸미고 살던 다원(茶園)이다. 초의선사는 이곳에서 《동다송(東茶頌)》과 《다신전(茶神傳)》을 펴냈고, 다산 정약용(茶山 丁若鏞)·추사 김정희와 같은 석학들과 교유하면서 차문화의 중흥을 도모하였다.

일지암은 초의선사가 입적한 후 폐허가 된 것을 1980년 한국차인회 회원들이 다도(茶道)의 중흥조인 초의선사가 만년을 보냈던 일지암을 기념하기 위해 복원한 것이다. 이 초정(草亭)은 가운데에 방 한 칸을 두고 사면에 툇마루를 두른 띠집으로, 강암 송성룡(剛菴 宋成龍)이 쓴 '一枝庵(일지암)'이란 현판이 걸려 있다. 또한 일지암에는 이 암자의 주인이었던 초의선사의 진영이 봉안되어 있다.

＊찾아가는 길 해남 시외버스터미널에서 대흥사행 군내버스가 30분 간격으로 있다.
승용차를 이용한다면 해남 버스터미널 앞에서 완도방면 13번 국도를 따라 읍내를
벗어나, 왼쪽 827번 지방도로로 접어든다. 이 길을 가다 보면 신기리에서 두 갈래
길을 만난다. 여기서 오른쪽 807번 지방도로로 접어들어 계속 가면 대흥사 입구에
도착한다.

절에 가면 누구나 시인이 된다

봉황산 부석사
도솔산 선운사
조계산 선암사
천등산 봉정사
월출산 무위사
능가산 내소사
계룡산 갑사

鳳凰山 浮石寺 봉황산 부석사

자연이 그린
한 폭 그림 같은 도량

부석사를 아름다운 절이라고들 말한다. 부석사의 아름다움이란 자연과 어우러진 풍광을 이르는 것이기도 하겠으나, 그보다는 더하고 뺄 것 하나 없는 완벽함을 갖춘 무량수전이 있기에 '아름다운 절'이란 수식어가 따라붙는다. 우리나라의 건축가들에게 한국의 전통적인 건축의 특성을 가장 잘 갖추고 있는 아름다운 건물을 물으면 대개 부석사 무량수전을 첫손가락에 꼽는다고 한다. 고려 건축의 백미인 무량수전이 목조 건축의 정수를 보여주고 있기 때문이다. 심미안의 소유자로 한국의 아름다움을 탐색하는 데 평생을 바쳤던 혜곡 최순우(兮谷 崔淳雨) 선생도 부석사의 아름다움을 〈부석사 무량수전〉이란 글에서 이렇게 묘사하였다.

'무량수전은 고려 중기의 건축이지만 우리 민족이 보존해 온 목조 건축 중에서는 가장 아름답고 가장 오래된 건물임이 틀림없다. 기둥 높이와 굵기, 사뿐히 고개를 든 지붕 추녀의 곡선과 그 기둥이 주는 조화, 간결하면서도 역학적이며 기능에 충실한 주심포의 아름다움, 이것은 꼭 갖출 것만을 갖춘 필요미이며 문창

살 하나 문지방 하나에도 나타나 있는 비례의 상쾌함이 이를 데가 없다. 멀찍이서 바라봐도 가까이서 쓰다듬어 봐도 무량수전은 의젓하고도 너그러운 자태이며 근시안적인 신경질이나 거드름이 없다.'

아름다운 절 부석사 순례길에 나선 것은 9월 말경이었다. 이번 순례에도 운정이 동행하였다. 이른 아침을 든 후 우리는 경북 영주를 향해 길을 떠났다. 서울에서 중부와 영동, 중앙고속도로를 번갈아 타고서 내려가다 풍기 인터체인지로 나와 931번 지방도를 따라 봉화 쪽으로 달리다 보면 길가에 소수서원(紹修書院)이 나온다. 소수서원은 졸저(拙著) 《조선의 서원》(가람기획 刊)에도 수록된 우리나라 서원의 효시인 곳이다. 소수서원을 지나쳐 20분쯤 더 달리면 부석사가 나온다.

부석사는 태백산의 한 줄기인 봉황산(鳳凰山) 중턱에 한 폭의 그림처럼 들어앉아 있는 천년고찰로서, 중국에 유학했던 의상대사(義湘大師)가 신라에 화엄종을 들여와 676년(신라 문무왕 16) 왕명에 따라 창건한 해동화엄종찰(海東華嚴宗刹)이다.

의상대사는 중국에서 지엄(智儼) 스님을 스승으로 모시고 화엄의 정수를 체득한 뒤 귀국하여 첫 번째로 양양 낙산사(洛山寺)를 창건한다. 그후 화엄종지를 펼 만한 곳을 찾아 전국을 돌아다니다가 낙점한 곳이 바로 지금의 부석사 자리였다. 의상대사는 이곳이 수도처의 적지임을 발견하고 문무왕의 명에 따라 부석사를 창건하였다. 화엄의 도리로 국론을 통일하여 내외의 시련을 극복하고자 부석사를 세운 것이다. 이는 《삼국사기》에 기록되어 있는 사실로, 부석사는 창건주와 창건연대를 명확하게 알 수 있는 몇 안 되는 고찰 가운데 하나이다.

의상대사는 부석사를 창건한 뒤 이 절에서 40일 동안 법회를 열고 화엄사상을 설함으로써 우리나라에 화엄종을 정식으로 펼쳤으며, 부석사를 화엄종의 근본도량으로 삼아 각처에서 교화활동을 펴나갔다고 한다. 또한 제자 양성과 화엄십찰(華嚴十刹) 건립 등 실천수행을 근본으로 삼아 실행을 통한 화엄의 선양에 전념하였다. 의상대사는 제자가 3,000명에 이르렀다고 하는데, 그 가운데 10대덕(大德)이라 불리는 오진(悟眞) · 지통(智通) · 표훈(表訓) · 진정(眞定) · 진장(眞藏) · 도융(道融) · 양원(良圓) · 상원(相源) · 능인(能仁) · 의적(義寂) 등은 모두 화엄을 현양시킨 제자들이었다.

의사대사가 창건하여 화엄종찰로 자리잡은 부석사는 1358년(고려 공민왕 7) 왜구에 의해 소실된 것을 1376년(고려 우왕 2) 원응국사(圓應國師)가 중창하였다. 1490년(성종 21)에 조사당을 중수했으며, 1576년(선조 9)에는 안양루를 중건하였다. 그리고 1746년(영조 22)에는 불타버린 범종각을 다시 지었으며, 일제강점기인 1916년에는 무량수전과 조사당을 해체하여 수리하였다. 또한 1977년부터 1980년까지 사역을 정비하면서 일주문과 천왕문을 새로 지었다.

부석사를 품에 안고 있는 봉황산(818m)은 크게 보면 태백산(1567m)에서 갈라져 나온 한 봉우리이다. 백두대간이 동쪽 해안선을 끼고 남으로 솟아 내리다가 태백산을 거쳐 남서쪽으로 방향을 틀어 소백산(1439m) · 죽령(689m) · 이화령(548m) · 속리산(1058m)으로 뻗어 내리는데, 태백산과 소백산에 이르는 사이의 봉우리 가운데 하나가 봉황산이다. 경상북도 영주시와 봉화군에 걸쳐 있는 이 산은 산세가 봉황을 닮았다 하여 봉황산이라고 부르며, 현재 소백산국립공원에 속해 있다.

의상이 이곳 봉황산 중턱에 절을 지으려 할 때 이미 이곳에는 500명에 이르는 이단의 무리들이 자리를 잡고서 절을 짓지 못하도록 방해했다고 한다. 그때 신묘하고 기이한 일이 일어났다. 큰 바위가 공중에 떠서 이단의 무리들을 위협한 것이다. 그러자 절을 짓지 못하도록 방해하던 무리들은 혼비백산하여 도망쳤고, 의상은 순조롭게 절을 지을 수 있었다고 한다. 그리고 바위가 공중에 떠

오르는 신기한 일이 일어나 절을 지을 수 있었다 하여 절 이름을 '부석사(浮石寺)'라고 하였다는 것이다.

의상의 전기가 실려 있는 《송고승전(宋高僧傳)》에는 이때 '부석(浮石)'의 신변(神變)'을 일으킨 주인공을 선묘룡(善妙龍)으로 적고 있다. 선묘룡은 의상을 사모한 나머지 몸을 바쳐서까지 그를 도운 선묘(善妙) 아가씨인데, 의상과 선묘 아가씨의 애틋한 사랑의 설화를 요약하면 다음과 같다.

선묘 아가씨는 의상이 당나라에 유학하여 양주성에 이르렀을 때 묵었던 신도 집의 딸이었다. 집주인의 딸 선묘가 의상을 사모하였으나 의상은 의연하게 대하였다. 선묘가 온갖 방법으로 유혹하였으나 의상의 구도일념에는 변함이 없었다. 의상의 굳은 의지에 크게 감명 받은 선묘는 '영원히 스님의 제자가 되어 공부와 교화, 불사에 도움을 드리겠다'는 원(願)을 세웠다.

의상은 종남산(終南山) 지상사(至相寺)로 가서 지엄의 제자가 되어 화엄의 정수를 체득한 뒤 스승으로부터 법통을 이어받아 10년 만에 귀국길에 오르게 되었다. 의상은 양주성의 그 신도 집에 들러 인사하고 귀국길에 올랐다. 뒤늦게 이 소식을 들은 선묘는 의상을 위해 미리 준비해 두었던 법복과 여러 가지 용품을 함에 담아 가지고 바닷가로 달려갔다. 그러나 의상이 탄 배는 이미 멀리 사라져 가고 있었다. 선묘가 가져온 함을 바다로 던지며 "원하옵건대 이 함이 저 배에 가 닿게 해주십시오."라고 기도하자 갑자기 바람이 일더니, 그 함이 의상이 탄 배에 날아가 떨어졌다.

선묘는 의상의 뱃길이 걱정되어 다시 기도를 올렸다. "제가 용이 되어 험한 뱃길을 보호하고자 하오니, 제 소원을 들어주십시오." 선묘는 이 기도와 함께 바다에 뛰어들었다. 그러자 선묘는 소원대로 용이 되어 서해의 풍랑을 잠재워 의상이 무사히 귀국할 수 있도록 도와주었다. 뿐만 아니라 의상이 봉황산에 절을 지으려 할 때 이단의 무리들이 방해하자 용이 된 선묘가 나타나 큰 바위를 세 차례나 공중에 띄워서 방해 집단을 물리쳤으며, 마침내 석룡으로 변하여 법당 밑에 묻혀 절을 지키는 수호신이 되었다 한다.

부석사 입구 매표소를 지나 길 양옆으로 은행나무가 늘어선 길을 조금 올라가면 '太白山浮石寺(태백산부석사)'란 현판이 걸린 일주문이 순례자를 반긴다. 일주문 뒤쪽에는 '海東華嚴宗刹(해동화엄종찰)'이란 현판이 걸려 있다. 이곳에서부터 서서히 경사를 이루는 길 양쪽은 사과나무가 줄지어 늘어선 과수원이다.

과수원길이 끝나고 천왕문으로 들어서기 전, 길 왼쪽에 서 있는 당간지주(보물 제255호)가 순례자를 향해 손짓하듯 반긴다. 우리나라 사찰의 당간지주 가운데 가장 세련된 명작으로 평가 받는 문화재이다. 이 당간지주는 창건 당시 세워진 석조 유물로 높이가 4.8미터에 이른다.

우리나라의 산지사찰은 대부분 길게 늘어진 공간 구조를 가지고 있어, 입구에서부터 중심축을 따라 차츰 올라가면서 가람을 배치하고 있다. 산지가람 양식을 취하고 있는 부석사도 예외가 아니어서 산자락 경사를 이용하여 아래에서부터 위로 상승해 간다. 부석사의 가람배치는 밑에서부터 일주문 영역, 천왕문 영역, 안양루 영역, 무량수전 영역으로 이어지고, 무량수전 뒤쪽으로 조사당과 자인당 영역이 펼쳐진다.

부석사의 도량은 일주문을 들어선 뒤 천왕문을 지나고 다시 범종루와 안양루를 지나서 무량수전에 다다르기까지 3개의 대석단(大石壇)이 다시 낮은 석단으로 나누어져 아홉 단을 이루며 극락세계에 이르는 구품 만다라(九品曼茶羅)를 상징하고 있다고 한다. 구품은 구품정토(九品淨土)를 이르는 말로, 상품·중품·하품에 각각 상생(上生)·중생(中生)·하생(下生)의 3개 품위(品位)로 세분하여 구품을 구분하였다.

부석사의 경계를 나눔에 있어 약간의 차이가 있으나 일주문에서 천왕문까지가 하품, 천왕문에서 범종루까지가 중품, 범종루에서 안양루까지가 상품 영

절의 중문에 해당하는 범종루. 2층 누각 형태의 범종루는 전면은 팔작지붕, 뒷면은 맞배지붕 형태를 하고 있다.

역이며, 안양루를 거쳐 무량수전에 다다르면 극락에 이른 것이라고 한다. 그런가 하면 천왕문에서 범종루까지가 하품, 범종루에서 안양루까지가 중품, 안양루에서 무량수전까지가 상품이며, 무량수전 안에 들어섰을 때를 극락에 이른 것으로 보기도 한다.

천왕문을 지나면 아담한 크기의 삼층석탑 한 쌍이 중앙으로 난 길 양옆으로 동서쪽에 마주서서 순례자를 반긴다. 이 탑은 원래 부석사에 세워졌던 것이 아니고, 부석사 인근에 있는 절터에서 1958년에 옮겨온 것이다. 동탑 쪽에는 조사당 벽면에 그려졌던 벽화를 해체하여 옮겨 보존하고 있는 보장각이 있고, 서탑 쪽에는 요사채인 승당이 자리잡고 있다. 보장각 안의 조사당 벽화는 국보 제46호이다. 또한 보장각에는 보물 제735호인 《화엄경》 경판이 보관되어 있다.

2층 누각 형태의 범종루는 절의 중문에 해당하는 건물로서 전면은 팔작지붕, 뒷면은 맞배지붕 형태를 하고 있다. 누각 아래층 계단을 올라서면 지금까

안양문과 무량수전. 안양루는 무량수전에 오르기 위해 반드시 거쳐야 하는 통로이다. 안양루는 범종루 쪽에서 바라본 난간 아래쪽 편액이 안양문, 무량수전 앞에서 바라보는 위층의 편액이 안양루이듯 누각과 문의 이중 역할을 하고 있다. 뒤쪽의 건물이 무량수전이다.

지 일직선을 이루던 진행방향에서 조금 틀어 정남쪽을 향하고 있는 계단 위로 안양루가 보인다. 이곳이 구품 분류에서 상품에 해당하는 지역이다. 이곳 동쪽에는 응향각이 자리잡았고, 서쪽에는 조사당 옆에서 옮겨온 취현암(醉玄庵)이 있다.

안양루는 극락세계인 무량수전에 오르기 위해 반드시 거쳐야 하는 통로이다. 안양(安養)은 극락의 다른 이름이다. 안양루는 무량수전 앞에서 바라보는 위층의 편액이 '安養樓(안양루)', 범종루 쪽에서 바라본 난간 아래쪽의 편액이 '安養門(안양문)'이듯 누각과 문의 이중 역할을 하고 있다. '安養門' 편액 위 2층 누각에 걸린 '浮石寺' 편액은 이승만 대통령이 재임 시에 쓴 글씨이다.

안양루 아래층의 가운데에 놓인 계단을 따라 오르면 그곳은 이미 서방정토인 극락세계다. 안양문의 마지막 계단을 오르다 보면 왼쪽으로 약간 비켜선 곳

무량수전 앞 석등(국보 제17호). 통일신라시대를 대표하는 가장 아름다운 석등으로서 비례의 조화가 아름답고 화려하면서도 단아한 멋을 지니고 있다.

에 석등(국보 제17호)이 있다. 통일신라시대를 대표하는 가장 아름다운 석등이다. 그리고 다시 눈을 들어 바라보면 극락세계를 주재하는 아미타불의 상주처이자 부석사의 얼굴인 무량수전(국보 제18호)과 마주하게 된다. 아미타불은 끝없는 지혜와 무한한 생명을 지닌 부처로서 무량수불(無量壽佛)이라고도 하므로 불전의 이름을 무량수전이라 한 것이다. 순례자들은 이곳 석등 앞에서 무량수전을 향해 두 손을 모은다.

안동의 봉정사 극락전(국보 제15호)과 더불어 우리나라에서 가장 오래된 고려시대 건물인 무량수전은 정면 5칸, 측면 3칸의 팔작지붕집이며, 주심포 양식의 건물로서 배흘림기둥을 하고 있다.

무량수전에는 고려 공민왕이 홍건적의 난을 피해 안동으로 내려와 있을 때 썼다는 '無量壽殿(무량수전)' 현판이 걸려 있으며, 법당 내부에는 우리나라에서 가장 크고 오래된 소조아미타여래좌상(塑造阿彌陀如來坐像, 국보 제45호)이 봉안되어 있다. 이 무량수전의 불상 배치는 여느 절과 다르다. 대개의 법당에서는 들어서는 정면 쪽에 불상을 안치하는데, 무량수전의 아미타불은 협시보살도 없이 홀로 동쪽을 향해 자리잡고 있다. 아미타불이 서방 극락세계를 주재하는 부처이므로 법당의 서쪽에 안치하여 사바세계인 동쪽을 향하게 한 것이다. 화엄종찰에서 화엄종의 주존불인 비로자나불을 모시지 않고 파격적으로 아미타불을 모신 것은 부석사의 창건주인 의상대사가 창건 당시 민중 사이에 널리 퍼져 있던 미타관음신앙을 수용하여 화엄사상을 대중화시키려 했기 때문이라고 한다.

무량수전을 나와서 오른쪽 뒤편으로 돌아가면 부석사의 창건 설화를 간직한 부석(浮石)이 있고, 왼쪽 뒤편의 언덕에는 정면과 측면이 각각 1칸 규모인 작은 건물이 있다. 의상대사를 사모한 나머지 몸을 바쳐서까지 도움을 준 선묘 아가씨의 초상을 모신 선묘각이다. 또한 무량수전 동쪽의 둔덕에는 삼층석탑(보물 제249호)이 세워져 있다. 이 탑은 2단의 기단 위에 3층의 탑신을 세운 전형적인 신라탑의 양식을 따르고 있으며, 높이는 5.26미터에 이른다. 삼층석탑 앞

무량수전 동쪽의 둔덕에 서 있는 부석사 삼층석탑(보물 제249호). 전형적인 신라탑의 양식을 따르고 있는 이 탑 앞에는 화사석을 잃어버린 석등이 놓여 있다.

부석사의 얼굴인 무량수전(국보 제18호). 안동의 봉정사 극락전(국보 제15호)과 더불어 우리나라에서 가장 오래된 고려시대의 건물이다.

에는 화사석(火舍石)을 잃어버린 석등이 놓여 있다.

이 삼층석탑 뒤편으로 나 있는 오솔길을 따라 산을 오르면 높은 언덕 위에 의상대사의 상을 안치한 조사당(국보 제19호)이 자리잡고 있다. 1377년(고려 우왕 3)에 건립한 이 건물은 정면 3칸, 측면 1칸의 맞배집으로 소박하면서도 간결한 느낌을 준다. 조사당 벽화는 현재 보장각에 보관되어 있다. 또한 조사당 처마 밑에는 작은 나무 한 그루가 자라고 있다. 의상대사가 짚고 다니던 지팡이를 꽂아 놓았더니 자랐다는 선비화다. 선비화는 학명으로는 골담초라고 불리는 장미목과 식물이다.

그리고 조사당 건너편 언덕에는 응진전과 자인당이 자리잡고 있으며, 자인당 안에는 인근의 절터에서 옮겨온 삼존불상이 모셔져 있다. 이들 불상 가운데 대좌와 광배가 완전한 두 불상은 영주북지리석조여래좌상(榮州北枝里石造如來坐像, 보물 제220호)이다.

부석사는 소백산을 정원으로 들여놓은 듯한 풍광 또한 일품이다. 특히 무량수전 앞에서 소백 연봉 뒤로 저무는 일몰은 할 말을 잊게 만드는 풍경이 아닐 수 없다. 이와 같은 석양 무렵의 부석사 풍경도 좋지만, 일찍 순례를 마치고 돌아가는 길이라면 우리나라 서원의 효시이자 최초의 사액서원(賜額書院)인 소수서원에 들러볼 것을 권한다.

＊찾아가는 길　승용차의 경우 중앙고속도로 풍기IC로 나오면 부석사까지 이정표가 잘 되어 있으므로 이정표의 안내대로 따라가면 쉽게 찾을 수 있다. 대중교통은 버스와 열차를 이용한다. 버스를 타고 영주 시외버스터미널에 하차한 후 길 건너편 노상의 시내버스 정류장에서 부석사행 시내버스를 탄다. 열차의 경우 풍기역에서 하차하면 역 바로 앞에서 부석사행 버스를 탈 수 있다. 영주역에서 하차하면 택시 또는 버스를 이용하여 영주 시내버스터미널까지 가서 부석사행 시내버스를 타야 한다.

'선운사 골째기로
동백꽃을 보러 갔더니'

선운사는 동백꽃(천연기념물 제184호)이 유명하다. 가을의 꽃무릇과 단풍도 빼놓을 수 없다. 그 때문에 선운사는 우리나라 사람들이 가보고 싶어 하는 사찰 가운데 몇째 손가락 안에 꼽힌다.

일찍이 미당 서정주는 〈선운사 동구〉란 시에서 '선운사 골째기로 / 선운사 동백꽃을 보러 갔더니 / 동백꽃은 아직 일러 / 피지 안했고 / 막걸리집 여자의 / 육자배기 가락에 / 작년 것만 상기도 남았습니다 / 그것도 목이 쉬어 남았습니다' 라고 꽃도 피기 전에 선운사 동백꽃을 보러 간 시인의 마음을 읊었고, 최영미 시인은 〈선운사에서〉란 시에서 '꽃이 피는 건 힘들어도 / 지는 건 잠깐이더군 / 골고루 쳐다볼 틈 없이 / 님 한 번 생각할 틈 없이 / 아주 잠깐이더군' 이라며 이별의 아쉬움을 '선운사 동백꽃' 으로 표현하였다. 또 가수 송창식은 '선운사에 가신 적이 있나요 / 바람 불어 설운 날에 말이에요 / 동백꽃을 보신 적이 있나요 / 눈물처럼 후두둑 지는 꽃 말이에요' 라고 감미로운 목소리로 노래하여 〈선운사〉의 동백꽃을 많은 사람들에게 알렸다.

선운사는 동백꽃과 꽃무릇과 단풍만 이름난 것이 아니다. 걷기운동 열풍이 불면서 선운사에서 도솔암을 왕복하는 선운산(禪雲山) 도솔계곡 트래킹 코스도 각광을 받고 있다. 일주문에서 시작해 도솔암에 이르는 도솔계곡 일원은 선운산 일대 경관의 백미이다. 도솔계곡 일원은 화산작용으로 형성된 암석들이 거대한 수직암벽을 이루고 있어 자연경관이 수려하고, 이 일대에 불교와 관련된 문화재(도솔천 내원궁 · 도솔암 · 나한전 · 마애불)와 천연기념물(동백나무숲 · 장사송 · 송악)이 자리하고 있어 국가에서 명승 제54호로 지정한 곳이기도 하다.

선운사 주차장에서 조금만 걸으면 '兜率山禪雲寺(도솔산선운사)' 현판을 단 일주문을 만난다. '구름 속에서 참선한다' 는 뜻을 가진 선운산의 옛 이름이기도 한 도솔산은 미륵불이 사는 정토를 말한다. 이 일주문을 지나 조금 올라가면 부도밭이 나타난다. 추사 김정희(秋史 金正喜)가 짓고 쓴 백파율사비(白坡律師碑)가 있어 많은 사람들의 발길을 끄는 곳이다. 이 비에 '가난하여 송곳을 꽂을 땅도 없었으나 그 기운은 수미산을 덮을 만하도다…' 라고 새긴 행서체 글씨는 추사 말년의 최고의 명작으로 꼽힌다. 백파율사비는 전라북도유형문화재 제122호로 지정되어 있다. 현재 백파율사비는 선운사 성보박물관으로 옮겨 보존하고 있으며, 본래의 자리에는 모조 비석이 세워져 있다.

선운산 북쪽 기슭에 자리잡은 선운사(조계종 제24교구 본사)는 신라 진흥왕이 창건했다는 설과 백제의 고승 검단(檢旦, 혹은 黔丹)선사가 창건했다는 두 가지 설이 전하고 있다. 첫 번째 창건설화는 신라 진흥왕(재위기간 539~575)이 왕위를 이양한 뒤 도솔산의 한 굴(지금의 진흥굴)에서 묵었는데, 바위가 갈라지며 미륵 삼존불이 출현하는 꿈을 꾸고 크게 감응하여 중애사(重愛寺)를 세우니, 그것이 이 절의 시초라고 한다. 그러나 진흥왕 당시 이 지역은 백제의 영토였으므로 신라의 왕이 출가하여 이곳에 머물고 또 절을 세웠다는 건 억지에 가까운 이야기가 아닐 수 없다.

두 번째는 577년(백제 위덕왕 24)에 검단선사가 선운사를 창건했다는 설이다. 본래 선운사 자리는 용이 살고 있던 큰 못이었는데, 검단선사는 법력으로 이 용을 몰아내고 돌을 던져 못을 메워나갔다고 한다. 이 무렵 인근 마을에 눈병이 심하게 돌았는데, 숯 한 가마니를 못에 가져다 넣으면 눈병이 씻은 듯이 낫는다는 소문이 퍼졌다. 이 소문을 들은 마을 사람들이 하나 둘 숯을 가져다 못에 넣자 과연 눈병이 씻은 듯이 나았다. 그러자 이를 신기하게 여긴 마을 사람들이 너도 나도 숯과 돌을 가져다 못에 넣음으로써 어렵지 않게 못을 메울 수가 있었다고 한다. 검단선사는 이 자리에 절을 짓고, '오묘한 지혜의 경계인 구름(雲)에 머무르면서 갈고 닦아 선정(禪)의 경지를 얻는다' 하여 절 이름을 '선운사(禪雲寺)'라 지었다 한다.

그 무렵 선운사 근방에는 도적이 들끓었는데, 검단선사는 이들을 교화하여 선민으로 만들고, 그들에게 소금 굽는 법을 가르쳐 먹고 살 길을 열어주었다. 검단선사의 가르침을 받아 천일염을 만들어 팔아 삶의 터전을 마련한 이들은 스님의 은덕에 보답하기 위해 봄·가을이면 소금을 가져다 바치면서 이를 '보은염(報恩鹽)'이라 불렀고, 그들이 살고 있는 마을 이름도 '검단리'라 했다는 설화를 종합해보면 선운사와 가까운 바닷가에서 소금을 만들어 재력을 확보할 수 있었던 검단선사가 선운사를 창건한 것임을 알 수 있다.

선운사의 기록에 따르면, 그뒤 1354년(고려 공민왕 3) 효정선사(孝正禪師)가 중수하였으나 조선 초기에는 거의 폐사되다시피 한 것을 성종 때 행호선사(幸浩禪師)가 크게 중창했다 한다. 1472년(성종 3) 도솔산 천리암(泉利庵)에 머물며 수도하고 있던 행호선사는 어느 날 쑥대밭이 된 선운사 마당에 외롭게 서 있는 구층석탑을 보고 안타까이 여겨 중창할 뜻을 세웠다는 것이다. 행호선사는 성종의 숙부 덕원군(德源君)의 도움으로 중창 불사를 벌여 선운사의 옛 모습을 되찾아 왕실의 원찰(願刹)로 법등을 환히 밝혔으나, 1597년(선조 30)의 정유재란 때 어실(御室)을 제외한 모든 전각이 잿더미가 되고 말았다. 이후 1608년(광해군

즉위년)부터 2년간 승려 수십 명이 근근이 선방과 요사를 마련하고 법당을 짓자, 이를 안타까이 여긴 무장현감(茂長縣監) 송석조(宋碩祚)가 1613년(광해군 5) 봄 일관(一寬) 스님에게 선운사 중창을 의논하였으며, 송석조의 도움으로 일관 스님은 원준(元俊) 스님과 함께 선운사를 재건하였다. 이후 선운사는 몇 차례의 중수를 거치며 오늘에 이르고 있다.

부도밭을 지나 계류를 거슬러 오르면 천왕문을 만난다. 천왕문은 이층 누각 형태의 맞배집으로 아래층에는 사천왕을 모시고, 이층에는 종과 북을 매달아 종루로 사용하게 한 점이 특이하다. 푸른 바탕에 쓴 흰 글씨가 춤을 추고 있는 듯한 천왕문 현판은 조선 후기의 서예가인 원교 이광사(圓嶠 李匡師)가 쓴 것이다.

천왕문을 들어서면 정면 9칸, 측면 2칸의 기다란 직사각형 맞배집인 만세루(萬歲樓)가 시야를 가로막는다. 천왕문에서 마주 바라보이는 만세루는 누(樓)라는 이름과는 달리 단층 건물이며, 기둥 사이를 판문으로 막아 놓아 지붕 너머에 서 있는 대웅보전을 감추고 있다. 다른 건물을 짓고 남은 목재를 가져다 지었다 하여 주목을 끄는 만세루의 기둥들은 모두 자연 그대로의 둥근 기둥을 사용하였고, 모서리 기둥은 아름드리 통나무를 다듬지 않고 사용하였다. 뿐만

누(樓)라는 이름과는 달리 단층 건물인 만세루. 정면 9칸, 측면 2칸의 기다란 직사각형 맞배집인 만세루는 자연미가 돋보인다.

선운사의 중심 법당인 대웅보전(보물 제290호). 정면 5칸, 측면 3칸의 큰 법당인데도 기둥과 기둥 사이의 간격이 넓어 안정감을 주고, 맞배집이어서 단아한 느낌을 준다.

아니라 대들보며 서까래에 이르기까지 곧은 것이라고는 찾아볼 수 없이 불규칙한 형태의 자재를 사용한 것은 당시 목재가 부족하여 남은 재료를 사용한 것이라지만 오히려 만세루의 자연미를 돋보이게 한다. 만세루는 전라북도유형문화재 제53호이다.

만세루 옆으로 돌아들면 천왕문으로부터 만세루와 함께 일직선 축으로 이어진 대웅보전 앞마당에 이르게 된다. 선운사는 대웅보전을 중심으로 넓은 마당을 가운데 두고 동서로 길게 가람을 배치하였다. 대웅보전 옆 동쪽에 관음전을 두었고, 관음전 옆으로는 담장을 두른 별원 형식으로 성보박물관과 요사들이 자리잡고 있다. 또한 대웅보전 옆 서쪽으로는 영산전이 자리잡았고, 영산전 뒤쪽으로는 팔상전과 산신각이 어깨를 나란히 하고 있다. 그리고 영산전 아래쪽에는 명부전이 대웅보전 앞마당을 향하여 앉아 있으며, 명부전 뒤쪽에는 담장을 사이에 두고 요사인 향운전이 앉아 있다. 선운사의 가람 배치는 전체적으로 차분한 느낌을 주는데, 순례자들이 눈여겨보아야 할 점은 요사를 제외하고

대웅보전 안에 봉안된 소조(塑造) 삼존불. 중앙에
본존으로 모신 비로자나불을 중심으로 약사여래와
아미타여래를 좌우에 모시고 있다.

는 모든 전각이 맞배지붕으로 통일되어 있다는 점이다.

선운사의 중심 전각인 대웅보전은 정면 5칸, 측면 3칸의 큰 법당으로서, 맞
배지붕에 다포(多包) 양식을 취한 조선 중기의 건물이다. 기둥과 기둥 사이의
간격이 넓어 안정감이 있어 보이는 이 법당 안에는 소조(塑造) 삼존불이 모셔져
있다. 중앙의 비로자나불을 중심으로 약사여래와 아미타여래를 모시고 있다.
대웅전에는 석가모니불을 모셔야 하는데 비로자나불을 본존으로 모셨으니 대
광명전이나 대적광전으로 현판을 바꾸어야 한다는 지적을 하는 이들도 있다.
삼존불 뒤의 단청 벽화가 아름다운 이 법당은 보물 제290호이다.

대웅보전 앞에는 행호선사가 쑥대밭이 된 절터를 지키고 서 있던 구층석탑
을 보고 중창을 결심하게 했던 그 탑이 옛 자리를 지키고 있다. 당시에는 구층
이던 탑이 세월이 지나며 변하여 지금은 육층석탑의 모습을 하고 있다. 고려시
대 전기의 작품인 이 탑은 옛 백제 지역 탑으로서 지붕돌 등에서 백제탑 양식
을 보이고 있어 지방적인 특색이 잘 담겨져 있다고 한다. 전라북도유형문화재

제29호이다.

대웅보전 동쪽의 관음전에는 얼마 전까지만 해도 조선 초기에 만들어진 금동지장보살좌상(보물 제279호)이 봉안되어 있었다. 그러나 지금은 2006년에 문을 연 성보박물관으로 옮겨 전시하고 있다. 선운사를 지장신앙의 중심 도량으로 이름 높게 한 이 불상은 높이가 1미터로서 청동 표면에 도금한 것으로 머리에 두건 비슷한 관을 쓰고 있으며, 이마에 두른 굵은 띠를 길게 늘어뜨리고 있다. 또한 옷은 장식적이며, 중년 여인처럼 후덕한 인상과 넉넉한 몸매를 지니고 있다.

선운사에는 이 지장보살상 외에도 산내암자인 도솔암과 참당암에도 지장보살상이 있어 삼장보살(三藏菩薩)을 모두 갖추었다. 지장보살은 중생이 고통 중에 그의 이름을 부르면 중생을 지옥의 고통에서 구제하여 열반에 이르게 한다는 보살로서 많은 사람의 사랑을 받아 천장(天藏)·지지(持地 : 人藏)·지장(地藏)의 삼장 탱화로 많이 그려지게 되었다고 한다. 그러나 선운사에는 이와 같은

조선 초기에 조성된 금동지장보살좌상(보물 제279호). 대웅보전 동쪽의 관음전에 봉안되어 있었으나, 지금은 성보박물관으로 옮겨 전시하고 있다.

진흥왕이 수도했다고 전하는 진흥굴. 진흥굴 바로 앞에는 수령이 약 600살로 추정되는 장사송이란 이름으로 불리는 소나무가 있다. 이 소나무는 천연기념물 제354호이다.

삼장보살을 탱화가 아닌 불상으로 봉안한 것이다. 지표상 가장 낮은 곳인 선운사에 '지장보살'을 모셨고, 참당암에는 '지지보살'을 모셨으며, 가장 높은 곳에 위치한 도솔암에는 '천장보살'을 모신 것이다.

선운사를 나와 도솔계곡을 따라 난 등산로를 걷다 보면 진흥왕이 수도했다고 전하는 진흥굴과 굴 바로 앞에 있는 장사송(長沙松, 천연기념물 제354호)을 구경할 수가 있다. 나이가 약 600살로 추정되는 장사송이란 이름으로 불리는 이 소나무는 이 지역의 옛 이름이 장사현(長沙縣)이었던 데서 유래한 것인데, 고창 사람들은 이 나무를 '진흥송'이라고 부르기도 한다. 옛날 진흥왕이 수도했다는 진흥굴 앞에 있어서 붙여진 이름이다.

진흥굴을 지나 산길을 돌아가면 깎아지른 절벽이 건너다보이는 절경 속에 도솔암이 자리 잡고 있다. 도솔암은 조선 후기까지만 해도 상도솔암, 하도솔암, 북도솔암의 세 가지 이름으로 불렸는데, 근세에 와서 도솔암 하나로 통합되었다고 한다. 상도솔암은 지금의 도솔천 내원궁을 말하며, 하도솔암은 마애

고려 초기의 불상인 도솔암 마애불. 미륵 비결(秘訣)의 설화를 간직하고 있는 이 마애불은 보물 제1200호
이다.

불이 있는 곳, 북도솔암은 지금의 대웅전이 있는 자리를 일컫는다.

도솔천 내원궁은 도솔암 대웅전의 서쪽 기슭의 가파른 계단을 올라가면 나타난다. 정면 3칸, 측면 2칸의 맞배지붕 건물이며, 내부에는 보물 제280호인 지장보살좌상이 모셔져 있다. 선운사의 삼장보살 가운데 천장보살에 해당하는 불상이다. 도솔천이란 미륵보살의 정토이고, 내원궁은 미륵보살이 도솔천에서 수행을 닦으며 장차 부처가 되어 세상을 교화시킬 때를 기다리며 머무르고 있다는 곳이다.

내원궁이 올라앉아 있는 40미터가 넘는 깎아지른 절벽 한 면에는 높이 17미터가 넘는 거대한 마애불이 새겨져 있다. 고려 초기의 불상인 이 도솔암 마애불은 거의 입체감이 느껴지지 않을 정도로 얇게 조각되었고, 신체에 비하여 머리와 손발이 클 뿐만 아니라 정교함이 부족하다. 미륵 비결(秘訣)의 설화를 간직하고 있는 도솔암 마애불은 보물 제1200호이다.

도솔암 마애불은 명치 부근에 사각형의 복장(伏藏)이 있는데, 그곳에 비결이 들어 있다는 전설을 간직하고 있다. 또한 그 비결이 세상에 나오는 날 한양이 망한다는 소문이 돌아 모두 궁금해 했으나, 여기에 벼락살이 있어 손을 대는 사람은 벼락을 맞아 죽을 것이란 말이 전해져 누구도 감히 복장을 열어볼 엄두를 내지 못하였다.

그러나 1820년경 전라감사 이서구(李書九)가 이 복장 속의 비기(秘記)를 꺼냈다가 첫 장을 넘기자마자 벼락이 내리쳐 부랴부랴 이 비기를 다시 넣었는데, 이서구는 비기의 첫머리에 적힌 '이서구가 열어 보다'란 대목만 얼핏 보았다고 전해진다. 그리고 갑오농민전쟁이 일어나기 1년 반 전 동학접주인 손화중(孫和中)이 동학교도 300여 명과 함께 이 비기를 꺼내어 가져갔다고 전해진다. 손화중 접주가 천지개벽의 비기를 입수했다는 소문이 퍼지자 동학교도의 수가 급격히 불어났는데, 미래불인 미륵이 지상 세계에 내려와 중생을 구원한다는 미륵신앙과 이상세계를 꿈꿨던 민족종교인 동학이 함께 만나서 거대한 불길을 일으킨 셈이다.

선운사를 나와 오른쪽 산길을 따라 올라가야 하는 참당암은 지금은 선운사의 산내암자로 격이 떨어졌으나, 본래 참당사 또는 대참사(大懺寺)로 불리었던 큰 절이었다. 의운(義雲) 스님에 의해 창건된 이 절은 조선 성종 때 선운사가 산중의 중심 도량이 되면서 사세가 기울었다고 전한다. 보물 제803호인 참당암 대웅전은 조선 후기의 목조 건물이면서도 고려 건축 양식의 흔적이 남아 있어 특이한데, 이는 고려시대의 건축 부재들을 일부 사용하여 재건축에 이용했기 때문이다. 또한 참당암 약사전에는 석조보살좌상(전라북도유형문화재 제33호)이 안치되어 있다. 이 불상이 선운사 금동보살좌상, 도솔암의 지장보살좌상과 함께 삼장보살을 이루는 지지보살이다.

*찾아가는 길 승용차를 이용할 때는 두 길이 있다. 첫 번째가 서해안고속도로 선운사IC로 나와 선운사로 가는 길이고, 두 번째는 호남고속도로를 달리다 장성-고창간 고속도로 장성분기점에서 고창 방향으로 진입한 뒤 서해안고속도로와 만나서 선운사IC로 나와 선운사로 가는 길이다. 대중교통을 이용할 때는 고창·흥덕·정읍에서 선운사행 버스를 타면 된다.

曹溪山 仙巖寺 조계산 선암사

'지혜의 물은 맑고
용하기도 하네'

가을빛 가득한 선암사를 순례하기 위해 서울을 떠난 것은 가을도 저물어가는 11월 중순이었다. 운정과 함께 이른 새벽에 출발하여 경부와 호남고속도로를 번갈아 갈아타고서 달려 내려가 선암사 주차장에 도착하니 오전 11시이다. 날씨는 잔뜩 찌푸려 있다. 일기예보를 믿고 방심하여 순례 계획을 세운 것이 잘못이었다. 구름만 조금 낄 것이라는 일기예보를 철석같이 믿었는데 막상 와

우리나라 '가보고 싶은 숲길' 가운데 하나인 선암사 입구 숲길. 이 길은 산림청과 생명의 숲, 유한킴벌리가 주최한 아름다운 숲 전국대회 숲길 부문에서 상을 받을 정도로 아름다운 숲길로 인정받은 길이다.

'신선이 사는 선계로 오르는 다리'라는 뜻을 가진 승선교(보물 제400호). '신선이 내려와 논다'는 강선루와 어우러져 한 폭의 그림 같은 풍광을 자아낸다.

보니 햇빛을 구경할 수가 없다. 올해로 두 번째 찾는 선암사이지만 번번이 날씨가 심술을 부린다. 지난 봄 선암사의 매화가 꽃망울을 터뜨렸다는 소식을 듣고 몸살을 앓다가 달려 내려왔을 때도 해가 구름 속에 숨어 있더니, 이번에도 해를 구경하기는 어려울 것 같다.

선암사 들어가는 숲길은 '아름다운 숲길'로 선정돼 상을 받은 길이다. 산림청, 생명의 숲, 유한킴벌리가 주최한 제6회 아름다운 숲 전국대회 숲길 부문에서 장려상과 함께 온라인 시민선정위원회가 뽑은 '아름다운 숲길' 1위의 영예를 안은 길이다. 우리나라에서 '가장 아름답고 꼭 한번 가보고 싶은 숲길'로 선정된 이 길은 선암사 매표소에서부터 왼쪽으로 계곡을 끼고 오른다. '걷기 여행'이 각광을 받기 시작하면서부터 선암사~송광사 트레킹 코스가 인기가 좋아서 지금은 많은 이들이 찾아와 걷는 길이기도 하다. 그러나 평일인데다가 날씨마저 흐려서인지 오늘은 이 길을 걷는 사람이 아무도 없다.

임진왜란과 병자호란의 전화를 입지 않은 건물로 조선시대 일주문의 양식을 잘 보전하고 있다.

숲길로 들어서 걷다가 문득 고려 명종 때의 시인 김극기(金克己)가 선암사를 노래한 시 한 구절을 떠올려본다. '적적한 산골의 절 / 쓸쓸한 숲 아래의 중 / 마음속 티끌은 모두 씻어버렸고 / 지혜의 물은 맑고 용하기도 하네 / 8천 성인(聖人)에게 예배하고 담담히 사귀니 삼요(三要)의 벗일세 / 내 여기 와서 뜨거운 번뇌 식히니 / 마치 옥호(玉壺) 속의 얼음 대한 듯하네' 김극기의 생몰연대는 알려져 있지 않으나, 그는 젊어서부터 문명이 높았고, 문과에 급제했으나 관직에 뜻이 없어 초야에 묻혀 지낸 시인이다. 그가 선암사를 노래한 이 시는 《신증동국여지승람》에 수록되어 전해오고 있다.

이 아름다운 숲길을 걷다보면 계곡을 가로질러 놓여 있는 승선교(昇仙橋, 보물 제400호)를 만난다. 우리나라에서 가장 정교하고 아름답다는 무지개다리이다. '신선이 사는 선계(仙界)로 오르는 다리'라는 뜻을 가진 이 다리는 선암사의 자랑거리로 꼽힌다. 이 다리는 정유재란 후 선암사를 중건할 때 호암대사가 놓은 것으로, 다음과 같은 전설이 전해진다.

숙종 때인 1698년, 선암사 중건을 마무리한 호암대사가 관음보살을 친견하기 위해 선암사 뒤 매바위 벼랑에서 백일기도를 하였다. 그러나 기도가 끝나도 관음보살을 만나볼 수 없게 되자 대사는 낙심하여 벼랑에서 몸을 던졌는데, 이때 한 여인이 나타나 대사를 구하고 '나를 위해서 몸을 버리는 것은 보리심(菩提心)이 아니다.'라고 말한 뒤 사라졌다. 호암대사는 자신을 구해주고 사라진 여인이 관음보살임을 깨닫고, 원통전을 세워 관음보살을 모시는 한편, 절 입구에 아름다운 무지개다리를 놓았다고 한다.

이와 같은 전설을 간직한 승선교는 길이 14미터, 높이 7미터, 너비 3.5미터에 이른다. 이 승선교를 건너면 강선루(降仙樓)가 순례자를 반긴다. 강선루는 팔작지붕의 2층 누각으로 조계산에서 선암사를 감싸듯 맑고 청아한 소리를 내면서 흘러내리는 두 계류가 합수되는 지점에 서 있다. '신선이 내려온다'는 뜻의 이름을 가진 강선루를 지나면 862년(신라 경문왕 2)에 도선국사가 조성한 연못인 삼인당(三印塘, 전라남도기념물 제46호)을 만나게 된다. 이 연못은 절의 지기(地氣)가 빠져나가는 것을 막기 위해 만든 것이라 전한다.

삼인(三印)이란 제행무상인(諸行無常印)·제법무아인(諸法無我印)·열반적정인(涅槃寂靜印)의 삼법인을 뜻하는 것으로서 불교의 중심사상을 나타낸 것이다. '제행무상'이란 이 세상의 모든 것은 한결같음이 없다라는 뜻으로 모든 존재가 항상 변하고 있음을 말하는 것이고, '제법무아'는 모든 것에 실재하는 자아란 없다는 가르침을 말하며, '열반적정'이란 참마음은 무상무아(無常無我) 속에서도 언제나 변함없이 적정요요(寂靜寥寥)한 것을 이르는 것이다.

현재 태고종(太古宗)의 총본산인 태고총림(太古叢林) 선암사의 창건 시기와 창건주에 대한 확실한 기록은 없으나 선암사 홈페이지의 소개에 따르면 529년(백제 성왕 7) 아도화상(阿道和尙)이 절을 지은 뒤 산 이름을 청량산(淸凉山)이라 하고, 절 이름을 해천사(海川寺)라고 부른 것을 신라 말의 도선국사(道詵國師)가 선암사로 중창하였으며, 고려시대로 들어와 대각국사(大覺國師) 의천(義天)이 대가람을 일으켰다고 한다.

그러나 조선시대에 들어와 정유재란을 거치면서 철불 1구, 보탑 2기와 부도 3기, 문수전과 조계문, 뒷간만 남기고 모두 소실된 후 복구를 하지 못하다가 1660년(현종 1년)에 이르러 경준(敬俊)·경잠(敬岑)·문정(文正) 등 세 대사가 8년 동안 중건하고, 호암(護巖) 대사가 중건을 마무리하였다. 하지만 1759년(영조 35) 봄에 다시 화재로 큰 피해를 입어 상월(霜月) 대사가 다시 중건하고, 화재 예방을 위해 산 이름을 '청량산'으로, 절 이름을 '해천사'로 개칭하였다는 것이다. 그러나 1823년(순조 23) 실화로 대웅전을 비롯한 여러 전각이 잿더미로 변하자 해붕(海鵬)·눌암(訥庵)·익종(益宗) 등 세 대사가 중건 불사를 일으켜 현재와 같은 가람의 규모를 갖추었으며, 산 이름과 절 이름을 '조계산 선암사(曹溪山 仙巖寺)'로 다시 되돌려 놓았다고 한다.

삼인당을 지나면 '曹溪山仙巖寺' 현판을 단 일주문을 만난다. 이 일주문을 지나면 범종루가 압도하듯 다가온다. 여느 사찰과 달리 선암사에는 사천왕문이 없다. 그 이유는 조계산의 주봉이 장군봉인지라 장군이 지켜주고 있기 때문에 호법신인 사천왕상을 만들지 않았다고 한다.

범종루 밑을 지나서 만세루 옆으로 돌아들면 곧 대웅전 앞뜰이다. 선암사는

대웅전에 봉안된 석가모니불과 후불탱화. 보물 제1311호인 선암사 대웅전은 1824년(순조 24)에 중창된 정면 3칸, 측면 3칸의 팔작지붕 건물로 조선 후기 절집 양식의 본보기로 꼽힌다.

대웅전 앞 좌우에 나란히 서 있는 삼층석탑(보물 제395호). 2단으로 이루어진 기단 위에 3층의 탑신을 올린 전형적인 신라탑이다.

대웅전 영역, 원통전 영역, 칠전선원(七殿禪院)과 무우전(無憂殿) 영역, 무량수전·삼성각·창파전 영역으로 나눌 수 있다.

석가모니불을 모신 대웅전은 선암사의 중심 법당으로 일주문과 범종루, 만세루를 잇는 중심축에 위치한다. 정면 3칸, 측면 3칸인 대웅전은 다포식의 팔작집으로 한 단의 석축 위에 올라앉아 있다. 그런데 선암사 대웅전에는 정중앙에 있어야 할 어간문(御間門)이 없다. 이는 부처님처럼 깨달은 분만이 이 어간문을 통과할 수 있기 때문에 어간문을 만들지 않았다고 한다. 또한 대웅전 동쪽에는 지장전을, 서쪽에는 응향각을 배치하였다. 그리고 넓지 않은 대웅전 앞마당에는 동서로 쌍탑(雙塔)인 삼층석탑을 나란히 세워 놓았고, 앞에는 강당 건물인 만세루를, 좌우에는 요사와 선방인 설선당과 심검당을 배치하였다.

이와 같은 배치 구조는 조선 후기의 가람 배치에서 흔히 볼 수 있는 ㅁ자형 구조이다. 삼층석탑(2기)은 보물 제395호, 대웅전은 보물 제1311호로 지정되어 있다. 선방인 심검당 다락에는 '水(수)' 자와 '海(해)' 자를 투각한 환기창이 있어 눈길을 끈다. 선암사에서는 곳곳에 물 '水' 자와 바다 '海' 자를 새긴 것을 볼수 있는데, 이는 선암사가 수차례의 화재를 겪었던 탓으로 불을 누르기 위한비보책(裨補策)으로 새겨 놓은 것이다.

대웅전 뒤쪽이 원통전과 팔상전·불조전·조사전 등의 전각이 처마를 맞대고 있는 원통전 영역이다. 호암대사가 중창하고, 1824년 해붕·눌암·익종 3대사가 재중창한 아담한 크기의 건물인 원통전은 사찰 건물에서는 보기 드물게 왕릉에서나 볼 수 있는 정자각(丁字閣) 형태를 띠고 있어 주목 받는 건물이다. 후사가 없던 정조가 눌암대사에게 100일 기도를 청하여 순조가 태어났는데, 뒷날 순조는 그 은혜에 보답하기 위하여 '人(인)' '天(천)' '大福殿(대복전)' 친필 편액과 은향로, 쌍룡문 가사, 금병풍, 가마 등을 선암사에 하사했다 한다. 당시의 하사품인 친필 편액이 원통전 내부에 걸려 있다.

칠전선원과 무우전 영역은 선암사 경내에서 가장 뒤쪽에 위치하고 있으며, 일반인의 출입을 금하고 있는 곳이다. 칠전선원은 스님들의 참선 도량이고, 무우전은 태고종 종정 스님이 주석하고 있는 종정원이기 때문이다. 칠전선원은 '湖南第一禪院(호남제일선원)'이란 현판을 단 문간채가 있고, 문간채를 들어서면 아담한 마당 정면에 16나한을 모신 응진당이 중심 건물이 되어 전후좌우로 다섯 채의 건물이 배치되어 있다. 좌측으로 미타전과 진영당이 있고, 뒤쪽으로 산신각이 있으며, 우측으로 벽안당과 달마전이 있다. 달마전은 대중선방(大衆禪房)이며 통로에 차(茶)부뚜막이 있고, 후원에 4단 다조(茶槽)가, 낮은 뒷문을 나서면 넓은 차밭이 펼쳐져 있다. 선암사를 중심으로 조성된 조계산 차밭의 명성은 일본은 물론 유럽까지 널리 알려져 있다. 또한 무우전 후원에는 각황전이 있으며, 이 각황전 안에는 도선국사가 북쪽의 허한 기를 누르기 위해 만들어 세웠다는 철불이 모셔져 있다.

달마전 4단 다조는 산에서 솟은 차가운 물을 끌어들여 서로 다른 네 개의 돌확을 대나무로 연결하여 차례로 흘러내리도록 만들어 놓았는데, 그 조형성과 아름다움이 국보급이라는 찬사를 듣는다. 4단 다조는 각기 명칭이 다르고, 물은 쓰이는 용도가 다르다. 첫 번째 다조는 상탕이라 하며, 부처님께 드리는 청정수(淸淨水)와 찻물로 쓰인다. 두 번째 다조는 중탕이라 부르며, 밥을 짓거나 스님과 대중의 음용수로 쓰인다. 세 번째 다조는 하탕이라 부르며, 세숫물로 사용한다. 네 번째 다조는 허드레탕이라 부르며, 허드렛물로 사용한다.

선암사에서 가장 많이 알려진 곳이 아마도 화장실인 해우소가 아닐까 싶다. ‘뒤깐’을 거꾸로 ‘깐뒤’라고 써놓은 이 화장실이 당당히 문화재로 지정되어 더욱 유명하다. 정호승 시인이 그의 시 〈선암사〉에서 ‘해우소에 쭈그리고 앉아 울고 있으면 / 죽은 소나무 뿌리가 기어다니고 / 목어가 푸른 하늘을 날아다닌다’고 읊기도 한 이 뒷간은 임진왜란 이전에 지어진 우리나라에서 가장 오래된 화장실이다.

선암사 해우소는 크고 깊은 것으로도 유명하다. ‘해우소에서 큰일을 보면 승선교쯤 가서야 바닥에 떨어지는 소리가 들린다’는 우스갯소리가 있을 정도이니 해우소의 규모를 짐작할 만하다. 선암사 ‘뒤깐’의 가장 큰 특징은 화장실 각 칸에 문이 없어 개방적이라는 것이다. 다행인 것은 남녀 화장실은 좌우로 분리되어 있고, 어깨쯤 높이의 칸막이가 있다는 점이다. 또한 해우소 건물 외벽이 살창으로 되어 있어 냄새가 거의 나지 않는다.

선암사에서는 해마다 10월이면 선암사를 크게 일으켰던 대각국사 의천의 탄신을 기념하는 다례(茶禮)와 수계식(受戒式) 등 큰 행사가 펼쳐져 순례객의 관심을 끌곤 한다. 선암사는 약 1,500년의 역사와 전통을 자랑하는 고찰답게 보물 9점, 중요민속자료 1점, 지방유형문화재 8점, 지방문화재자료 3점, 지방기념물 1점 등의 성보문화재를 보유하고 있다. 또한 조계산의 송광사와 선암사

무우전 뒤편 운수암에 오르는 길목에 자리하고 있는 선암사 중수비와 사적비. 사진 왼쪽의 중수비(전라남도 유형문화재 92호)는 숙종 33년(1707)에 건립되었고, 오른쪽의 사적비는 1921년에 건립된 것이다.

일원은 명승 제65호로 지정된 곳이다. 송광사와 선암사 일원이 역사적 유적과 주위 환경이 어울려 아름다운 경관을 구성하고 있으므로 국가가 법적으로 지정한 유형문화재인 것이다.

선암사가 보유하고 있는 보물은 대웅전 앞의 삼층석탑 2기(제395호), 승선교(제400호), 삼층석탑 유물(제955호), 대각국사 진영(제1044호), 대각암 부도(제1117호), 북부도(제1184호), 동부도(제1185호), 대웅전(제1311호), 괘불 및 부속 유물 일괄(제1419호) 등이고, 지방유형문화재는 금동향로(제20호), 도선국사 직인통(제21호), 팔상전(제60호), 선암사 중수비(제92호), 일주문(제96호), 원통전(제169호), 금동관음보살좌상(제262호), 대각암 동종(제263호) 등이며, 지방문화재 자료는 마애여래입상(제157호), 각황전(제177호), 뒷간(제214호) 등이다.

선암사 경내는 아름다운 정원 같다. 이른 봄에 피어나는 매화를 시작으로 산철쭉과 영산홍 · 동백 · 왕벚꽃 · 자목련 · 부용 · 구봉화 등 아름다운 꽃들이

다투어 피다가 늦가을에 피는 차꽃을 끝으로 꽃잔치를 끝내는데, 이 가운데서도 단연 으뜸은 토종 매화인 선암매(仙巖梅)를 꼽는다. 매화는 단아한 꽃과 깊은 꽃향기로 일찍이 우리 조상들의 사랑을 받아 시(詩)·서(書)·화(畵)에 빠짐없이 등장해온 식물이다. 그래서 이른 봄이면 많은 탐매객(探梅客)들이 선암사를 찾는다. 선암사의 무우전과 팔상전 주변의 매화 20여 그루 중 고목으로 자란 백매와 홍매 두 그루는 가히 국보급이라 할 만한데, 우리나라에서 가장 오래된 토종 매화인 선암매는 최근 천연기념물 제488호로 지정되었다.

*찾아가는 길 승용차를 이용한다면 호남고속도로 승주(선암사)IC로 나가 857번 지방도를 따라 순천 방면으로 가다가 첫 번째 삼거리에서 우회전하여 이정표를 따라 올라가면 선암사 주차장에 닿는다. 대중교통을 이용할 때는 고속버스나 전라선 열차를 타고 순천까지 가서 선암사행 시내버스를 이용하면 된다. 순천역에서 선암사까지 시내버스가 다닌다.

천년을 이어온
시간의 숨결

    안동시 서후면 태장리의 천등산(575.5m) 기슭에 자리잡고 있는 봉정사는 작고 아담한 천년고찰이다. 봉정사는 얼마 전까지만 해도 우리나라 최고(最古)의 목조건물로 알려진 극락전 외에는 절집이 큰 것도 아니고, 또 이렇다 하게 내세울 것도 없어서 크게 주목을 끌지 못하던 절집이었다. 그러나 1999년 우리나라를 방문한 영국 엘리자베스 여왕이 안동의 하회마을과 이곳 봉정사를 다녀간 뒤부터 널리 알려져 유명한 사찰이 되었다.

    봉정사는 영주 부석사(浮石寺)를 창건한 의상대사(義湘大師)가 부석사에서 종이로 만든 봉(鳳)을 날렸는데, 그 봉이 날아가다가 천등산 기슭에 내려앉아 머물렀으므로(停) 이곳에 절을 세우고 '봉정사(鳳停寺)'라고 이름 지었다는 설화를 간직하고 있다. 그러나 실제로는 의상대사의 10대 제자 중 한 사람인 능인대사(能仁大師)가 672년(신라 문무왕 12)에 창건한 것으로 전해지고 있다.

    봉정사를 품에 안고 있는 이 산의 원래 이름은 대망산이었다가 천등산으로 바뀌었는데, 능인대사와 연관된 다음과 같은 설화가 전한다.

능인 스님은 불문에 입문하여 대망산 바위굴에서 지내며 도를 닦고 있었다. 살을 에는 듯한 추위가 휘몰아치는 한겨울에도, 찌는 듯한 더위가 기승을 부리는 한여름에도 능인 스님은 하루 한 끼 생식을 하면서 수도에만 전념하였다.

능인 스님이 바위굴에서 도를 닦기 시작한 지 10년째 되던 어느 날 밤이었다. 능인 스님 앞에 아리따운 한 여인이 홀연히 나타났다.

"여보세요, 낭군님!"

옥이 구르는 듯 낭랑한 여인의 목소리가 들려왔다. 능인 스님이 고개를 들기도 전에 보드라운 여인의 손이 스님의 손을 살며시 잡았다. 눈을 들어 보니 과연 아름다운 여인이었다.

"낭군님!"

여인은 다시 한 번 낭랑한 목소리로 능인 스님을 불렀다.

"소녀는 낭군님을 사모하여 이렇게 찾아왔습니다. 낭군님과 함께 산다면 여한이 없을 것입니다. 부디 제가 낭군님을 모실 수 있게 해주십시오."

여인은 눈물을 글썽이며 애원하였다. 여인의 애원이 너무도 간절하였다. 그러나 능인 스님은 여인의 유혹을 뿌리치고 준엄하게 꾸짖었다.

"나는 안일을 원하지 않는다. 오직 대자대비하신 부처님의 공적을 사모할 뿐 세속의 어떤 기쁨도 바라지 않는다. 어서 썩 물러나 네 집으로 돌아가거라!"

여인을 꾸짖는 능인 스님의 큰 목소리가 산을 울렸다. 그러나 여인은 아랑곳하지 않고 계속 능인 스님을 유혹하며 쉽게 돌아가려 하지 않았다. 능인 스님은 여인의 집요한 유혹을 수행자의 도리를 지켜 끝내 물리쳤다. 그러자 여인도 하는 수 없이 돌아섰다. 그때 구름이 몰려왔으며, 여인이 사뿐히 구름 위에 올라서더니 말하였다.

"나는 천상의 선녀인데, 대사는 참으로 훌륭하시오. 내가 옥황상제의 명을 받들어 대사를 시험해 보았던 것인데, 대사의 굳은 의지에 하늘도 감동하였소."

여인이 이 말을 남긴 뒤 구름과 함께 사라지자, 그윽한 향기와 함께 밝은 빛이 굴 안을 환하게 비추었다. 그리고 하늘에서 여인의 목소리가 들려왔다.

"대사, 옥황상제께서 굴 안을 밝힐 하늘의 등불을 보내주시는 것이니 앞으로 더욱 정진하시오."

능인 스님이 고개를 들어 위를 바라보자 바위굴 천장에는 하늘의 등불인 '천등(天燈)'이 걸려 있었고, 거기서 나오는 밝은 빛이 굴 안을 환하게 밝혀 주고 있었다.

이와 같은 일이 있은 후 능인 스님은 더욱 열심히 수도하여 득도하였다. 그때부터 대망산을 천등산으로 이름을 바꾸어 불렀으며, 능인 스님이 수도하던 굴을 천등굴이라 불렀다.

그러나 천등산은 한때 개목산(開目山)으로도 불리었다 한다. 조선 초기의 명재상으로 지리에 밝아 《팔도지리지》를 지어 임금께 올리기도 했던 맹사성(孟思誠)이 안동의 지세를 둘러보고 안동 땅에 소경이 많이 나는 까닭은 천등산의 기운 때문이라며 산 이름을 개목산으로 고쳐 부르게 했다는 것이다.

주차장을 지나 숲 사이로 열린 길을 따라 절까지 오르는 숲길은 매우 운치가 있다. 특히 소나무숲길이어서 솔잎 향기가 청량감을 더해준다. 왼쪽으로 계곡을 끼고 길이 이어져 있어 경치 또한 아름답다. 숲길로 들어서서 조금 걸어 올라가다 왼쪽 계곡의 물소리에 고개를 돌리면 정자 하나가 인사를 한다. 예전에 퇴계 이황(退溪 李滉)이 경치 좋은 이곳에서 후학들에게 도(道)에 대한 강의를 한 적이 있었던 듯 1665년(현종 6) 이 지역 사림(士林)들이 그 일을 기념하여 건립했다는 정자이다. 정자에는 명옥대(鳴玉臺)라는 현판이 걸려 있다.

명옥대를 지나 급한 경사를 이루던 소나무숲길이 끝나는 곳에 일주문이 세워져 있다. '天燈山鳳停寺(천등산봉정사)'란 현판이 걸려 있는 일주문을 지나면서부터 길은 다시 경사를 이루는데, 여기서부터는 참나무 숲길이다. 이 길을

만세루의 누문을 통해 한 걸음 한 걸음 돌계단을 올라서면 고색창연한 대웅전의 모습이 홀연히 눈앞으로 다가선다.

따라 올라가면 제일 먼저 만세루(경상북도유형문화재 제325호)를 만나게 된다.

봉정사의 대웅전과 극락전에 들어가려면 꼭 거쳐야 하는 누각이다. 만세루는 가파른 돌계단 위에 세워져 있는데, 이 누각은 정면 5칸, 측면 3칸의 맞배지붕으로 측면에 바람막이판을 달았다. 건물의 구조는 2층의 누각으로 아래층은 절 마당으로 통하는 통로로서의 기능을 하며, 2층은 누마루이다. 1680년(숙종 6)에 건립된 후 여러 차례에 걸쳐 보수된 만세루는 원래 덕휘루(德輝樓)로 불리었으나 언제 만세루로 이름이 바뀌었는지는 명확하지 않다. 현재 만세루의 누마루에는 목어와 운판, 법고가 있다.

경사진 지형에 세워진 절집에서 흔히 볼 수 있듯이 봉정사 역시 중정으로 들어가려면 만세루 누각 아래의 누문을 통하여 들어갈 수 있게 되어 있다. 누하진입(樓下進入)하여 한 걸음 한 걸음 돌계단을 올라서면 고색창연한 대웅전의 모습이 홀연히 눈앞으로 확 다가선다. 이것이 바로 산지가람의 건축이 의도해

봉정사의 주불전인 대웅전(국보 제311호). 1435년(세종 17)에 중창한 대웅전은 고려 말과 조선 초의 건축 양식을 잘 갖추고 있으며, 전면에 툇마루와 난간을 설치한 것이 특이하다.

놓은 상승감이다.

만세루 누문을 통하여 중정에 올라서면 정면으로 봉정사의 중심 전각인 대웅전이 좌우로 화엄강당(華嚴講堂)과 승방인 무량해회(無量海會)를 거느리고 서서 대웅전 영역을 이룬다. 또한 대웅전 서쪽에는 옆으로 대웅전과 나란히 들어앉은 극락전이 아담한 마당을 사이에 두고 좌우로 고금당(古金堂)과 화엄강당을 거느리며 극락전 영역을 이루고 있다. 대웅전 영역과 극락전 영역 사이에 놓여 있는 화엄강당은 두 영역을 만들어내는 역할을 하고 있는 셈이다.

봉정사의 주불전인 대웅전은 다포(多包) 양식을 취한 정면 3칸, 측면 3칸의 팔작지붕 건물로서 자연석의 막돌 기단 위에 세워졌는데, 고려 말과 조선 초의 건축 양식을 잘 갖추고 있으며, 전면에 툇마루와 난간을 설치한 것이 특이하다.

법당 내부의 단청은 조선 초기의 기법으로 색채가 잘 보존되어 고색창연함을 더해준다. 불단에는 석가모니불과 좌우 협시불로 관세음보살과 지장보살

단청이 고색창연함을 더해주는 대웅전 내부의 불단에는 석가모니불을 중심으로 관세음보살과 지장보살을 좌우 협시불로 모셔놓았다. 탱화가 걸려 있는 후불벽에 그려져 있던 벽화는 현재 사찰 박물관에 보관되어 있으며, 보물 제1614호로 지정되어 있다.

을 봉안하고 있다. 불단 위 천장에는 아름다운 소란반자를 설치하고 그 중심에 따로 닫집 대신 보개(寶蓋)를 구성하여 장엄미를 추구하였으며, 천장에는 구름이 둥실 떠 있는 하늘을 황룡과 백룡이 날아가는 모습을 그려 놓았다. 또한 탱화가 걸려 있는 후불벽에는 대웅전을 지을 때 그려진 것으로 보이는 후불벽화가 있다. 가로 4미터가 넘는 이 벽화는 후불탱화를 보수하기 위해 걷어냈을 때 벽화가 그려져 있음을 발견한 것인데, 석가모니불이 영축산에서 《묘법연화경(妙法蓮華經)》을 설법하는 장면을 그린 영산회상도(靈山會上圖)이다. 현재 이 벽화는 보존처리한 후 사찰 박물관에 보관되어 있다. 이 후불벽화는 보물 제1614호이다.

대웅전은 그동안 확실한 건립연대가 밝혀지지 않았으나 근래에 대웅전을 해체 수리하면서 '조선 세종 17년(1435)에 법당을 중창했다.'는 기록이 발견되어 대웅전을 건립한 시기가 1435년 이전임이 확인되었다. 이로써 봉정사 대웅전이 다포 건물로서는 가장 이른 시기에 건립되었으며, 건물과 단청이 잘 보존되어 있어 2009년 6월 30일에 보물 제55호에서 국보 제311호로 승격, 지정되었다.

봉정사 극락전은 우리나라 최고의 고려시대 목조건물이다. 정면 3칸, 측면 4칸 크기의 극락전은 배흘림기둥 위에만 포작이 있는 주심포 건물이며 맞배지붕을 하고 있다. 1972년 보수공사 때 발견된 상량문에 따라 극락전이 우리나라에서 가장 오래된 건물임이 확인되었다. 이 상량문은 1625년(인조 3)에 극락전을 중수하면서 작성한 것으로 공민왕 12년(1363)에 최초로 지붕을 수리하였다는 내용이 기록되어 있다. 이에 따라 학계에서는 극락전의 건립 시기를 1200년대 초로 추정하기도 한다. 그 이유는 우리나라의 전통 목조건물은 신축 후 통상적으로 100~150년이 지난 뒤에 지붕을 수리하기 때문이라는 것이다.

극락전은 정면에서 보았을 때 중앙 칸에만 문을 내고, 좌우 협칸에는 살이 각 11개 달린 광창을 내었다. 법당 내부의 바닥에는 네모반듯한 벽돌을 깔았으며, 뒤쪽에 2개의 고주(高柱)를 세우고 그 사이에 불단을 설치하였다. 불단 위에는 아미타불과 후불탱화를 봉안하였는데, 불단 위에 불상을 더욱 엄숙하게

봉정사의 중심 전각인 대웅전과 극락전 사이를 가로지르듯 동향으로 서 있는 화엄강당(보물 제448호). 건물의 명칭으로 보아 원래는 강당이었으나, 현재는 종무소로 사용되고 있다.

극락전(국보 제15호)과 삼층석탑(경상북도유형문화재 제182호). 정면 3칸, 측면 4칸의 맞배지붕 건물인 극락전은 1200년대 초에 지어진 건물로서, 우리나라에서 현존하는 목조건물 가운데 가장 오래된 건물이다. 극락전 앞에 세워진 삼층석탑은 고려시대의 탑이다.

꾸미는 화려한 닫집을 만들어 놓았다. 불단 위에 4개의 기둥을 세우고 다포식 구성을 지닌 지붕을 씌워 집의 형태를 이루어 놓은 것이다. 극락전은 국보 제 15호이다.

극락전 앞에는 높이 3.18미터의 삼층석탑이 세워져 있다. 고려 중기에 세운 것으로 추정되는 이 탑은 2층의 기단 위에 3층의 탑신과 상륜부를 얹은 일반 적인 모습으로, 기단에 비해 폭이 좁아진 탑신부는 각층의 몸돌 크기가 위로 갈수록 적당하게 줄어들면서도 폭의 변화는 적다. 옥개석도 높이에 비해 폭이 좁고 두툼하다. 문화재 명칭이 봉정사 삼층석탑인 이 탑은 경상북도유형문화 재 제182호이다.

봉정사의 중심 전각인 대웅전과 극락전 사이를 가로지르듯 동향으로 서 있 는 건물이 보물 제448호인 화엄강당이다. 건물의 명칭으로 보아 원래는 강당 이었으나 현재는 종무소로 사용되고 있다. 화엄강당은 기둥이 짧고 지붕이 커

보이는데, 이와 같은 구조는 화엄강당 지붕이 대웅전 지붕 아래로 맞물려 들어 갔기 때문인 듯하다. 화엄강당 앞면은 대웅전 안마당과, 뒷면은 극락전 안마당과 닿아 있으며, 정면 3칸, 측면 2칸 규모의 주심포식 맞배지붕 건물이다.

고금당은 극락전 오른쪽에서 동향으로 화엄강당을 마주하고 서 있다. 정면 3칸, 측면 2칸의 맞배지붕 건물인 고금당은 원래 불상을 모시는 법당이었을 것으로 여겨지지만 현재는 스님들의 요사채로 사용되고 있다. 이 건물은 1969년에 해체하여 복원하는 큰 공사를 했는데, 그 당시 발견한 기록으로 1616년(광해군 8)에 중수한 조선 초기의 건물이란 것만을 추정할 수 있을 뿐 확실한 건립 시기는 알 수 없다. 건물의 규모에 비해 훨씬 큰 지붕을 이고 있어 마치 큰 갓을 쓴 듯한 모양을 하고 있는 고금당은 보물 제449호이다.

우리나라의 많은 절집들이 전란이나 화재로 전각이 소실되어 중건되기를 몇 차례 거치며 내려온 경우가 대부분인데, 봉정사는 목조건물을 온전히 보존하며 천년의 세월을 이어오고 있다. 그러므로 우리나라에서 가장 오래된 목조건물인 극락전·대웅전·화엄강당·고금당 등 국보와 보물 문화재를 보유한 봉정사를 한국 목조건축문화의 박물관이라고 불러도 좋을 듯싶다.

봉정사의 부속암자인 영산암(靈山庵)은 요사채인 무량해회에서 동쪽으로 100미터쯤 떨어진 곳에 있다. 요사채를 지나 느티나무 고목 사이로 난 돌계단을 오르면 바로 영산암이다. 이곳이 영화 〈달마가 동쪽으로 간 까닭은〉과 〈동승〉을 촬영한 곳이다. 영산암은 응진전·염화실·송암당·삼성각·관심당·우화루 등으로 이루어져 있는데, 암자에 들어가려면 우화루의 누마루 아래로 난 통로를 통하여 허리를 숙여야만 한다. 우화루는 원래 극락전 앞에 있던 것을 이곳으로 옮겨왔다고 한다.

마당을 가운데 두고 사방이 건물로 막혀 있는 이런 공간은 자칫 폐쇄적인 느낌이 들 수 있지만, 안으로 들어서면 소나무와 배롱나무, 그리고 야생화들로

봉정사의 부속암자인 영산암. 영화 〈달마가 동쪽으로 간 까닭은〉과 〈동승〉을 촬영한 곳이기도 한 영산암에는 소나무와 배롱나무, 그리고 야생화들로 잘 가꾸어진 정원이 있어 마치 옛 종갓집에 온 듯한 편안함이 느껴진다.

잘 가꾸어진 정원이 있어 편안함이 느껴진다. 아마도 지형의 높이에 따라 마당을 윗마당과 가운데마당, 아랫마당으로 구성하여 건물과 조경이 절묘한 배치를 이루고, 우화루의 벽체를 없애고 송암당의 누마루로 처리한 기법 등이 답답함 대신 편안함과 느긋함을 느끼게 해주는 것 같다. 영산암은 경상북도민속자료 제126호로 지정되어 있다.

국화가 피는 계절에 봉정사 가는 길은 국화향이 넘쳐난다. 도로변에 조성해 놓은 꽃길에서 국화가 일제히 꽃망울을 터뜨리고, 봉정사 입구의 태장리 화원마을을 중심으로 형성된 국화차 재배단지가 주변을 황금빛으로 물들이고 있기 때문이다. 이곳에서 만들어내는 안동국화차는 화원이라는 지명에서도 알 수 있듯이 국화 재배에 알맞은 토질과 기후 조건 덕에 어느 지역보다도 맛과 향이 월등하다.

*찾아가는 길 승용차를 이용할 경우 중앙고속도로 서안동IC에서 34번 국도로 나와 안동 방향으로 달리다가 서후면 교리 송야사거리에서 좌회전하여 924번 지방도로를 따라가면 서후면사무소를 지나 봉정사삼거리를 만나게 된다. 여기서 좌회전하여 들어가면 봉정사 입구에 도착한다. 대중교통을 이용할 경우에는 열차나 버스를 타고 안동까지 온 뒤 안동초등학교 앞에서 하루 7회 운행하는 봉정사행(51번) 시내버스를 이용하면 된다. 안동초등학교는 시외버스터미널에서 길 건너 신시장 방향으로 약 200m쯤 떨어진 곳에 위치해 있다.

파랑새가 그린
극락보전 벽화

월출산(月出山, 809m)은 호남정맥에서 가지를 친 한 줄기가 목포 앞바다로 잦아들다 말고 마지막 몸부림이나 하듯 우뚝 솟은 산이다. 거대한 바위병풍을 둘러쳐 놓은 듯한 기암괴석으로 이루어진 월출산은 삼국시대에는 '달이 난다' 하여 월나산(月奈山)이라 하고, 고려시대에는 월생산(月生山)이라 부르다가 조선시대에 들어와 비로소 월출산이란 이름을 갖게 되었다.

월출산은 '달 뜨는 산' 이란 시적인 이름에 걸맞게 아름다운 자연경관과 유수한 문화자원을 품고 있는 한반도 최남단의 산악형 국립공원이다. 내장산·변산·두륜산·천관산과 더불어 호남의 5대 명산으로 불리는 월출산은 경치가 빼어나 많은 시인묵객들의 칭송을 들었다.

고려 명종 때의 시인인 김극기(金克己)는 '월출산의 기이한 모습 많이 들었거니 / 흐리고 맑음, 추위와 더위가 알맞는구나 / 푸른 낭떠러지와 자색의 골짜기에는 만 떨기가 솟고 / 첩첩한 산봉우리는 하늘을 뚫어 웅장함과 기이함을 자랑한다' 라고 읊었고, 생육신의 한 사람인 매월당 김시습(梅月堂 金時習)은 월출산에 뜬 달을 보고 '호남의 제일가는 그림 속에 산 있으니 / 달이 청천에서가 아니라 이곳에서 솟도다' 라고 시 한 수를 읊었다.

월출산은 강진군과 영암군이 남북으로 절반쯤씩 차지하고 있다. 동쪽으로는 장흥(長興), 서쪽으로 해남, 남쪽으로는 완도(莞島)를 비롯한 다도해가 바라다보이는 곳에 위치하고 있으며, 천황봉을 최고봉으로 하여 구정봉·사자봉·도갑봉·주거봉 등 깎아지른 듯한 기암절벽이 많다. 그 때문에 소금강(小金剛)이란 별칭으로 불리기도 한다.

월출산의 남쪽과 북쪽 산기슭에는 각각 이름난 절집이 하나씩 들어앉아 있다. 영암 쪽 월출산 자락에는 도선국사(道詵國師)가 창건한 도갑사(道岬寺)가, 강진 쪽 월출산 자락에는 무위사가 자리잡고 있다. 이 절집들이 월출산 자락에 자리잡은 것이 아니라 월출산이 이 절들을 품안에 품고 있다고 해야 옳을 일이다.

오늘 우리가 순례를 떠나는 무위사는 전라남도 강진군 성전면 월하리의 월출산 기슭에 있는 천년고찰로서 대흥사(大興寺 : 대한불교 조계종 제22교구 본사)의 말사이다. 절 이름 '무위(無爲)'는 인연에 의해 만들어진 것이 아니고, 생멸변화를 떠난 것을 일컫는 말로써 무상한 모든 것에 대한 집착이나 추구를 버리고 불도에 투철함을 뜻한다.

《무위사 사적기》에 따르면 이 절이 맨 처음 지어진 때는 617년(신라 진평왕 39)이라 한다. 원효대사(元曉大師)가 창건하여 절 이름을 관음사(觀音寺)라 하였고, 875년(신라 헌강왕 1)에는 도선국사가 중창한 뒤 절 이름을 갈옥사(葛屋寺)로 바꿨으며, 다시 946년(고려 정종 1)에는 선각대사(先覺大師)가 3창한 후 절 이름을 모옥사(茅屋寺)로 변경했다는 것이다. 그리고 조선시대인 1555년(명종 10)에 태감선사(太甘禪師)가 4창한 뒤 절 이름을 현재의 무위사로 고쳤다고 한다.

이 《무위사 사적기》는 1739년(영조 15) 당시 주지였던 극잠(克岑) 스님이 쓴 것인데, 사적기의 내용이 사실과 맞지 않아 많은 의문을 품게 한다. 우선 원효대사 창건설만 해도 사실과 맞지 않음이 금방 드러난다. 원효대사가 이 절을 창건했다고 기록한 617년은 원효대사가 출생한 해이다. 사적기의 기록대로라면 원효대사가 태어나자마자 이 절을 지었다는 것인데, 허구도 이런 허구가 있을 수 없다. 또 선각대사의 3창 기록도 허구이긴 마찬가지이다. 선각대사가 3창했다고 기록한 946년은 선각대사가 세상을 떠난 지 28년이 되던 해로, 그 해는 선각대사편광탑비(先覺大師遍光塔碑)가 세워지던 해이다. 그리고 무위사란 절 이름도 현재 무위사 경내에 세워져 있는 선각대사편광탑비에 무위갑사(無爲岬寺)란 절 이름이 나오고 있으므로 그 이전부터 무위사란 이름으로 계속 불리어 왔다고 보아야 할 것이다.

신빙성이 없는 사적기의 내용은 차치하고라도 선각대사편광탑비에 905년(신라 효공왕 9) 당시 지무주군사(知武州軍事)이던 왕건(王建)이 선각대사를 무위갑사에 머물러 살도록 청했다는 내용이 있는 것으로 보아, 무위사는 10세기 초 이전에 창건되어 내려오다가 신라 말에 선각대사에 의해 사세가 커지며 후대로 이어져 온 절임이 분명함을 알 수 있다.

최근에 세운 일주문을 지나 천왕문을 들어서면 절 마당 건너편의 극락보전(국보 제13호)을 시작으로 선각대사편광탑비(보물 제507호)와 삼층석탑(전라남도문

무위사의 정문인 천왕문. 이 문을 넘어서면 무위사의 단출한 경내가 눈에 들어온다.

화재자료 제76호), 미륵전 · 산신각 · 천불전과 성보박물관, 명부전과 요사채 등 단출한 경내가 눈에 들어온다.

무위사의 주불전인 극락보전은 배흘림기둥과 맞배지붕으로 세워진 검박하고 단정한 전각이다. 특히 정면 3칸, 측면 3칸 크기의 맞배지붕 건물인 극락보전은 건립 연대가 분명한 조선 초기의 건물인 동시에 주심포(柱心包) 건물의 표본으로 꼽히고 있다. 극락보전은 1983년 해체, 복원할 당시 도리받침인 장여에 기록된 묵서명(墨書銘)에 따라 1430년(세종 12) 효령대군(孝寧大君) 등에 의해 지어진 건물임이 밝혀졌다. 무위사 극락보전은 국보 제13호이다.

뿐만 아니라 법당 내부의 후불 벽화를 비롯한 내외 벽의 벽화가 남아 있어 벽화의 보고(寶庫)로 알려져 있다. 법당 내부의 사면 벽에는 30여 점의 벽화가 있었으나 훼손 방지와 보존을 위해 1974년 벽화보존각을 짓고 옮겨 보관하다가, 2006년 개관한 성보박물관으로 옮겨 전시하고 있다. 그리하여 지금 법당 안에는 후불 벽화(보물 제1313호)와 후불벽 뒷면에 그려진 백의관음도(白衣觀音圖, 보물 제1314호)만 남아 있고, 나머지 벽화는 원래의 벽화를 떼어내고 모사한 것들이다.

극락보전의 벽화는 1956년 해체, 보수를 할 때 발견된 화기(畫記)에 의해 1476년(성종 7)에 그린 것이 밝혀졌으나, 신필(神筆)로 그린 듯한 벽화가 너무나 유명하기 때문인지 파랑새로 화현한 관음보살이 벽화를 그렸다는 설화가 전한다. 내소사 대웅보전의 단청설화와 매우 유사한 이 설화를 요약하면 다음과 같다.

절에서는 극락보전을 지은 후 백일기도를 드리고 있었다. 그런 어느 날이었다. 의복이 남루한 노승이 절문을 들어섰다. 주지 스님은 노승의 행색이 비록 누추하나 얼굴에는 청아한 빛이 감돌고 있으며 행동거지 또한 범상치 않았으므로 그가

검박하고 단정한 모습의 극락보전(국보 제13호). 정면 3칸, 측면 3칸 크기의 배흘림기둥과 맞배지붕으로 세워진 이 법당은 1430년(세종 12)에 효령대군 등이 지은 조선 초기의 건물이다.

깊은 수도의 경지에 이른 고승임을 알 수 있었다. 주지 스님이 노승을 법당 안으로 모시고 들어가자, 노승은 이 법당에 벽화를 그리겠다고 자청하였다. 주지 스님이 승낙하자, 노승은 법당의 모든 문을 걸어 잠그면서 '앞으로 49일 동안 아무도 법당 안을 들여다보지 말라'고 당부하였다. 노승은 49일 동안 단 한 차례도 밖으로 나오는 일이 없었다. 뿐만 아니라 음식을 요구하는 일도 없었다. 주지 스님은 궁금증을 참을 수가 없어 법당 문에 구멍을 뚫고 안을 들여다보았다. 주지 스님은 깜짝 놀라고 말았다. 노승의 모습은 온데간데없고 법당 안에는 파랑새 한 마리가 입에 붓을 물고서 벽화를 그리고 있었다. 파랑새는 그림을 모두 마치고 관음보살의 눈에 눈동자를 그리려던 찰나였다. 그 순간 인기척을 느낀 파랑새는 붓을 떨어뜨리고 어디론가 날아가 버렸다.

극락보전(극락전)은 대웅전·대적광전과 함께 3대 불전으로 꼽히는 법당으로

극락보전에 봉안된 목조아미타삼존불좌상(보물 제1312호)과 아미타후불벽화(보물 제1313호). 삼존불좌상은 조선 초기의 불상을 연구하는 데 귀중한 자료가 되고 있으며, 후불 벽화인 아미타삼존도 역시 조선 초기의 불화를 연구하는 데 귀중한 자료가 되고 있다.

무량수전·무량전·보광명전(普光明殿)·아미타전이라고도 불리며, 본존으로 서방정토의 주재자인 아미타불을 모신다. 그리고 좌우 협시로는 중생을 극락으로 인도하는 관음보살과 대세지보살, 또는 관음보살과 지장보살을 모시는데, 무위사 극락보전의 불단 위에는 조선 초기에 조성된 목조아미타삼존불좌상이 봉안되어 있다. 중앙의 아미타불상을 중심으로 왼쪽에는 관음보살상을, 오른쪽에는 지장보살상을 모셨다. 목조아미타삼존불좌상은 보물 제1312호이다.

연꽃 대좌 위에 결가부좌한 아미타불상은 150센티미터 크기의 목조불로서 안정감 있는 신체 비례를 지니고 있으며, 연꽃 대좌와 불상이 하나의 나무로 조각되어 있는 점이 특이하다. 머리에 화려한 보관을 쓴 관음보살상은 두 손을 앞으로 모아 정병(淨瓶)을 받쳐 들었으며, 왼쪽다리를 대좌 아래로 내려놓은 모습이다. 또한 머리에 두건을 쓴 지장보살상은 오른손으로 석장을 짚고 있으며,

아미타후불벽화의 뒷면 벽에 그려져 있는 백의관음도(보물 제1314호). 당당한 체구의 남성적인 인상의 관음보살이 버들가지와 정병을 들고 일렁이는 파도 위에 연잎을 타고 서 있는 모습이다.

오른쪽다리를 대좌 아래로 내려놓았다. 이 삼존불좌상은 조선 초기의 불상을 연구하는 데 귀중한 자료가 되고 있다.

아미타삼존불좌상 뒤에 그려진 후불 벽화인 아미타삼존도는 앉은 모습의 아미타불을 중심으로 왼쪽에 관음보살이, 오른쪽에는 지장보살이 서 있는 구도로 화면을 꽉 채우고 있다. 아미타극락회도(阿彌陀極樂會圖) 장면을 묘사한 이 벽화는 앞에 모셔진 아미타삼존불좌상과 매우 비슷한 모습으로 그려졌으며, 구름을 배경으로 좌우에 각각 3인씩 6인의 나한상을 그리고, 그 위에는 작은 화불 2불씩을 그려놓았다. 조선 초기의 불화를 연구하는 데 귀중한 자료가 되고 있는 이 벽화의 문화재 정식 명칭은 '무위사 극락전 아미타후불벽화'이며 보물 제1313호이다.

이 아미타후불벽화의 뒷면 벽에는 백의관음도가 그려져 있다. 일렁이는 파도 위에 연잎을 타고 서 있는 백의관음보살이 그려진 벽화다. 당당한 체구의 남성적인 인상의 관음보살이 옷자락을 휘날리며 버들가지와 정병을 들고 서 있는 모습이다. 관음보살의 뒤쪽에는 해 모양의 붉은색 원이 그려져 있고, 앞쪽 위에는 오언율시(五言律詩)가 먹으로 씌어져 있다. 또한 벽화의 앞쪽 아래 구석에는 둔덕이 그려졌고, 그곳에 관음보살을 향해 무릎을 꿇고 두 손을 벌리고 있는 비구의 모습을 그려놓았다. 문화재 정식 명칭이 '무위사 극락전 백의관음도'인 이 벽화는 보물 제1314호이며, 아미타후불벽화와 함께 조선 초기의 불화를 연구하는 데 귀중한 자료가 되고 있다.

극락보전 앞마당으로 내려서면 연꽃이 새겨진 배례석(拜禮石)이 마당에 박혀 있는 것을 발견할 수가 있다. 예전에는 배례석 앞에 석등이 세워져 있었던 듯하나 지금은 흔적조차 찾을 수가 없고, 마당 한편에는 고려 초기에 조성된 것으로 보이는 삼층석탑이 서 있다. 그리고 극락보전 서쪽에 선각대사편광탑비가 있다.

선각대사편광탑비는 신라 말의 명승인 선각대사(법명 형미)를 기리기 위해 946년(고려 정종 1)에 건립되었다. 선각대사는 28세 때 당나라에 건너가 14년 동안 불법을 공부하고 돌아와 무위사에 8년 간 머물렀으며, 918년(고려 태조 1)에 54세의 나이로 입적하자 태조 왕건은 '선각(先覺)'이라는 시호를 내리고, '편광탑(遍光塔)'이란 탑명을 내렸다. 이 편광탑비는 선각대사가 입적한 지 28년이 지난 뒤에 세워진 것으로 보물 제507호이다.

이 비석은 거북 모양을 한 받침돌인 귀부(龜趺) 위에 비신(碑身)을 세우고, 용의 형체를 새겨 장식한 비석의 머릿돌인 이수(螭首)를 갖추고 있는데, 오랜 세월 동안 상처 하나 나지 않고 온전하게 보존되어 왔다. 귀부의 몸체는 거북의 모습이나, 머리는 여의주를 물고 있는 용의 형상을 하고 있다. 비신에는 선각대사의 행장을 적은 비문이 새겨져 있다. 이 비문은 최언휘(崔彦撝)가 짓고 유훈률(柳勳律)이 쓴 것이다. 비석의 높이는 2.35미터에 이른다.

극락보전 뒤쪽에는 서향으로 서 있는 두 채의 작은 전각이 있다. 근래에 지은 미륵전과 산신각이다. 미륵전의 부조(浮彫) 미륵석상은 인근 마을의 어느 논 가운데 있던 것을 이안하여 모신 것이라고 한다. 이곳에서 북서쪽으로 개울을 건너면 천불전이 자리잡고 있다.

천불전 내부에는 석가삼존불과 함께 동(銅)으로 조성한 소형 천불상이 봉안되어 있다. 천불이란 항상 어디에서나 부처님이 계신다는 다불사상(多佛思想)에 근거하여 유래한 것이다. 즉 이 세상 어느 때나 무한한 부처가 존재하며, 어느 곳에서 누구나 다 부처가 될 수 있다는 것을 나타낸 것이다.

극락보전 동쪽에는 저승세계인 유명계(幽冥界)를 상징하는 법당인 명부전이 있다. 명부전 내부에는 지장삼존을 중심으로 시왕과 판관이 늘어서 있다. 명부전을 배관한 뒤 성보박물관으로 걸음을 옮긴다.

국내 유일의 벽화 전문 전시관인 성보박물관은 벽화 연구자뿐만 아니라 일반인들도 600년의 시공을 뛰어넘는 선조들의 숨결을 직접 느낄 수 있게 해준다. 법당 내부에서 떼어내 성보박물관에 보관·전시하고 있는 벽화는 삼존불화, 아미타래영도, 오불도 2점, 관음보살도를 비롯한 보살도 5점, 주악비천도 6점, 연화당초향로도 7점, 보상모란문도 5점, 당초문도 1점, 입불도 1점 등 모두 29점으로, 이들 벽화는 '무위사 극락전 내벽 사면벽화'란 문화재 명칭으로 보물 제1315호로 지정되어 있다.

월출산 일대인 강진·영암·해남은 '남도 문화유산 답사의 1번지'로 꼽을 만큼 많은 문화유산이 남아 있으므로 무위사 순례를 끝낸 다음 남도 문화유산 답사를 시도해 본다면 더욱 뜻 깊은 순례길이 될 것이다. 월출산 서쪽 기슭인 영암 군서면에는 도선국사가 창건한 도갑사가 있다. 또한 도갑사 서쪽 성기동에는 백제 학자로 일본에 《논어(論語)》와 《천자문(千字文)》을 전해 아스카문화(飛鳥文化)의 원조가 된 왕인(王仁) 박사의 유적지가 국민관광단지로 조성되어 있다. 도갑사 해탈문은 국보 제50호이며, 구정봉 아래 암벽에 조각한 높이 8.5미터의 마애여래좌상은 국보 제144호이다. 그리고 무위사 인근에 위치한 월남사(月南寺) 터에는 보물 제298호인 삼층석탑과 월남사를 창건한 진각국사(眞覺國師)의 행장을 기록한 진각국사비(보물 제313호)가 남아 있어 많은 문화답사객들의 발길이 잦다.

*찾아가는 길 승용차를 이용하여 무위사를 찾아가는 길은 세 길이 있다. 광주광역시 방면에서 13번 국도를 따라 나주 · 영암을 거쳐 강진 성전면의 무위사에 이르는 길과 서해안고속도로 목포에서 1번 국도를 따라 나주까지 온 뒤 13번 국도로 접어들어 영암을 거쳐 무위사로 가는 길, 순천에서 2번 국도를 따라 보성 · 장흥을 거쳐 강진 성전면의 무위사를 찾는 길 등이다. 대중교통 이용 시에는 일단 강진까지 온 뒤 강진에서 무위사행 군내버스를 이용하는 것이 좋다. 무위사행 군내버스는 하루 4회 운행한다.

대웅보전 분합문에
피어난 꽃밭

우리나라 사람들에게 때 묻지 않은 아름다운 절집을 꼽으라면 으레 빠뜨리지 않는 곳이 능가산 내소사이다. 순례는 신앙 고취의 목적으로 하는 여행이지만, 순례길에서 수려한 자연 풍광을 만나면 순례 여행의 즐거움은 배가되기 마련이다. 오늘 아름다운 절집을 찾아 변산반도로 떠나는 내소사 순례길이 바로 그와 같은 즐거움을 느낄 수 있는 곳이다.

김용택 시인은 〈내소사 가는 길〉을 '서해바다 / 내소사 푸른 앞바다에 / 꽃산 하나 나타났네 / 달려가도 달려가도 / 산을 넘고 들을 지나 / 또 산을 넘어 / 아무리 달려가도 / 저 꽃산 눈 감고 / 둥둥 떠가다 / 그 꽃산 가라앉더니 / 꽃잎 하나 떴네 / 꽃산 잃고 / 꿈 깨었네' 라고 읊고 있다.

변산반도 국립공원의 대표적인 명소인 내소사는 변산(邊山)의 남단인 부안군 진서면 석포리 관음봉 기슭에 위치한다. 내가 내소사를 처음 찾은 것은 1983년 초여름이다. 당시 한국일보 출판국에 근무하던 나는 전국 각 고장을 답사 취재하여 《한국의 여로》란 여행 안내 책자를 집필하기 위해 내소사를 찾았었다. 그후로도 대여섯 차례 더 내소사를 찾아갔었지만, 아내 운정과 함께 찾아가기는 이번이 처음이다.

변산반도는 전라북도 부안군의 보안면 · 상서면 · 진서면 · 변산면 · 하서면 등 5개 면으로 이루어져 있으며, 1988년에 국립공원으로 지정된 우리나라 유일의 반도공원이다. 변산은 호남정맥 줄기에서 떨어져 독립된 산군(山群)을 형성한 산으로서 예로부터 능가산 · 영주산 · 봉래산이라 불렸으며, 내장산 · 월출산 · 천관산 · 두륜산과 더불어 호남의 5대 명산으로 꼽혀 왔다. 그리고 변산반도 내부의 산지를 내변산, 해안 쪽은 외변산으로 부르며 이를 통칭해 변산반도라 일컫는다. 내변산의 최고봉인 의상봉(508m)은 높지 않으나 쌍선봉 · 옥녀봉 · 관음봉 · 선인봉 등 400미터 높이의 봉우리들이 계속 이어지고, 해안선을 따라 펼쳐지는 외변산의 절경은 서해안 최고의 경관을 자랑하고 있어 일찍이 한국 8경의 하나로 꼽혀 왔다.

내소사는 633년(백제 무왕 34) 혜구(惠丘) 두타 스님이 창건하였으며, 원래 이름은 소래사였다고 한다. 내소사의 창건주인 혜구 스님을 '혜구 두타 스님'이라고 부르는 것은 혜구 스님이 속세의 번뇌를 버리고 청정하게 불도를 닦은 수행승이었음을 이르는 말이다. '두타(頭陀)'란 산스크리트(梵語) '두타(dhuta)'의 음역으로 인간의 모든 집착과 번뇌를 버리고 심신을 수련하는 일, 또는 그런 스님을 일컫는 불교 용어이다.

두타행에는 12조항이 있어서 이를 12두타행이라 부른다. 그것은 '세속을 등지고 깊은 산속에서 산다. 늘 걸식을 한다. 빈부를 가리지 않고 차례대로 걸식한다. 하루 한 끼만 먹는다. 과식하지 않는다. 오후가 되면 미음도 마시지 않는다. 헌옷을 기워 입는다. 삼의(三衣) 외에 옷을 갖지 않는다. 무상관(無常觀)을 닦기 위해 무덤 곁에서 산다. 쉴 때는 나무 밑을 택한다. 지붕이 없는 곳에 앉는다. 단정하게 앉고 눕지 않는다.' 등이다.

소래사가 언제 내소사로 개명이 됐는지는 분명하지 않다. 속설에는 7세기 무렵 당나라 장수 소정방(蘇定方)이 신라를 도와 백제를 칠 때 이 절에 와서 시주를 했기 때문에 내소사란 이름을 얻었다고 하나, 1530년(중종 25)에 간행된 《신증동국여지승람》에도 소래사라고 기록된 것으로 보아서 이는 앞뒤가 맞지 않는 낭설일 뿐이다.

내소사 자료에 따르면, 오랜 세월 동안 중건과 중수를 거듭해오다가 임진왜란 때 절이 대부분 소실되자 인조 때 청민선사(靑旻禪師)가 중창하였으며, 1633년(인조 11)에는 현재의 아름다운 대웅보전을 중건하였다. 1902년(광무 6) 관해선사(觀海禪師)가 수축한 뒤 만허선사(萬虛禪師)가 보수해 지금에 이르고 있다고 한다. 또한 1932년에는 내소사의 오늘을 있게 한 선지식 해안선사(海眼禪師)가 절 앞에 계명학원을 세워 문맹퇴치운동을 벌이고, 서래선림을 개원하여 호남 불교의 선풍을 진작시켰다 한다. 그리고 혜산 우암선사가 선풍을 이어 봉래선원을 신축하고 현재의 대가람을 이루었다고 전해진다.

내소사를 찾은 순례객들은 일주문을 들어서면서부터 시작되는 전나무숲길을 걸으며 탄성을 자아낸다. 수령 150년 안팎의 아름드리 전나무가 마치 경쟁이라도 하듯 하늘을 향해 뻗어 올라가 터널을 이루며 침엽수 특유의 청신한 향

내소사 입구 전나무숲길. 일주문에서 천왕문에 이르는 600m의 이 길은 강원도 오대산 월정사 전나무숲길과 함께 우리나라에서 가장 아름다운 길로 유명하다.

내소사 대웅보전(보물 제291호)과 삼층석탑. 1633년(인조 11) 청민선사가 절을 중창할 때 지은 이 법당은 호랑이로 화현한 대호선사가 짓고, 파랑새로 화현한 관세음보살이 단청을 했다고 전한다.

기를 뿜어내어 속진에 찌든 순례자의 영혼을 맑게 해주기 때문이다. 일주문에서 천왕문에 이르는 600미터의 이 길은 강원도 오대산 월정사 전나무숲길과 더불어 우리나라에서 가장 아름다운 길로 유명하다.

천왕문을 지나 계단을 올라서면 수령 1000년이 되었다는 거대한 느티나무가 눈길을 끈다. 보호수인 이 나무는 높이가 약 20미터, 둘레가 약 7.5미터에 이르며, '할아버지 당산목'이란 이름으로 불린다. 일주문 앞에도 수령이 비슷한 느티나무가 서 있는데, 이 느티나무는 '할머니 당산목'으로 불린단다.

봉래루 앞 좌우에는 보종각과 범종각이 있다. 범종각 안에는 범종·법고·목어·운판 등 사물이 있고, 보종각 안에는 보물 제277호인 고려 동종이 걸려 있다. 1222년(고려 고종 9) 내변산의 청림사에서 만들어진 이 종은 한국 종의 전통을 잘 계승하였을 뿐만 아니라 표현이 정교하고 사실적이어서 고려 후기의 걸작으로 손꼽힌다.

옛 청림사 터에서 발견된 이 고려 동종(보물 제277호)은 한
국 종의 전통을 잘 계승했을 뿐만 아니라 표현이 정교하고
사실적이어서 고려 후기의 걸작으로 꼽힌다.

　　이 동종은 본래 청림사에 있었으나, 청림사가 폐사된 후 오랫동안 땅 속에
묻혀 있다가 1850년(철종 1)에 내소사로 옮겨 왔다고 한다. 청림사가 화재로 잿
더미가 된 후 오랜 세월 동안 묻혀 있던 동종을 발견한 것은 어느 농부였다고
한다. 전설에 의하면 절터를 개간하여 농사를 짓던 농부가 이 종을 발견하고는
"부안 개암사로 가겠느냐?"하고 물은 뒤 종을 쳤으나 소리가 나지 않았다는
것이다. 그래서 "남원 실상사로 가겠느냐?"고 다시 묻고 종을 쳤으나 역시 소
리가 나지 않았다. 농부가 다시 "부안 월명사에 가겠느냐?"고 물어도 역시 종
소리가 나지 않았다. 농부는 마지막으로 "내소사로 가겠느냐?"고 물은 뒤 종
을 치자 그때야 비로소 소리를 냈다는 것이다. 그리하여 종이 원하는 대로 내
소사로 옮겨졌다고 한다.
　　봉래루는 정면 5칸, 측면 3칸의 2층 맞배지붕 건물이다. 고개를 숙이고 '나
자신을 낮춘다' 는 하심(下心)으로 누각 밑을 지나 계단을 오르면 내소사의 중심
법당인 대웅보전(보물 제291호)이 순례자를 맞아준다.

　대웅보전은 정면 3칸, 측면 3칸의 팔작지붕에 다포 양식을 취한 법당으로 내부에 아미타여래를 중심으로 오른쪽에 대세지보살, 왼쪽에 관세음보살을 모시고 있다. 이 대웅보전은 청민선사가 절을 중창할 때 지었는데, 전하는 말로는 호랑이로 화현한 대호선사(大虎禪師)가 짓고, 파랑새로 화현한 관세음보살이 단청을 했다고 한다. 이 설화를 요약하면 다음과 같다.

　먼저 대웅보전을 지을 때의 이야기이다. 대웅보전을 짓기로 한 목수는 말없이 3년 동안 목침만한 나무토막을 자르고 대패로 다듬었다. 대웅전을 짓는다면서 기둥은 세우지도 않고 나무토막만 다듬는 목수를 한심하게 여긴 사미승 하나가 장난기가 발동하여 몰래 나무토막 하나를 감추어버렸다. 드디어 3년째 되던 날, 목수는 노적만큼 쌓아놓은 나무토막을 세기 시작하였다. 세고 또 세고 몇 번을 세던 목수는 장탄식을 하며 내소사 조실 청민선사를 찾아가 자신의 능력이 부족하므로 대웅전 짓는 일을 포기하겠다고 말하였다. 이를 보고 깜짝 놀란 사미승이 감추었던 나무토막을 내놓았지만, 끝내 목수는 그 나무토막을 부정한 것이라 하여 쓰지 않고 법당을 지어, 지금도 법당 안 오른쪽 천장에 나무토막 하나만큼의 자리가 비어 있다고 한다.

　대웅보전이 완공되어 단청할 때였다. 한 화공이 찾아와 단청을 자청하였다. 그 화공은 외부 단청을 끝낸 뒤 내부 단청을 시작하면서 백일 동안 아무도 법당 안을 들여다보지 말라고 당부하였다. 화공은 한 달, 두 달이 지나도 밖에 나오지 않았다. 사미승은 법당 안이 궁금했으나 법당 앞에는 늘 조실 스님이 아니면 목수가 지키고 있어 들여다볼 수가 없었다. 화공이 법당 안으로 들어간 지 99일째 되던 날, 사미승은 법당 앞을 지키고 있는 목수에게 다가가 거짓말을 하였다.

　"큰스님께서 잠깐 오시랍니다."

　목수가 법당 앞을 떠나자 사미승은 재빠르게 창문을 뚫고 법당 안을 들여다보았다. 이상한 일이었다. 화공은 보이지 않고 파랑새가 입에 붓을 물고 그림을 그리고 있었다. 사미승은 살그머니 문을 열고 법당 안으로 발을 들여놓았다. 그 순간 어디선가 산울림 같은 무서운 호랑이 울음소리가 들리면서 파랑새는 날아가 버렸다. 호랑이 울음소리에 혼절했던 사미승이 정신을 차리고 눈을 떠보니 조실 스님은 법당 앞에 죽어 있는 대호를 향해 법문을 설하고 있었다.

"대호선사여! 생사가 둘이 아닌데, 선사는 지금 어느 곳에 가 있는가? 선사가 세운 대웅보전은 길이 법연을 이으리라."

그리고 이날 청민선사는 어디론가 자취를 감추고 말았다.

　　미당 서정주 시인은 이 설화를 바탕으로 다음과 같은 〈내소사 대웅전 단청〉이란 산문시를 썼다.

내소사 대웅보전 단청은 사람의 힘으로도 새의 힘으로도 호랑이의 힘으로도 칠하다가 칠하다가 아무래도 힘이 모자라 다 못 칠하고 그대로 남겨놓은 것이다.

내벽(內壁) 서쪽의 맨 위쯤 앉아 참선하고 있는 선사(禪師), 선사 옆 아무것도 칠하지 못하고 너무나 휑하니 비어둔 미완성의 공백을 가보아라. 그것이 바로 그것이다.

이 대웅보전을 지어놓고 마지막으로 단청사(丹靑師)를 찾고 있을 때, 어떤 헤어스럼제 성명도 모르는 한 나그네가 서(西)로부터 와서 이 단청을 맡아 겉을 다 칠하고 보전 안으로 들어갔는데, 문고리를 안으로 단단히 걸어 잠그며 말했었다.

"내가 다 칠해 끝내고 나올 때까지는 누구도 절대로 들여다보지 마라."

그런데 일에 폐는 속(俗)에서나 절간에서나 언제나 방정맞은 사람이 끼치는 것이라. 어느 방정맞은 중 하나가 그만 못 참아 어느 때 슬그머니 다가가서 뚫어진 창구멍 사이로 그 속을 들여다보고 말았다.

분합문 문살 전체를 국화와 연꽃 등의 꽃무늬로 조각하여
꽃살문이 하나의 꽃밭인 듯 화려하다.

나그네는 안 보이고 이쁜 새 한 마리가 천정(天井)을 파닥거리고 날아다니면서 부리에 문 붓으로 제 몸에서 나는 물감을 묻혀 곱게 곱게 단청해 나가고 있었는데, 들여다보는 사람 기척에

"아앙!"

소리치며 떨어져내려 마루바닥에 납작 사지를 뻗고 늘어지는 걸 보니, 그건 커어다란 한 마리 불호랑이였다.

"대호(大虎) 스님! 대호 스님! 어서 일어나시겨라우."

중들은 이곳 사투리로 그 호랑이를 동문(同門) 대우를 해서 불러댔지만 영 그만이어서, 할 수 없이 그럼 내생(來生)에나 소생(蘇生)하라고 이 절 이름을 내소사(來蘇寺)라고 했다.

그러고는 그 단청하다가 미처 다 못한 그 빈 공백을 향해 벌써 여러 백년의 아침과 저녁마다 절하고 또 절하고 내려오고만 있는 것이다.

– 〈내소사 대웅전 단청〉 전문

설선당과 연결된 요사채 출입문. 휘어진 나무를 그대로 사용한 천연스러움이 순례자의 눈길을 끈다.

대웅보전에서 순례자의 눈길이 가장 오래 머무는 곳은 정면 3칸에 달린 분합문 여덟 짝의 꽃살문이다. 분합문 문살 전체를 국화와 연꽃 등의 꽃무늬로 조각해 놓았는데, 빼어난 조각 솜씨로 장식된 꽃살문이 하나의 꽃밭인 듯하다. 처음 단청할 당시에는 화려한 원색의 꽃을 피웠겠지만 지금은 세월에 씻겨 빛바랜 꽃살문이 오히려 순박함을 더해준다.

대웅보전 천장은 우물 정(井) 자 모양으로 짜 맞춘 우물천장으로 꾸며져 있으며, 정면에서 보이지 않는 불상 뒤쪽의 벽에는 백의관음보살좌상이 그려져 있다. 이 백의관음보살좌상은 우리나라에 남아 있는 후불 벽화 중에 가장 큰 것이다.

내소사에는 대웅보전과 고려 동종 외에도 보물 2점이 더 있다. 보물 제1268호인 영산회괘불탱(靈山會掛佛幀)과 보물 제278호인 법화경절본사본(法華經折本寫本)이다. 괘불이란 절에서 큰 법회나 의식을 행할 때 법당 앞뜰에 걸어 놓는 그림이다. 이 영산회괘불은 길이 10.5미터, 폭 8.17미터로 석가모니불을 중심으로 좌우에 네 분의 보살과 다보여래, 아미타여래 등을 그린 석가칠존도(釋迦七尊圖) 형식의 영산회상도이다. 1700년(숙종 26)에 그려진 이 괘불은 콧속의 털까지 묘사하는 선의 정밀함, 화려한 옷의 무늬와 채색이 더욱 돋보이는 작품이다.

또 하나 이 절에 전해지는 법화경절본사본은 조선 초기인 1415년(태종 15) 이 씨 부인이 먼저 세상을 떠난 남편 유근(柳謹)의 명복을 빌기 위해 한 글자 쓸 때마다 한 번씩 절하면서 지극한 정성으로 필사한 것이라 한다. 《법화경》 내용을 흰 종이에 먹으로 옮겨 쓴 이 법화경절본사본은 모두 7권으로 이루어져 있으며, 본래 내소사에 있었으나 지금은 국립전주박물관에서 보관하고 있다.

이 밖에도 내소사에는 설선당(設禪堂)과 요사(寮舍, 전라북도유형문화재 제125호), 삼층석탑(전라북도유형문화재 제124호) 등의 문화재가 있고, 내소사 일원이 전라북도 기념물 제78호로 지정되어 있다. 그리고 부속 암자로는 청련암(靑蓮庵)과 지장암(地藏庵)이 있다.

내소사 순례의 마지막 코스는 청련암으로 하는 것이 좋을 것이다. 봉래선원 담장을 끼고 가파른 산길을 30분쯤 오르면 관음봉과 세봉 능선을 배경으로 산 중턱에 자리잡은 청련암에 닿는다. 이곳은 명당자리여서 백제 때부터 절집이 있던 자리란다. 또 깊은 산속의 고즈넉한 암자여서 일제 때는 송진우(宋鎭禹) · 김성수(金性洙) · 여운형(呂運亨) 등 독립지사가 일제의 검거를 피하기 위해 은거했던 곳이라고도 한다. 내소사 순례를 이곳에서 마무리하면서 화단에 피어 있는 이런 저런 야생화를 구경하고, 서해바다의 그림 같은 곰소만의 절경에 잠시 동안만이라도 취해 볼 일이다.

＊찾아가는 길 호남고속도로 이용 시에는 정읍IC로 나와서 김제 · 부안 방향으로 29번 국도를 타고 가다가 고부삼거리에서 좌회전하여 710번 지방도로를 이용하여 줄

포면으로 가면 서해안고속도로 줄포IC를 지난다. 다시 23번 국도를 타고 부안 · 김제 방향으로 가다가 보안사거리에서 좌회전하여 30번 국도를 따라가면 곰소를 지나 내소사 주차장에 도착한다. 서해안고속도로를 이용할 시에는 줄포IC로 나와 앞에서 설명한 대로 따라가면 된다. 대중교통 이용 시에는 일단 부안까지 간 뒤 부안에서 내소사를 운행하는 버스를 이용해야 한다. 배차 시간은 30분~1시간이며, 소요시간은 약 50분이다.

오리숲에 이는 바람은
반야를 노래하고

갑사 가는 길은 운치가 넘쳐난다. 오리숲으로 불리는 갑사 진입로는 아름드리 나무가 터널을 이루고 있어 계절마다 독특한 아름다움을 연출하지만 예로부터 '춘마곡(春麻谷) 추갑사(秋甲寺)' 라 하여 갑사의 가을 경치를 예찬하는 말이 있을 정도로 단풍이 아름다운 곳이다. 그래서 '추갑사' 의 진면목을 보고 싶다면 가을에 찾는 것이 좋다.

시인 이운진이 〈갑사 가는 길〉을 '누구나 한 번은 길을 잃는다면 / 그래서 한 자리에 오래 서 있어야 한다면 / 거기, 서 있고 싶네 / 일주문 넘어가는 바람처럼 / 풍경소리에 걸음 멈추고 / 그곳에서 길을 잃고 싶네 / 산그늘 물소리 깊어져서 / 늙고 오래된 나무 꽃이 지고 / 꽃피운 흔적도 지고 나면 / 말(言)까지 다 지우는 마음처럼 / 수만 개의 내 꿈을 떨구어 내는 일이 / 아프지 않을 때까지 / 저, 먼 길 끝나지 않았으면' 하고 읊었듯이 느티나무 · 신갈나무 · 갈참나무 · 졸참나무 · 굴참나무 · 떡갈나무 · 때죽나무 · 산벚나무 · 층층나무 · 쉬나무 · 말채나무 등 활엽수림이 우거진 갑사 진입로는 '일주문 넘어가는 바람처럼 풍경소리에 걸음 멈추고 그곳에서 길을 잃고 싶은' 곳이다.

갑사 일주문을 넘어 오리숲을 걷노라면 사람들이 왜 '절에 가면 누구나 시인이 된다' 고 했는지 알 듯하다. 아름다운 풍경에, 고졸한 멋에 감탄하는 말(言)을 절(寺)에서 터뜨리지 않을 수 없기 때문에 그 감탄사가 곧 시(詩)가 된다는 게 아닐까?

유서 깊은 천년고찰 갑사를 품고 있는 공주는 나의 고향이다. 내가 맨 처음 갑사를 찾아간 것은 6·25동란 직후인 초등학교 시절이었다. 당시 한 학년의 학생 수가 한 학급밖에 되지 않았던 6학년 학생들이 졸업을 앞두고 갑사로 수학여행을 갔었다. 요즘처럼 관광버스를 타고 편안히 다녀오는 것이 아니라 갑사까지 30리가 넘는 길을 걸어가 절집에서 하룻밤을 묵고 돌아왔던 것이다.

아내 운정과 함께 그와 같은 옛 추억이 어려 있는 갑사 순례길에 오른 것은 10월 말이다. '추갑사' 의 진면목을 보기 위해 일부러 순례 일정을 가을로 택한 것이다. 갑사의 빼어난 가을 경치를 놓치지 않기 위해서였다.

충남 공주시 계룡면 중장리, 국립공원 계룡산의 연천봉 아래에 터를 잡고 들어앉은 갑사의 옛 이름은 갑사(岬寺), 갑사사(甲士寺), 계룡갑사(鷄龍甲寺) 등이었으며 '갑사(甲寺)' 로 불리기 시작한 것은 18세기 후반부터이다. 경내에 세워

일주문과 오리숲으로 불리는 갑사 진입로. 아름드리나무가 터널을 이루고 있어 계절마다 독특한 아름다움을 연출하지만 '추갑사(秋甲寺)' 라 할 정도로 가을 경치를 최고로 꼽는다.

진 사적비에는 신라 진흥왕 때 자장율사(慈藏律師)가 갑사를 초창한 것으로 기록되어 있으나, 다른 한편에서는 이보다 앞선 시기인 백제 구이신왕 원년(420)에 아도화상(阿道和尙)이 창건한 고찰이라고 전한다.

석가모니 부처님이 입적하고 400년이 지나 인도를 통일한 아소카왕은 쿠시나가라(석가모니가 입적한 곳)에 있는 사리탑에서 진신사리 8곡(斛) 4두(斗)를 발견하고 이 진신사리를 동서남북을 관장하는 사천왕들로 하여금 84방향에 봉안하도록 하였다. 이때 북쪽을 관장하는 다문천왕이 명산인 계룡산의 자연 석벽에 신통력으로 진신사리를 봉안하였다 한다. 그후 고구려의 승려 아도화상이 신라 최초의 사찰인 도리사(桃李寺)를 창건하고 고구려로 돌아가기 위해 백제 땅 계룡산을 지나다가 산중에서 상서로운 빛이 하늘까지 뻗쳐오르는 것을 보고 찾아가 보니 바위가 몇 개씩 포개어져 만들어진 자연 석탑에 진신사리가 봉안되어 있었다. 이에 아도화상은 그 자연 석탑을 천진보탑(天眞寶塔)이라 불렀으며, 갑사를 창건하였다는 것이다.

이와 같은 창건설화를 간직한 갑사가 사찰로서의 모습을 갖춘 것은 백제 위덕왕 3년(556) 혜명대사(慧明大師)가 중건한 뒤부터라고 전하며, 신라 문무왕 19년(679)에는 의상대사(義湘大師)에 의하여 화엄종의 10대 사찰이 됨으로써 크게 번창하였고, 이후 887년(신라 진성여왕 1) 무염대사(無染大師)에 의해 중창되었다. 신라 말의 최치원(崔致遠)은 '십산십찰(十山十刹)'을 거론하며 당시 크게 불법을 가르친 곳 10곳을 꼽았는데, 지리산 화엄사 · 태백산 부석사 · 가야산 해인사 · 금정산 범어사 등과 함께 계룡산 갑사를 언급하였다. 이것만 보아도 그 무렵 갑사의 사세가 어떠했는지 짐작케 한다.

갑사는 고려를 거쳐 조선 초기 세종 때는 밭 130결을 받는 등 사세를 확장하며 임진왜란이 일어나기 전까지 오랜 세월 동안 법등을 밝혀 왔으나 임진 · 정유 두 왜란을 거치면서 모든 전각들이 잿더미로 변해버리고 말았다. 폐허가

추갑사의 인상을 더욱 깊게 하는 강당 앞 감나무. 경내 여기저기에 감나무를 많이 심어 놓아 가을이면 가지가 찢어질 듯 주렁주렁 매달린 감을 구경할 수가 있다.

된 갑사를 다시 일으켜 세운 것은 1604년(선조 37)의 일이다. 사승 인호(印浩)·경순(敬淳)·성안(性安)·병윤(竝胤) 등이 대웅전과 진해당(振海堂)을 중건하였고, 1653년(효종 4)에는 사정(思淨)·신휘(愼徽)·경환(瓊環)·일행(一行)·정화(正華)·상균(尙均)·행준(行俊) 등이 대중창 불사를 벌였으며, 1875년(고종 12)에 대웅전과 진해당이 중수되었다. 그리고 1899년(광무 3) 적묵당이 신축되었다. 그 외에도 팔상전·삼성각·응향당·표충원·대적전 등이 가람을 구성하고 있는데, 이들 절집들은 조선시대 중·후반기에 세워진 것들이다.

순례자는 일주문을 지나 운치가 넘쳐나는 갑사 진입로를 걸어 올라간다. 한참을 올라가자 최근에 복원하여 세월의 때가 끼지 않은 사천왕문이 순례자를 반긴다. 사천왕문 왼쪽의 산기슭에는 고승들의 유혼이 잠들어 있는 부도밭이 눈길을 끈다. 사천왕문을 지나 길 왼쪽에 높게 쌓은 석축을 끼고서 비스듬한 오르막길을 조금 더 올라가면 어느새 평지에 닿는다.

가장 먼저 눈길을 끄는 것은 처마 밑에 '鷄龍甲寺(계룡갑사)'라는 현판이 걸려 있는 갑사 강당이다. 이 현판 글씨는 1887년(고종 24) 충청 감사이던 홍재희

(洪在義)가 쓴 것이다. 강당은 얼마 전까지만 해도 해탈문 안에 세워져 있었으나, 대웅전 마당을 넓히기 위해 해탈문을 없애고 그 자리로 옮겨 지었다. 그 바람에 강당 건물 일부가 축대 바깥으로 돌출되어서 바닥에 기둥을 받쳐 외형상 누각 형식을 띠게 되었다.

갑사는 크게 대웅전 구역, 팔상전 구역, 표충원 구역, 대적전 구역으로 나누어져 있는데, 경내 여기저기에 감나무가 많이 심어져 있어 가지가 찢어질 듯 주렁주렁 매달린 감들이 '추갑사'의 인상을 더욱 깊게 한다. 갑사 순례는 경내의 중심에 위치한 대웅전 구역부터 하는 것이 순서이므로 강당 좌우에 나 있는 계단을 올라 대웅전 마당으로 들어선다. 대웅전 마당 양 옆으로는 적묵당과 진해당이 있고, 맞은편 축대 위에는 대웅전이 들어서 있어 가람 배치가 ㅁ자 형태를 이루고 있다. 그리고 대웅전 좌우에는 삼성각과 응향각이 자리잡고 있다.

갑사의 중심이 되는 본전인 대웅전은 정면 5칸, 측면 3칸의 맞배다포집으로 정유재란 때 소실된 것을 1604년에 다시 세운 것이다. 충남유형문화재 제105호인 대웅전에는 3불 4보살이 모셔져 있다. 중앙의 석가모니불을 중심으로 좌우에 동방 약사불과 서방 아미타불을 좌상으로 안치하였고, 문수·보현·관음·세지의 4대 보살을 입상으로 안치하였다. 또한 불단 뒤에는 국보 제298호인 갑사삼신괘불탱(甲寺三身掛佛幀)을 괘불궤 안에 보관하고 있다. 비로자나불을 중심으로 석가모니와 노사나불 등 삼신불이 진리를 설법하고 있는 모습을 그린 괘불이다. 이 괘불은 길이 12.47미터, 너비 9.48미터의 크기로 전체를 상·중·하 3단으로 나누어 상단에는 관음보살과 대세지보살, 제자, 금강역사 등을 그렸으며, 가운데에는 삼신불을 크게 강조하여 그렸다. 그리고 하단에는 문수보살과 보현보살, 사천왕 등을 묘사하였는데, 녹색·홍색·황색과 같은 중간 색조와 금색으로 채색하여 화면 전체를 매우 밝고 화려하게 구성하였다.

갑사의 중심 법당인 대웅전은 정면 5칸, 측면 3칸의 맞배다포집으로 내부에 3불 4보살이 모셔져 있다. 중앙의 석가모니불을 중심으로 좌우에 약사불과 아미타불을 좌상으로 안치하였고, 문수·보현·관음·세지의 4대 보살을 입상으로 안치하였다.

또한 응향각 뒤편에 자리한 보장각(寶藏閣)에는 보물 제582호로 지정되어 있는 《월인석보(月印釋譜)》 판목이 있다. 훈민정음 창제 이후 가장 먼저 나온 언해불경으로 국어학상 매우 귀중한 자료로 꼽히는 《월인석보》는 《월인천강지곡(月印千江之曲)》과 《석보상절(釋譜詳節)》을 합하여 간행한 책으로, 석가의 일대기와 공덕을 칭송한 내용으로 이루어져 있다. 문화재의 정식 명칭이 '선조 2년간 월인석보판본(宣祖二年刊月印釋譜板本)'인 이 목판은 1569년(선조 2) 충청도 한산(寒山) 죽산리(竹山里) 백개만(白介萬)의 집에서 각자하여 논산 쌍계사(雙溪寺)에 보관하고 있던 것을 옮겨온 것인데, 현재 46매의 판목이 남아 있다.

갑사의 보물 중 하나인 갑사동종(甲寺銅鐘, 보물 제478호)은 강당 옆에 위치한 한 칸짜리 사모지붕 종각 안에 있다. 종신에 1584년(선조 17)에 주조되었다는 종명(鐘銘)이 새겨져 있어 이 종이 정유재란 때 다행히 병화를 면했음을 알 수 있는데, 명문에 따르면 당시의 갑사 이름이 '갑사사(甲士寺)'였음을 알 수 있다.

1584년(선조 17)에 만들어진 동종(보물 제478호). 일제 때 헌납이라는 명목으로 강제 공출되었다가 광복 후 갑사로 되돌아온 수난의 역사를 간직한 종이기도 하다.

동종은 높이 131센티미터, 입 지름 91센티미터로 종 꼭대기에는 음통이 없고, 두 마리의 용이 용뉴(龍鈕)를 이루고 있다. 종의 어깨부분에는 물결 모양의 꽃무늬를 원형으로 두르고, 바로 아래에는 연꽃무늬를 새겼으며, 그 아래에는 범자(梵字)를 촘촘히 새겨 놓았다. 또한 사방 대칭으로 둔 네 곳의 유곽(乳廓) 안에는 연꽃 바탕에 9개의 유두(乳頭)를 새겼으며, 그 아래마다 연꽃무늬가 새겨진 당좌(撞座)가 있고, 그 사이사이로 석장(錫杖)을 짚은 보살상이 새겨져 있다. 이 동종은 일제 때 헌납이라는 명목으로 강제 공출되었다가 광복 후 갑사로 되돌아온 수난의 역사를 간직한 종이기도 하다.

강당 앞마당의 오른쪽에는 건축한 지 오래 되지 않아 단청의 산뜻함을 그대로 보여주는 범종루가 있다. 이 범종루를 지나면 표충원을 만나는데, 표충원 담장을 왼쪽으로 끼고 조금 올라간 산기슭에 팔상전이 자리잡고 있다. 팔상전은 석가여래의 일대기를 8부분으로 나누어 그린 팔상탱화(八相幀畵)를 모시는 곳이나, 이곳에는 신중탱화(神衆幀畵) 한 폭만 모시고 있다. 신중탱화는 불교의 호법신을 묘사한 그림으로 호법신은 대개 우리나라 전통의 신들이다. 팔상전은 자연석 기단 위에 정면 3칸, 측면 1칸 규모로 지은 홑처마 맞배지붕 건물로 담장을 둘러 일곽을 이룬 곳에 요사 1동과 함께 있다.

갑사는 호국불교 도량으로도 유명하다. 임진왜란 때 의승장 영규대사(靈圭大師)를 배출하였기 때문이다. 갑사에서 주석하고 있던 기허당(騎虛堂) 영규대사는 임진왜란이 일어나자 승병 500명을 모아 의병장 조헌(趙憲)과 함께 청주(清州)를 수복하고 금산(錦山)에 이르러 왜군과 격전 끝에 순국하였다. 표충원(表忠院)은 이와 같은 영규대사의 충의를 기리기 위하여 세운 사당으로, 이곳에는 영규대사의 영정과 함께 임진왜란 때 구국의 깃발을 들고 승병을 모아 왜군을 격퇴시키는 데 공을 세운 서산대사(西山大師) 휴정(休靜)과 사명대사(泗溟大師) 유정(惟政)의 영정이 봉안되어 있다. 그리고 원내에 '의승장영규대사기적비(義僧將靈圭大師紀績碑)'가 세워져 있다. 이 비의 비문은 위당(爲堂) 정인보(鄭寅普)가 지은 것이다.

표충원을 나오면 아래쪽 산기슭에 서 있는 갑사 사적비(충청남도유형문화재 제52호)를 만날 수가 있다. 갑사의 내력을 새긴 이 비석은 자연 암반 위에 세워져 있는데, 비신의 높이는 225센티미터, 너비 133센티미터, 두께는 49센티미터에 이른다. 건립 연대는 1659년(효종 10)이며, 비문은 여주목사 이지천(李志賤)이 짓고, 글씨는 공주목사 이기징(李箕徵)이 쓴 것이다. 이 사적비 아래쪽에 부도를 모아 놓은 부도밭이 자리잡고 있다.

발길을 옮겨 강당 앞마당을 지나 100미터쯤 올라가면 석굴 속에 모셔져 있는 석조약사여래입상(충청남도유형문화재 제50호)을 만날 수가 있다. 고려 중기에 조성된 것으로 추정되는 이 불상의 오른손은 시무외인(施無畏印)을 하고, 왼손으로 약호(藥壺)를 들고 있어 약사여래임이 분명한데, 원래 상사자암에 있던 것을 이곳으로 옮겨온 것이라 한다.

이 약사여래입상 건너편에는 조선 말기의 세도가인 윤덕영(尹德榮)의 별장이 있다. 한일병합 당시 순종과 순정효황후를 위협하여 옥새를 강탈, 강제 조인케 한 윤덕영에게 공주 갑부 홍원표(洪元杓)가 당시 돈 4만 원을 들여 지어 준 것인데, 갑사로부터 30년 임차 계약을 받아낸 뒤 계곡의 암반 위에 건물을 세운 뒤 별장 주위에 약사여래입상과 공우탑(功牛塔) 등을 옮겨다 놓았다는 것이다. 이 건물이 지금은 등산객과 산사를 찾아온 사람들이 들러 차를 마시며 휴식을 취하는 전통찻집으로 변하였다.

삼층석탑인 공우탑은 별장 앞을 지나 계곡 건너에 자리잡고 있다. 3층과 2층의 탑신에 '功(공)', '牛塔(우탑)'이란 글씨가 각자되어 있어 이 탑이 공우탑(功牛塔)이란 것을 알 수 있다. 이 탑은 백제 비류왕 4년 갑사에 속한 암자를 지을 때 도움을 준 소를 기리기 위해 세운 탑이라 한다.

전해 오는 얘기에 따르면, 암자를 짓기 위해 노심초사하던 갑사 주지 스님은 어느 날 깜빡 잠이 들어 꿈을 꾸었다. 꿈속에서 불사를 걱정하던 스님 앞으로 소 한 마리가 다가오더니 "스님, 미약하나마 제가 도와드릴 터이니 걱정 마십시오."라고 말하고는 사라져버렸다. 잠에서 깬 스님이 이상하게 생각하고 밖으로 나가 보니 꿈에서 본 바로 그 소가 커다란 눈을 끔벅이며 앞으로 다가오는 것이 아닌가. 예사롭지 않은 일이라 여긴 스님은 소에게 여물을 주고 거두었는데, 소는 다음날부터 불사를 돕기 시작하였다. 소는 쉬지 않고 목재와 돌을 지어 나르기 시작하였다. 그러나 안타깝게도 암자가 거의 다 지어졌을 때 제 힘을 다 쏟은 소가 자재를 운반하던 중 개울을 건너다가 그만 기절하여 다시는 일어나지 못했다고 한다. 이에 소의 공덕을 기리기 위해 탑을 세웠다는 것이다.

이 공우탑을 지나서 조금만 더 올라가면 대적전 영역에 닿는다. 갑사에 몇 차례 와 본 사람은 아는 일이지만, 이곳이야말로 갑사가 숨겨 놓은 보석 같은

옛날 갑사를 오르던 길가에 서서 그 옛길을 지키고 서 있는 철당간(보물 제256호). 이 철당간은 지름이 50cm이며, 높이는 15m에 이른다.

대적전과 갑사 부도(보물 제257호). 대적전 앞마당에 세워져 있는 이 부도는 갑사 부속 암자였던 중사자암 터에 쓰러져 있던 것을 1917년에 이곳으로 옮겨 세웠다.

곳이다. 실제로 대적전 앞에는 보물 제257호인 부도가 있고, 부도 옆 숲 사이로 터널같이 열린 오솔길을 내려가면 높이가 15미터에 이르는 철당간과 지주(보물 제256호)가 나온다. 정면 3칸, 측면 3칸의 팔작지붕 건물인 대적전이 들어서 있는 이 자리는 원래 대웅전 자리였다고 한다. 정유재란으로 말미암아 모든 전각이 폐허가 되어 중건할 때 중심 구역을 현재의 대웅전 자리로 옮기면서 옛 대웅전 자리에 세운 건물이 대적전이다. 대적전 현판대로라면 마땅히 비로자나불이 모셔져 있어야 할 터인데, 대적전 안에는 문수보살과 보현보살을 협시로 한 석가여래가 모셔져 있다.

대적전보다 순례자의 눈길을 먼저 끄는 것은 화려하고 섬세한 조각이 생동감을 느끼게 하는 팔각원당형의 부도이다. 대적전 앞마당에 놓여 있는 이 부도는 통일신라 때의 양식을 갖춘 고려 초기의 작품으로, 갑사 부속 암자였던 중사자암 터에 쓰러져 있던 것을 1917년에 이곳으로 옮겨온 것이다. 높이는 2미터 남짓하여 아담한 편이지만 꿈틀거릴 듯한 조각이 인상적이다.

대적전 마당에 있는 부도탑 옆으로 오솔길이 나 있다. 철당간이 서 있는 곳을 지나 갑사 입구까지 이어지는 이 길이 옛날 갑사에 오르던 진입로이다. 지금은 다니는 사람이 많지 않아 호젓하기만 한 그 옛길을 철당간이 지키고 서 있다. 이 철당간은 지름 약 50센티미터의 철통 24개가 연결되어 양 지주에 고정되어 있다. 본래는 28개의 철통이 이어져 있었으나 1893년에 벼락을 맞아 4개가 부러져 나갔다. 이 철당간과 지주가 만들어진 시기는 갑사가 의상대사가 일으킨 화엄종 10대 사찰 중 하나였다는 점으로 미루어 통일신라시대로 추정하고 있다.

갑사는 현재 마곡사의 말사이며, 부속 암자로는 내원암 · 신흥암 · 대성암 · 대적암 · 대자암 등이 있다.

＊찾아가는 길　서울에서 승용차를 이용할 때는 경부고속도로를 따라 천안까지 내려와 천안논산고속도로로 접어들어 달린다. 그리고 정안IC에서 23번 국도로 들어서서 논산 방향으로 달리다가 계룡면사무소 소재지가 나오면 좌회전하여 갑사 가는 길을 따라 들어간다. 또한 호남고속도로를 이용할 때는 논산IC에서 논산시내로 나와 23번 국도를 따라 공주 방향으로 달리다가 계룡면 소재지에서 우회전하여 들어가면 갑사 입구 주차장에 닿는다. 현지 교통을 이용할 경우 버스는 공주에서 30분 간격으로 있고, 유성에서는 하루 12회 운행되며, 택시는 공주에서 갑사까지 20분 소요된다.